航空发动机新技术丛书

航空燃气轮机转子动力学特性与安全性设计

Dynamic Characteristics and Safety Design of Aero Gas Turbine Engine Rotor System

洪 杰 马艳红 李 超 著

U0349974

北京航空航天大学出版社

内 容 简 介

本书所阐述的航空发动机转子动力学特性及安全性设计,与一般的结构强度及力学特性设计不同,其目标不是防止结构失效,而是使航空发动机结构失效后产生的危害度最小,其核心是极限情况下的危害度控制设计。对此,本书在全面论述转子动力学理论及特性分析方法的基础之上,聚焦于航空发动机整机结构设计中如何贯彻安全性设计方法,提出了叶片飞失情况下的转子系统设计、转子支承结构抗过载设计、碰摩激励下防止转轴断裂设计,以及极限载荷情况下的整机变形控制和安装结构冗余设计,为航空发动机整机结构系统的安全性设计建立了理论方法、分析路径和设计策略。

本书可以作为航空燃气轮机科研机构的科研人员的重要参考文献,也可供陆海空军的航空部队、舰用船用燃气轮机的工作人员,以及相关院校具有一定专业知识的师生、科技工作者学习使用。

图书在版编目(CIP)数据

航空燃气轮机转子动力学特性与安全性设计 / 洪杰,马艳红,李超著. -- 北京 : 北京航空航天大学出版社,2021.2

ISBN 978 - 7 - 5124 - 3449 - 3

Ⅰ.①航… Ⅱ.①洪… ②马… ③李… Ⅲ.①航空发动机—燃气轮机—转子动力学—研究 Ⅳ.①V231.96

中国版本图书馆 CIP 数据核字(2021)第 028171 号

航空燃气轮机转子动力学特性与安全性设计

洪 杰 马艳红 李 超 著

策划编辑 蔡 喆 龚 雪 责任编辑 蔡 喆

*

北京航空航天大学出版社出版发行

北京市海淀区学院路 37 号(邮编 100191) http://www.buaapress.com.cn
发行部电话:(010)82317024 传真:(010)82328026
读者信箱:goodtextbook@126.com 邮购电话:(010)82316936
艺堂印刷(天津)有限公司印装 各地书店经销

*

开本:710×1 000 1/16 印张:19.5 字数:393 千字
2021 年 2 月第 1 版 2021 年 2 月第 1 次印刷 印数:2 000 册
ISBN 978 - 7 - 5124 - 3449 - 3 定价:128.00 元

前　言

　　近年来,我国周边的政治经济和军事环境逐步复杂化,国家对先进航空武器装备的需求愈加明显。制空和制海权是现代战争制胜的关键因素之一,与之相关的飞行器及舰船用的主要动力系统,即先进燃气涡轮发动机(以下简称"航空发动机"或"发动机")成为现代武器装备的核心技术之一。另外,航空发动机的性能水平和研发能力也可在一定程度上衡量一个国家的军事、科技和经济水平,能在较高的层面上反映一个国家的综合国力。

　　航空发动机是一种长期高速运转的复杂热动力机械系统,与一般机械系统的最大区别在于发动机整机结构对零部件的细节设计非常敏感,尤其旋转部件和关键承力结构往往处于材料对流-固-热载荷环境的耐受极限上,并且这种耐受性需要维持一个相对较长的时间线。因此,航空发动机的设计者和使用者一直需要面对一对矛盾,一方面发动机的结构系统长时间处于高温度、高强度和剧烈振动的环境下,另一方面该产品要满足气动效率、热效率以及结构效率等方面不断提高的综合性能需求。

　　在这种背景下,另外一层更高的要求被提出,即为了保证飞机和机载人员的安全,航空发动机的结构系统还必须具备承载额外可能发生的极限甚至恶劣载荷的能力,也就是安全性的要求。这种要求的严苛性,按国内外普遍认可的标准,已经达到千万飞行小时不允许发生一次安全事故的程度(10^7次/飞行小时)。安全性设计往往是站在航空发动机研制要求的第一层级的,安全性被认证了,发动机才有配装飞机的可能。因此,航空发动机结构系统的设计需要平衡不同层面、不同领域之间的矛盾,需要在航空发动机安全性要求的约束下,综合考虑整机综合性能、可靠性与耐久性的需求。

　　本书所阐述的就是在这种背景下,以安全性为最终导向的航空发动机整机结构动力学特性设计理论与方法。其着力点不是一般结构强度及力学特性设计要求的防止结构失效,而是在航空发动机产生结构失效后,限制其损伤失效造成的危害程度,其核心是极限情况下的危害度控制设计。综合世界各国当前的适航条例可以看出，航空发动机安全性设计大致可划分为四个领域的内容，即机匣的包容性设计问题、安装结构冗余设计问题、转子轴系防断轴设计问题以及支承结构安全性设计问题。后三者和航空发动机整机结构动力学特性息息相关，为本书重点讲述内容。

本书共7章。第1章简要介绍航空燃气轮机结构及安全性。在第2章和第3章全面论述转子动力学理论及特性分析方法的基础之上，聚焦于航空发动机整机结构设计中如何贯彻安全性设计方法，提出了叶片飞失下转子系统设计(第4章)、转子支承结构抗过载设计(第5章)、碰摩激励下防止转轴断裂设计(第6章)，以及极限载荷情况下的整机变形控制和安装结构冗余设计(第7章)。

本书可以作为航空燃气轮机科研机构的科研人员的重要参考文献，也可供陆海空军的航空部队、舰用船用燃气轮机的工作人员，以及相关院校具有一定专业知识的师生、科技工作者学习使用。

由于编者的水平和能力有限，书中错误和不当之处恳请读者批评指正。

作者

2021年1月于北京

目　录

第 1 章
航空发动机结构及安全性

航空动力产业是关系到国家安全、经济建设和科技发展的战略性产业，是规模庞大且结构复杂的系统工程。数以万计的零、组件通过设计—试验—改进—再试验，循环前进，组成发动机的部件与系统。这使得航空动力产品研制技术难度大、周期长、耗资多，长期以来一直是美、俄、英、法等少数航空发达国家优先发展、高度垄断、严密封锁的高科技产品之一。创新发展航空发动机对航空武器和航空运输装备的发展有直接影响。没有先进的航空发动机就不可能有先进的航空武器装备，就难以取得现代战争的胜利。

作为飞机的"心脏"，航空发动机长期运转于高温、高压、高转速和变工况的恶劣工作条件下，是一种高速旋转的复杂热动力机械系统。为了满足气动效率、热效率以及结构效率等多方面日益提高的综合性能需求，结构系统面临高温度、高强度和剧烈振动的挑战。为了保证本机系统以及飞机和机载人员的安全，结构系统又需要具备承载一切可能发生的极限甚至恶劣载荷的能力。因此，航空发动机结构系统的设计标准要远高于一般机械系统，需要满足和兼顾整机综合性能（推重比/功重比）与安全性、可靠性和耐久性的多重需求，这是制约航空发动机研制进展的关键因素，也是发展高性能、高可靠性航空发动机的必然要求。

1.1　航空发动机结构及动力学设计

随着航空技术的发展，航空发动机性能日益改善，推重比不断提高，耗油率不断降低，可靠性越来越高，但在结构设计上，零组件数目不断减少，结构负荷不断提高，结构功能也日趋多元。在航空发动机上汇聚了各专业学科最先进的技术成果，使得研究与发展一种新发动机要投入大量的资金、劳务与时间。

航空发动机的研制一般可分为，以总体方案和关键技术突破为重点的预先研究阶段,以及以具体型号为中心的型号设计工程研制阶段。

在前期的总体方案和关键技术突破验证中,按飞机、发动机一体化设计的要求提出各种备选方案。对各方案要进行性能、可靠性、使用性方面的评价,同时进行费用、效益分析与技术经济风险分析,权衡投资与进度周期,在各种方案中选出能满足使用要求,具有足够成熟度的技术基础和资源,而且技术、经济风险比较小的方案。为验证选定技术方案的可行性,通常在总体方案论证阶段要对所使用的新技术进行验证试验。只有在所有设计技术均达到一定的技术成熟度后,才能提出和确定型号研制的具体技术指标并选定设计方案。

在型号设计工程研制阶段,要进行发动机的整机及部件设计及试验,验证制造出的多个批次的原型机和验证机。在进行众多项目的部件试验验证、整机试验验证,以及高空台试验验证后,再进行飞行试验,并按设计鉴定和定型大纲的规定进行设计鉴定和定型试飞验证。参加试飞和用户使用的试验验证发动机,模拟在全服役期内的工作环境进行试验验证,必须严格按照研制规范要求。通过技术鉴定和设计定型大纲中规定的一系列试验与试飞后,发动机就可以进行技术鉴定和设计定型,并进行小批量生产和用户使用。对于进行批量生产的发动机,为保证生产的稳定性与质量,还要对其生产工艺、质量保证系统等进行生产定型,也称为工艺定型。总之,航空发动机的研制是一个周期长、风险高、技术复杂并且需要大量资金投入的高技术风险的先进科学技术。

航空发动机的研制不同于一般的机械产品,在投入使用以后,仍然需要不断改进完善:根据已经生产定型的航空发动机或应飞机的新需求,对使用过程中暴露出来的缺陷进行改进,或是采用先进的技术来提高发动机性能。这一不断改进完善的过程也是整个研制工作有机的、不可分割的部分。

1.1.1　整机结构设计

"一代新发动机,一代新设计技术,一代新结构"。结构设计作为一切性能的载体,是发动机设计的出发点和落脚点,既要保证气动性能和结构可靠性的均衡发展,又要有力地推进新材料、新工艺的发展。航空发动机结构设计是航空发动机研制与使用全寿命周期中的一个重要环节,其最终目的是使结构系统的性能指标,即发动机零件、部件和整机系统在结构强度、刚度、振动、损伤容限、耐久性、可靠性与安全性等方面能够达到要求。

根据美国军标 MI—HDBK—1783B,航空发动机结构的定义为通过设计和确定尺寸以满足结构完整性要求的所有结构件。发动机结构包括但不限于以下结构件:导管、机匣、齿轮、轴、转子叶片、导向叶片、轮盘、隔圈、封严装置、加力燃烧室、喷管、外罩、作动筒、传动装置、轴承座、控制系统和泵、齿轮箱、滑油箱等附件装置。由此可知,在航空发动机中,结构是一个宽泛的概念,根据其功能和形式可以分为:零件、组件及部件,子系统及整机系统。

在面向结构进行设计时,需要以航空发动机的结构构形和几何尺寸为设计参数,使结构及结构系统的力学特性满足强度和动力学特性的设计要求。对于不同零件、组件和部件,相应的结构设计原则和方法也存在差异。

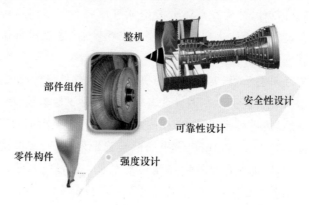

图 1-1　航空发动机结构设计及其要求

如图 1-1 所示,对于如叶片、盘、轴以及螺栓、锁片等零件,均需要进行必要的强度、振动设计和校核,获得其在规定载荷下的应力状态,保证足够的安全裕度;对于组件和部件,如风扇部件、核心机部件等,需要进行结构系统可靠性分析,确定主要失效模式,并进行失效概率的评估和结构改进;而对于整机结构系统,则需要进行结构完整性和安全性设计,在常规载荷作用下保证系统结构具有设计要求的结构完整性和可靠性,在极端恶劣的载荷环境下保证发动机乃至飞机及人员的安全。当然,强度、可靠性和安全性不是绝对独立的,相互之间有交叉和融合,只是在不同阶段和对象,有不同的侧重点。

航空发动机构件(**零件**)是发动机中不可拆分的单个制件,是发动机的基本组成要素,也是基本单元,其制造过程中一般不需要装配。例如盘、轴、叶片、连接件、锁紧件等零件。

构件设计以强度、寿命要求为目标,在满足相应功能、性能的前提下使结构质量最轻。一般采用给定"安全裕度"方法考虑材料、制造和载荷等的分散性的影响。每一个零件设计都是以强度准则为标准,对寿命储备进行分析、评估和设计的。零件的强度设计是结构完整性和可靠性的基础。

现行的发动机结构强度设计,在一定程度上可以控制发动机构件由于强度"不足"引发的故障,但是有时给出的"安全裕度"水平不足以考虑复杂载荷与结构系统特性对构件可靠性的影响,仍会导致故障发生,例如叶片疲劳断裂、轮盘破裂等,如图 1-2 所示。

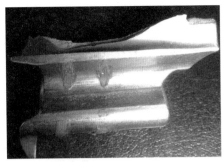

(a) 叶片疲劳断裂　　　　　　(b) 轮盘破裂

图 1-2　发动机构件强度"不足"的典型故障

　　由于以单一零件为对象的强度设计方法不能充分考虑在实际工作状态下载荷及工作环境的变化对结构系统的损伤失效及其可靠性的影响,所以不能从设计上满足发动机整机及其构件的高可靠性要求。因此,需要建立基于结构系统失效模式的发动机可靠性设计方法,实现结构系统可靠性的定量设计,为完善发动机结构设计体系、落实结构完整性大纲提供理论方法和技术支撑。

　　航空发动机组件是由多个零件通过界面连接构成的组合体,例如轮盘、叶片、锁紧件等零件组成叶盘结构组件。需要说明,以叶盘组件为例,之所以要构成一个组件,是因为叶片和轮盘工作时在一起组合工作,叶片和轮盘的装配状态决定了叶盘组件的工作效果,叶片零件和轮盘零件虽然是分别单独加工的,但只有组合在一起,配合协调,才能保证工作的完成,但并不是任意两个或多个零件组合在一起就称为组件。)

　　航空发动机部件是多个零件或组件按照设计要求组成的,具有相互配合和协调工作能力,且有一定功能特征的可独立工作的组合体。一般情况下,部件结构特征较组件复杂,例如压气机转子组件、静子组件和相应的支承结构组件等构成压气机部件,具有对气体增压的功能。

　　结构系统指航空发动机中由两个或多个构件通过界面配合、连接成的结构组合体,包括组件、部件和整机。结构系统的力学特征是由各个构件的力学特征与连接界面的力学特征共同作用所形成的,一定的工作载荷环境下需要考虑结构连接界面对结构系统力学特性的影响。

　　航空发动机是由不同材料、多种构件组成的复杂结构系统,承受气-固-热复杂载荷。其失效模式与单一构件有很大不同,往往是由于界面损伤引起结构系统力学特性变化,使系统中某些构件乃至结构系统的载荷状态发生变化,最终导致最薄弱的构件失效或结构系统的功能恶化。结构系统失效的特点是,结构系统的初始损伤和最终失效可能不是同一构件。现行结构设计体系并没有充分考虑在复杂力学环境下由于构件间界面的存在使得结构系统在力学行为上表现出的非连续性和损伤失效对结构系统可靠性的影响,而且对结构系统的配合状态缺少有效控制,设计时很可能使界面的配合状态不合理,在复杂力学环境下接触面或配合面产生约束失效或接触损伤失效。因此,即使航空发动机构件满足强度设计要求,仍会出现由于结构系统配合"不当"引发的故障,例如,图1-3所示的某大涵道比涡扇发动机风扇叶片凸肩配合"不当"引起的凸肩根部局部裂纹和图1-4所示的带冠低压涡轮叶冠松动故障等。

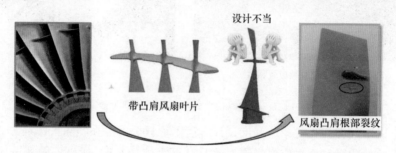

图1-3 风扇叶片凸肩配合"不当"引起局部裂纹

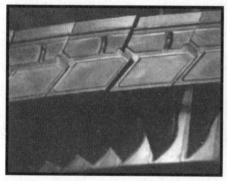

图1-4 带冠低压涡轮叶冠松动故障

因此,对于组件和部件级的结构设计,其主要目的是控制失效概率、提高经济性;在设计手段上,主要通过可靠性设计和结构完整性设计,将结构强度问题与性能问题作为一个整体来考虑,在提高与改善发动机性能参数的同时考虑发动机的使用性与可靠性,避免在型号研制阶段的整机试验与试飞中,甚至在投入使用后,再暴露出结构强度方面的问题,防止造成重大损失。

航空发动机整机可以分为主机和辅助系统。其中,发动机主机由风扇部件、压气机部件、燃烧室部件、涡轮部件、尾喷管部件等组成,各组成部分的零件、组件、部件、辅助系统之间彼此相互联系且相互协调工作,完成指定功能。而航空发动机中的辅助系统特指为辅助发动机正常工作的辅助系统或保障系统,是由某些彼此相互协调工作的零件、组件、部件等组成,可以独立完成某一特定功能的综合体。例如,在航空发动机中主要的辅助系统有燃油系统、滑油系统、防喘系统、供气防冰系统、点火系统、启动系统、辅助动力装置、火警及灭火系统等。

通过对构件、组件和部件的设计,航空发动机系统已经具备了满足大多数性能的条件和承载绝大多数工况的能力,而更为关键的问题是,由它们综合构成的整机系统能否承担极少可能发生的极限恶劣的载荷,例如外物打伤、叶片丢失、极限过载、大机动飞行和喘振等。如图1-5所示,鸟撞和叶片丢失引起了发动机严重破坏的故障。

(a) 鸟撞引起非包容故障　　　　　　　(b) 叶片丢失引起整机破坏

图1-5　航空发动机转静件碰摩故障

航空发动机在全寿命使用周期中所遇到的载荷和工况十分复杂,有可能遇到上述极限和恶劣状态把发动机结构置于极限载荷条件下,因此要求航空发动机结构件能够承载极限载荷并保证结构的安全性。这是航空发动机结构可靠性设计的重要组成部分,也是航空发动机适航认证的必然要求。

1.1.2　整机及转子动力学设计

在航空发动机结构设计中,要不断提高结构效率和结构可靠性以满足飞机对动力装置的设计要求。在总体结构设计中,需要系统考虑结构布局及其对整机动力学的影响。

航空发动机转子系统作为发动机的主要部件,在进行结构设计时,首先要进行转子结构基本构形设计,以在满足结构的承载能力的前提下,尽量提高转子结构在不同工作状态下的抗变形能力,使航空发动机在满足气动性能的同时,其结构也具有良好的结构完整性和结构可靠性。

满足强度准则是转子系统设计的基本要求。此外,在航空发动机总体结构布局设计中,需要对整机动力学特性进行评估和优化,使其具有良好的动力学特性,如共振转速的分布、弯曲应变能分布以及变形协调性/间隙变化等,这对结构设计的合理性及结构优化设计具有重要意义。

航空发动机整机及转子结构与动力学设计中的基本设计准则可体现在以下几个方面:

1)共振转速分布及临界转速确定。在转子系统工作过程中,由转子不平衡激起的同步正进动共振时的转速即临界转速。设计准则要求,高于发动机工作转速范围的转子临界转速至少要比最大工作转速高 20%,低于发动机工作转速范围的转子临界转速至少比慢车转速低 20%,并且需要考虑因使用条件、性能退化和装配加工散度等因素引起的临界转速变化。而对于工作转速在多阶临界转速以上的转子系统,应尽量压缩临界转速共振区域,使共振转速处于低转速区的最小范围。

2) 转子弯曲及支承结构应变能分析。应变能分析包括对转子、机匣弯曲应变能和支承应变能的分析。对于作刚体运动的转子,一般要求转子弯曲应变能应小于对应模态总应变能的 20%~25%,超过该范围的振型被认为是不可接受的,应进行调整或采用阻尼结构。

3) 转子结构抗变形能力评估。转子结构抗变形能力是结构几何和材料特性确定后,考虑转子结构质量和刚度分布对转子结构在外载荷和结构自身惯性载荷作用下抵抗变形能力的定量表征。可采用转子结构截面抗弯刚度、等效弯曲刚度和惯性刚度这三个参数分别描述转子结构系统的抗变形能力,其中截面抗弯刚度沿轴向分布特征是描述结构几何构形所产生的刚度特性;转子等效刚度沿轴向分布是描述转子结构及支承约束对外载荷作用的综合抗变形能力;惯性刚度是描述转子结构对自身质量惯性的抗变形能力,反映了转子结构质量/刚度沿轴向分布的协调性。此外,还可以采用共振转速分布和转子应变能分布描述转子在不同载荷环境下的抗变形能力。

4) 转子工作转速范围内旋转惯性激励控制。高速旋转的转子系统的旋转惯性激励及其振动响应控制是高结构负荷航空发动机转子结构设计的重要特征。转子的旋转惯性激励主要来源于两个方面,一是由于结构件加工、装配以及工作循环中所产生的界面磨损/滑移等,所产生的质量分布不均匀,即质量偏心所产生的不平衡激励。二是转子系统在高速旋转中,由于弹性线弯曲变形使具有大转动惯量的结构单元主惯性轴倾斜所产生的附加惯性激励。对于不平衡激励,可以通过初始平衡的方法对其振动响应进行控制,其主要影响范围为亚临界转速范围。而转子弯曲变形所产生的附加惯性激励是不能通过低速平衡所控制的,需要在转子动力学设计中,通过支点位置、支承刚度以及转子结构特征参数的优化,来减小转轴弯曲变形所产生的附加惯性激励影响。

5) 转静件变形协调性及其间隙控制。现代高性能发动机要求较小的叶尖间隙和级间封严间隙,以提高发动机效率。如果因过临界、振动、喘振、机动飞行等因素而引起间隙丧失,以致发生转静子间摩擦、磨损,将使转静件间隙变大,效率降低,损伤积累到一定程度时还会引起部件损坏,发生故障。在总体结构布局设计阶段,应该对转静件变形协调性进行评估,以确保结构布局设计的合理性。在定量评估中,需要对在横向过载或机动飞行状态下发动机结构惯性所产生的变形进行定量计算分析,以确定结构质量分布和刚度特性的协调性。

6) 转子连接结构稳健性评估。航空发动机作为复杂高速旋转机械,由于传载、隔热、加工、安装等需要,在转子结构设计中存在大量连接结构。在工作状态下,转子连接结构受离心载荷、连接结构热响应差异所产生的热载荷、机动飞行时陀螺力矩等作用,有可能产生接触损伤,进而使转子结构的动力特性变化,严重时会影响转子系统的正常运转。因此在总体结构布局设计中,需要对转子结构系统、静子承力结构系统的关键连接结构所处位置的受力状态进行定量评估,以保证在工作载荷环境下连接结构界面接触损伤及其对结构系统力学特性的影响可控并满足设计要求。

|1.2 航空发动机结构安全性|

航空发动机结构安全设计不同于一般的结构强度设计中以防止结构失效为目标给定安全裕度,而是以在恶劣环境下结构失效后产生的危害度最小为目标,以结构系统为对象,进行危害度控制的设计。航空发动机整机安全性设计主要包括机匣包容设计、安装结构冗余设计、防止转轴断裂设计以及转子支承结构抗过载设计。

1.2.1 结构安全性

结构安全性就是结构系统在可能遭受的危险状态下仍能保证安全的能力,是系统的固有特性之一。航空发动机结构安全性指航空发动机系统在正常使用环境下,承受可能出现的各种危险的能力,以及在偶然事件(恶劣环境)发生时和发生后仍保持必要的整体稳定性和安全运转的能力。结构安全性取决于设计、制造、维修、设备和设施的质量等诸多因素。

航空发动机是一套复杂的旋转机械系统,其复杂性体现在结构特征复杂(转静件耦合、板壳结构耦合)、载荷特征复杂(热载荷、气动载荷、机械载荷),对于结构系统的结构效率的要求极高,既要减轻质量,又要提高承载,因此航空发动机结构系统的安全性与一般地面旋转机械相比,既有共性,还有相当大的特殊性。

航空发动机按设计要求的方式工作和维修时,由于自身缺陷、失效或损坏(非外部因素)导致发动机的功能、性能不能满足使用要求,称为失效。在航空发动机使用过程中,结构系统失效根据其危害程度可以分为轻微失效、重大失效和危险失效。

轻微失效的后果主要是影响发动机的性能,如丧失部分推力或输出功率。

重大失效对发动机的影响很大,工作负荷增加,安全裕度降低。典型的重大失效包括:1)受控制的着火;2)烧穿机匣,但不可能危及发动机;3)低能量结构件飞出,但不可能危及发动机;4)导致机上人员不舒服的振动;5)发动机向座舱引气中的有毒物质足以降低机组人员的操作效能;6)产生与驾驶员指令方向相反的推力,但低于规定的最危险的水平;7)发动机支承系统载荷路径失去完整性,但发动机没有实际脱开;8)产生的推力大于最大额定推力;9)相当大的、无法控制的推力振荡。

危险失效对发动机、飞机以及机载人员和装备的影响是摧毁性的、致命的。典型危险失效包括:1)高能碎片不包容;2)客舱用发动机引气中有毒物质的浓度足以使机组人员或乘客失去正常行为能力;3)与驾驶员想要的推力方向相反的相当大的推力;4)失去控制的着火;5)发动机安装系统失效,导致发动机脱开;6)不能使发动机完全停车。

安全性设计的目的是使所发生的故障不会导致设备发生系统的破坏或失去控制。安全性可以分为本体安全、操纵安全、系统安全和使用安全,其反映的内涵和程度是不同的,如图1-6所示。本体安全指系统设计时留有一定的安全裕度,相当于前面提到的安全系数;操纵安全指由于结构部件失效引起故障时,仍能保证飞行器安全着陆;系统安全指结构系统整体失效时,仍然不至于有致命的危险发生;使用安全指驾驶员操作使用不当时,不至于引起破坏性的故障。

$$安全性\begin{cases}本体安全 \longrightarrow 核心:留有余地,许用量\\ 操纵安全 \longrightarrow 核心:失效时仍能安全着陆\\ 系统安全 \longrightarrow 核心:失效安全\\ 使用安全 \longrightarrow 核心:预先设计,并准确控制使用操作及维护不当的问题\end{cases}$$

图1-6　安全性的分类及内涵

安全性设计是指通过各种设计策略消除和控制危害程度,防止所设计的系统在研制、生产、使用和保障过程中,发生导致人员伤亡和设备损坏的各种意外事故。为提高系统安全性,在系统安全分析基础上,设计人员必须在设计中采取各种有效措施,保证所设计的系统具有满足要求的安全性,其中包括进行消除和降低危害度的设计策略。

安全性设计的常用方法有:1)能量控制,即从设计角度考虑消除和控制危害度;2)故障隔离,即确保在出现故障之后,不会影响系统安全;3)薄弱环节法,即从安全性考虑可在系统中设计"薄弱环节",使系统出现故障之前,在薄弱环节处出现失效,以减轻故障的危害度;4)告警装置,即在故障发生前后发出相应的提示,以采取相应的控制措施,减小危害度。

针对叶片丢失的安全性考核,美国NASA提供了一套量化评估方法——危害度。在危害度评估过程中,综合考虑了结构破坏程度、引起破坏的概率以及不同位置发生叶片丢失的概率。

$$危害度=相对破坏程度\times破坏概率\times发生概率$$

各系数定义为:1)相对破坏程度。依据叶片丢失产生故障可能诱发的破坏形式,将破坏程度划分为10个等级,1级表示破坏最轻微,10级表示破坏最严重,典型的一些破坏形式的相对破坏程度数值见表1-1。2)破坏发生的相对概率。将一定发生的事件定为1,较低的数值表示较低的损伤发生概率。3)不同位置发生叶片丢失的概率。其中相对概率和丢失概率的数据需要来源于大量的工程实际经验,才能得到实际故障发生位置以及破坏的概率。

表 1-1　相对破坏程度(部分)

故障描述	可能诱发的破坏形式	相对破坏程度
停车	全部动力损失	10
碰摩-失效	低压轴失效	10
安装节失效	机匣、支柱脱离	10
严重推力损失	推力丧失 70%	6
碰摩-严重	轴脱离原位	4
结构破坏	结构脱离原位	4
中等推力损失	推力丧失 40%	3
碰摩-轻微	涂层磨损	1

航空发动机安全性是指系统在规定条件和时间内,以可接受的风险执行规定功能的能力,侧重于整机危险性和具有重大影响的故障模式分析及其试验验证。航空发动机安全性设计的目的是在故障发生时不应导致发动机结构破坏或失去控制。

适航性是指飞机能够安全飞行的适用性指标。适航性要求不同于用来指导发动机设计工作的设计规范,但是要求设计规范必须覆盖适航标准的要求。从使用上来讲,由于仅仅考虑保证乘客和飞行器的安全,所以适航标准是标准飞行器安全的最低要求;从结构设计上来讲,由于考虑的载荷状态极其严酷,所以是设计的最高标准。

航空发动机的安全性与适航性和可靠性紧密相连,三者的关系如图 1-7 所示。

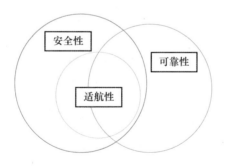

图 1-7　安全性、可靠性和适航性的关系

安全性和适航性的关系是:安全是目标,适航是手段;传统意义上的安全是无事故,适航安全是可接受的安全。

安全性和可靠性的关系是:安全不一定可靠,可靠不一定安全;在结构设计之中,安全性是由可靠性决定的。

发动机的安全性标准要求在承受限制载荷的单独或联合作用时和作用后,发动机应满足规范要求,承受极限载荷的单独作用或联合作用时,发动机不应出现灾难性破坏。

1.2.2 工作状态与设计要求

航空管理部门针对航空发动机的安全性和适航认证设立了严格的审核标准,如美国 FAA 的联邦航空条例 FAR-33、欧洲 EASA 的发动机合格证规范 CS-E。针对航空管理部门的要求,航空发动机设计部门建立了相应的设计准则,如美国军用标准 MIL—STD—1783B《发动机结构完整性大纲》、MIL—E—87231《航空涡轮喷气、涡轮风扇发动机通用规范》、GJB/Z 101《航空发动机结构完整性指南》以及 GJB 241—87《涡喷涡扇发动机通用规范》等。在此,基于现行的航空发动机结构系统安全性相关规范或准则,分别论述过载、机动飞行、冲击(轴向冲击和径向冲击)载荷状态下,结构安全性设计要求和考核方法。

1. 过载状态

过载载荷为结构在进行非惯性运动时产生的质量惯性载荷,与结构质量和运动状态密切相关。在航空发动机中,典型的过载载荷主要发生在飞机硬着陆和舰载机起飞过程中,这时发动机分别受到垂向过载载荷和轴向过载载荷。此外,飞机在机动飞行过程中,发动机的结构(包括转子和静子)也会产生质量惯性力和惯性力矩(陀螺力矩)载荷的作用。惯性载荷作用的力学行为主要是引起承力结构系统和转子结构系统各自变形及相互之间的间隙变化,容易引起碰摩、抱轴等转子-支承结构系统的安全性问题。

(1) 设计要求

过载状态是发动机常见的运转状态。这个状态下对发动机安全性影响最为重要的在于保证安装节的完整,设计要求中在过载状态下对安装节的要求如下。

对于主安装节,限制参数为弹性变形量和极限拉伸强度,须保证正常运转时具有足够的强度裕度,并且在飞机紧急着陆条件或更严重的单个连接部件存在损坏的情况下仍能保证安全。安装节应在弹性极限载荷范围内不存在永久变形,且能在极限拉伸强度载荷下不发生完全破坏。

对于地面吊装安装节,必须保证能承受最大惯性载荷且不发生永久变形。惯性载荷大小见表 1-2。

表 1-2 地面吊装安装节惯性载荷要求

方　向	轴　向	侧　向	垂　向
惯性载荷	4g	2g	3g

发动机的过载是指发动机工作过程中由于加速或减速而受到的除重力之外的其他惯性力负荷。过载状态引起转子系统和承力系统均在过载方向发生不同程度的变

形,从而导致转静子间隙变化,引起发动机气动性能衰退,甚至引起碰摩或其他结构失效故障。

发动机过载按照加速度方向可以划分为横向过载和轴向过载。其中,横向过载的极限状态主要发生在飞机硬着陆过程中,轴向过载的极限状态主要发生在舰载机弹射起飞或者飞机加速/减速等过程中。

安全性设计指南中对于极限过载状态的要求是能承受轴向 4g、侧向 2g、垂向 3g 的惯性载荷并且保证:1)主安装节保证弹性和极限拉伸强度,在紧急着陆或单个连接部件损坏情况下保证飞机安全;2)地面吊装安装节不发生永久变形且在极限拉伸强度载荷下不完全破坏。

硬着陆过程中产生的横向过载物理过程如下:发动机在空中失速从而随着飞机具有向下的速度,与地面撞击后在冲击载荷的作用下产生动态变化的加速度,整体受到变化的过载载荷作用。横向过载将产生两方面影响:1)转子系统和静子系统均产生垂直方向的位移;2)转静件之间由于位移不协调而导致径向间隙变化,轻微时影响气动效率,严重时可导致碰摩。飞机硬着陆过程中发动机的惯性加速度的典型变化过程如图 1-8 所示。横向过载发生时,发动机垂直方向的惯性加速度突增并振荡,范围在 $\pm 2g$ 内,之后在 2 s 内衰减回归零值。

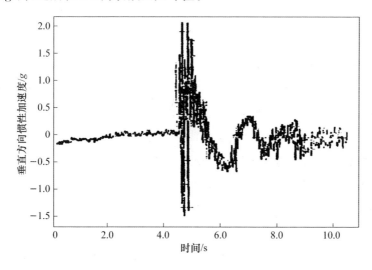

图 1-8　硬着陆时飞机质心的加速度/时间曲线

舰载机着舰或飞机突然加减速时,产生轴向过载的物理过程为:发动机整机随飞机产生轴向的惯性加速度作用,转子系统和静子系统相对安装节产生轴向的变形。

发动机在横向过载状态下,承力系统受到的是惯性载荷的作用,在过载的每个瞬时,可以视为准静态载荷。横向过载按照具体方向可以分为垂向和侧向,其中垂向过载的载荷如图 1-9 所示。

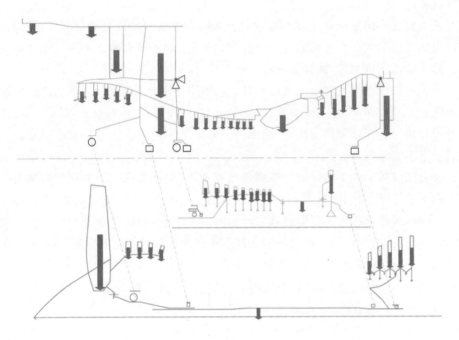

图 1-9　承力系统承受横向过载的载荷示意图

过载载荷是惯性分布载荷,各部件产生的载荷大小正比于部件的质量,而惯性载荷产生的变形与部件的刚度相关,因此惯性载荷产生的力学效果受质量和刚度分布的综合影响,实际的变形量和间隙变化量受到具体结构特征的影响。下面对过载状态下结构响应的分析方法和典型力学特征进行分析。

横向过载作用下,发动机横截面的变形如图 1-10(a)所示。由于约束和载荷的不对称,静子件在垂直和水平两个方向的变形不同,总变形趋近于椭圆形,而转子的运动轨迹截面基本为圆截面,从而导致转静件在周向的间隙存在差异,可以引起局部的碰摩故障,如偏摩。

横向过载作用下,转静件的横向变形如图 1-10(b)所示。对于静子部件,在安装节附近的结构,一方面距离安装节较近,约束作用强,另一方面该部位的传力结构复杂,局部的框架结构增强了刚性,因而这些部位的变形较小;在风扇机匣位置,结构简单,为大直径的薄壁壳结构,刚度相对较弱,因而变形较大。对于转子部件,在质量集中的风扇部件和涡轮部件位置,惯性载荷集中,因而局部变形大于质量分布均匀的轴段结构。

轴向过载作用下,承力系统受到的载荷可以近似认为是稳态的轴向惯性载荷,如

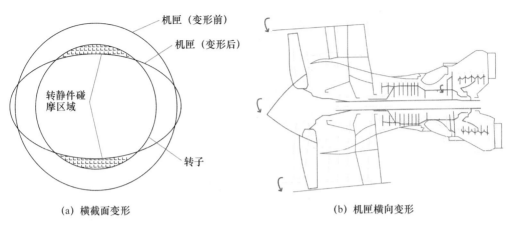

(a) 横截面变形　　　　　　　　　(b) 机匣横向变形

图 1-10　横向过载作用下变形示意图

图 1-11 所示。与横向过载不同,轴向过载产生的载荷来自两个部分:一是机匣结构系统的质量所产生的分布载荷;二是转子结构质量所产生的惯性力,主要集中作用在滚珠轴承上。

轴向过载作用的力学效果是:1)静子系统和转子系统轴向整体发生位移;2)由于约束位置不在质心的水平线上,过载载荷相对于安装节产生力矩,从而使得承力系统整体相对安装节发生摆动。

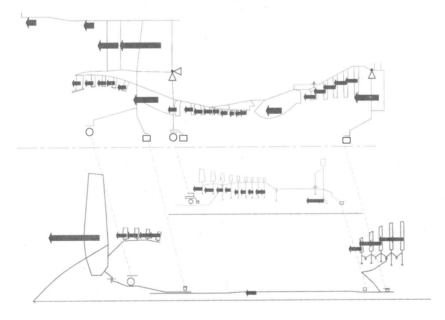

图 1-11　承力系统承受轴向过载的载荷示意图

(2) 考核方法

对于主安装节,最常见的故障是固定螺栓连接结构的疲劳断裂,必须对发动机安装结构在最恶劣情况下的故障失效及危害性进行验证,确保安装结构满足设计要求,并完成疲劳耐久性试验和安装试验。

对于地面吊装安装节,必须使具有最低强度的构件在限制载荷和极限载荷作用下(假设试验构件具有平均强度)也能满足载荷要求。

2. 机动飞行状态

飞机的机动飞行状态有三种:横滚、俯仰和偏航,如图 1-12 所示。飞机横滚、俯仰和偏航机动飞行产生角速度和角加速度,使得发动机承受陀螺力矩。陀螺力矩是一种循环载荷,会降低转子系统的循环疲劳寿命。美国空军研究表明,飞机按 3.5 rad/s 速率进行机动飞行时,轴承载荷将增大 15 倍,作用在单个转子叶片上的力可达正常气动力的 3 倍(由于机动引起的气动负荷的作用,而不是陀螺力矩直接作用在叶片上)。

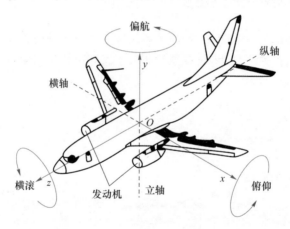

图 1-12 三种机动飞行状态示意

(1) 设计要求

发动机在最大允许稳态转速下,在飞行包线内和下述规定的陀螺力矩条件下,承受角速度和加速度作用时,应正常工作。

依据机动飞行的时间,分别对短时作用和长时作用的陀螺力矩进行了规定:1)短时间机动的要求:在绕垂直于转子轴线的 ω(rad/s)的稳态角速度和 1g 的垂直机动载荷作用下,持续工作 15 s。其中,ω 随飞机类型不同存在差异,见表 1-3。2)长时间机动的要求:在绕垂直于转子轴线的 ω'(rad/s)的稳态角速度和飞行包线内的所有载荷作用下,循环寿命为 10^7 循环,其中,ω' 随飞机类型不同存在差异,见表 1-4。

表 1 – 3　短时间内最大角速度 ω

类型	战斗机	轰炸机和货机	旋翼机
角速度/(rad·s^{-1})	3.5	1.5	2.5

表 1 – 4　长时间内最大角速度 ω'

类型	战斗机	轰炸机和货机	旋翼机
角速度/(rad·s^{-1})	1.4	1.4	0.9

对于战斗机而言,机动飞行是重要的工作状态之一;对于装载高涵道比涡扇发动机的大型运输机和旅客机而言,虽然机动飞行不是典型的工况,机动程度不及战斗机严重,但仍需要对其进行安全性的考核。标准中要求:发动机在最大允许稳态转速下,在以 1.5 rad/s 的稳态角速度旋转和 1g 的垂直机动的载荷作用下,能持续工作 15 s。

发动机在机动飞行状态时的关键是非惯性系统问题。飞机完成机动动作(横滚、俯仰和偏航)时,发动机受陀螺载荷作用,这种陀螺载荷主要影响转子的振动状态,此外还可在支点上引起巨大的支反力,引起承力系统变形,严重时可能破坏轴承。

航空发动机在飞机机动飞行过程中的转动状态如图 1 – 13 所示。这种情况下,结构系统主要受到两种载荷的作用:1)承力系统自身随飞机机动飞行姿态的改变受到离心载荷的作用;2)转子陀螺力矩作用在轴承上产生的支反力作用。

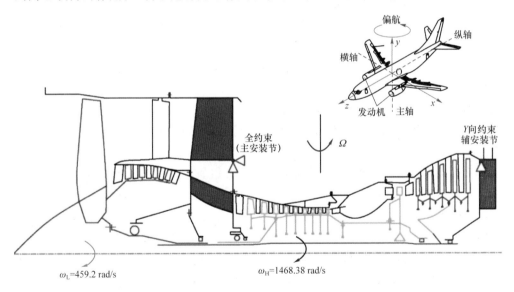

图 1 – 13　机动飞行时航空发动机转动状态

离心载荷主要是由发动机绕转弯中心按转弯半径作圆周运动产生的,其大小 $F = mr\Omega^2$,与机动半径以及飞机机动运动的角速度平方成正比,是分布载荷,作用在整个结构系统上。

陀螺力矩产生的支反力主要是由于转子自身高速旋转产生陀螺力矩,该力矩使转子发生弯曲变形并在轴承上产生附加力矩引起的。支反力通过轴承传递到承力系统上。高涵道比涡扇发动机双转子系统的陀螺力矩如图1-14所示,高、低压转子上的陀螺力矩方向与自转和偏航角速度方向垂直。

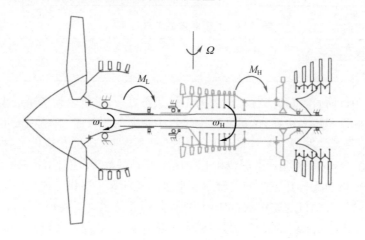

图1-14 双转子系统受到的陀螺力矩

前面分析了发动机整机主要的两种机动载荷:离心载荷和陀螺力矩载荷。下面以偏航状态为例,分析机动载荷作用下的力学特征。

离心载荷的力学特征比较简单,主要是背向回转中心的离心力分布作用于整机结构上,力学效果是使承力系统向安装节旋转半径外侧方向发生变形。

由于转子自转转速远高于偏航角速度,因而陀螺力矩的影响也将大大高于离心载荷的影响。在发动机偏航下,发动机高、低压转子的陀螺力矩及在轴承上产生的支反力如图1-15所示。考察竖直方向的力,主要有重力、陀螺力矩以及轴承支反力,轴承支反力作用于承力系统上的后果是使得承力系统在与离心载荷垂直的平面内发生变形。

发动机在机动载荷状态下,需要考察陀螺力矩的影响。转子所受陀螺力矩的大小与转动惯量成正比,因此转子系统的建模既要保证刚度与质量的分布,更要表现转动惯量的大小。在对转子系统建模时,对于轴与连接鼓筒部分采用梁单元模拟其质量与转动惯量的大小,叶片和轮盘则采用质量单元模拟其质量与转动惯量。陀螺力矩是结构质量旋转惯性载荷,作用在转子的所有质量单元上,常采用的模拟方法是计算出陀螺力矩的大小,将其等效为一对力偶作用在转子转动惯量较大位置,但不是很准确。

(2)考核方法

应通过分析和试验来验证机动飞行产生的陀螺力矩的作用效果,考察在陀螺力矩作用下安装节、轴承及轴承-支承结构的承载能力。使用射线或其他探针传感器,测试叶片和机匣之间的间隙、转子的径向间隙和轴向间隙,测量陀螺载荷作用下转子

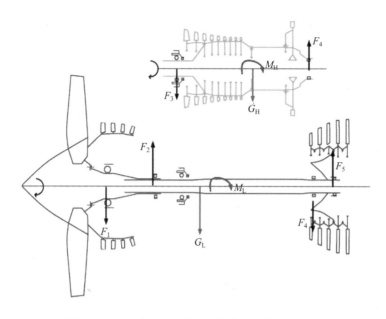

图 1-15　机动飞行时转子陀螺力矩及支反力分析

的挠度,关键部位要用应变传感器测量分析应力。

实际操作中,发动机需要安装在陀螺试验台上进行性能检验。陀螺试验台以 0.5 rad/s 的增量从 0.5 rad/s 增加到 3.5 rad/s,陀螺试验台应先向一个方向转动再反向转动。每个状态下须完成如下步骤的考核:1)慢车状态 1min;2)30 s 内从慢车加速到最大允许转速;3)在最大允许转速驻留 10 s;4)30 s 内从最大允许转速减速到慢车,最后停车。

要求试验后发动机性能无明显降低,发动机整机及部件系统在试验期间内工作正常,结构载荷在可接受的限制内,且分解后叶片没有过度磨损或即将损坏的迹象。

3. 冲击状态

根据发动机受到冲击的方向可以将发动机的冲击状态分为轴向冲击与径向冲击。其中,发动机产生轴向冲击的方式主要有两种:1)由于冰、砂石、鸟、固定连接件等进入气流通道对叶片或其他部件产生的冲击损伤;2)由于突然移动油门杆或气流发生轴向脉动(喘振)导致的发动机推力突变。而发动机的径向冲击状态主要指叶片丢失。叶片丢失的设计要求不仅仅是针对风扇叶片,而是需要对每一级叶片在丢失状态下对转子-支承系统的影响进行分析。叶片丢失状态下的损伤及危害性影响主要有:一是叶片飞出打穿机匣,即包容性故障;二是引起转子振动加大,使叶片与机匣发生严重碰摩,可能诱发着火;三是冲击载荷造成轴承破碎直至引发抱轴等故障。

(1) 设计要求

对于外物打伤,标准中规定:当发动机吸入外物或内物时,发动机仍能达到如下工作状态：

1）对于仅可能影响一台发动机的外物撞击和吞咽情况，不会对发动机产生任何危险性影响；

2）对于有可能影响超过一台发动机的外物撞击和吞咽情况，不会妨碍飞机继续安全飞行和着陆，包括以下情况：立即或随后丧失性能、发动机操纵性能恶化、超过发动机的工作极限值。

对于推力瞬变，在任何状态、以任何顺序和速率移动油门杆时，应不存在超出瞬态极限的超转和超温，也不引起主燃烧室、加力燃烧室、风扇或压气机不稳定工作。

对于叶片丢失，要求叶片丢失后发动机具有足够的结构完整性。在最高允许瞬态转速下，风扇、压气机和涡轮位置的单个叶片在缘板以上的叶身断裂飞出，并引起同级叶片发生二次损伤后，应保证下列情况：

1）发动机不产生非包容故障和着火。

2）不发生转子、轴承、支承或安装节的灾难性破坏。

3）不出现超转状态。

4）不出现易燃液体管路的泄漏或发动机丧失停车能力。

5）避免导致灾难性破坏的二次失效模式。

此外，必须提供适当的阻尼，使单个叶片破坏时在危险转速下不会导致持续性的功率损失。

（2）考核方法

对于外物打伤，通过分析和试验评定发动机满足内物或外物损伤要求的能力，验证风扇和压气机叶片能满足使用要求，并进行吞冰和吞鸟试验。

对于推力瞬变，发动机应从最小空中慢车状态加速，模拟快推油门，然后在过渡工作条件（如转速、压力、推力、温度）下运行 2 min。试验结束后，发动机能在典型巡航条件下令人满意地连续运行 30 min。

对于叶片丢失，必须对吊挂于地面试车台的发动机整机进行最危险的风扇叶片丢失试验。通过试验验证：高能碎片被发动机包容，发动机外机匣没有明显的破裂或危险的变形或有叶片穿过发动机机匣被抛出；不发生着火；安装节不发生断裂。需要注意，考虑到丢失叶片对同级其他叶片的打伤作用，单个叶片丢失产生的载荷应等效于两个叶片脱离轮盘的力学效果。

整机试验前，需要进行仿真分析和部件试验，考核的内容如下：

1）机匣包容性，涉及高速撞击引发的非线性动力学特性分析以及复合材料机匣的设计。

2）高速柔性转子瞬态冲击响应，涉及瞬态转子动力学、转静子碰摩、挤压油膜阻尼器等问题，分析和评估转子在突加大不平衡激励下的瞬态响应。

3）整机结构动力学响应，涉及薄壁结构件的耦合振动，轴承及安装节冲击载荷。

4）转子持续生存能力，主要是指发动机在叶片丢失后保持风车状态运转的能力。

第 2 章

航空发动机转子动力学基础

航空发动机能量的转化与传递大多是通过转子系统的高速旋转实现的。转子系统除承受高速旋转所产生的离心载荷、轴向拉伸载荷、弯曲和扭转载荷等常规载荷外,当处于机动飞行/过载和外物打伤等恶劣环境时,还要承受超过强度设计极限的恶劣载荷。

　　由于工作载荷环境及结构质量的设计要求,航空发动机转子系统在结构动力学设计上,不仅要对结构系统的共振具有足够的安全裕度,还要考虑在过载、碰摩、冲击等环境下,结构系统安全性方面的设计要求。

　　本章对航空发动机转子动力学设计中所需要的基本概念和设计理论、方法进行介绍。

|2.1　转子振动特征|

　　转子系统是航空发动机的核心部件,主要用于传递载荷能量,但也是结构系统中的主要振动来源。转子的运动状态可以通过绕轴心转动的转速来表示,如图 2-1 (a)所示。在工作过程中,转子是围绕旋转中心轴转动的,其运动轨迹在与回转中心线相垂直剖面上的投影中表现为周期性振动,这与梁的横向振动有本质的不同,在转子结构及动力学设计时需要关注并加以区别。

　　在航空发动机的实际使用中,转子旋转所积累的能量一般不会全部作用于设计任务需求,而会产生一定的能量损失。这种具有耗散倾向的能量,可以很容易地转换为其他形式的能量。在航空发动机转子转动过程中,随着涡轮部件通过高速旋转不断向风扇、压气机部件等传递能量,整机结构系统也会出现"高速旋转所产生的副作用",即整机振动问题,如图 2-1(b)所示。

　　航空发动机转子系统具有高转速负荷和轻结构质量的特点,在工作过程中,高速旋转的转子系统会使旋转动能部分转变为其他形式的运动,其中最主要的就是不同

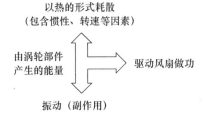

以热的形式耗散
（包含惯性、转速等因素）

由涡轮部件
产生的能量

驱动风扇做功

振动（副作用）

（a）转子能量/扭矩传递　　　　　　　　（b）转子振动及能量耗散

图 2-1　转子系统在工作中能量传递与耗散

形式的振动，如图 2-2 所示。这种不同主要表现为转子本身的运动变形（振动）和能量分布特征上的不同。转子振动按坐标自由度可分为三种：扭转振动、轴向振动和弯曲振动，这些振动形式都可能在转子的工作过程中表现出来。其中，转子的横向弯曲振动是最需要关注的，这是因为转子工作过程中不可避免地存在不平衡激励，而横向弯曲振动模态是转子结构系统中除刚体模态外模态频率最低的振动模态（lowest mode）。横向弯曲振动的能量可以通过轴承、支承结构及整机承力系统，最终传到发动机的安装结构上。需要说明，在振动能量的传播过程中始终伴随着振动能量的耗散，并以波的形式传递到周围环境中。

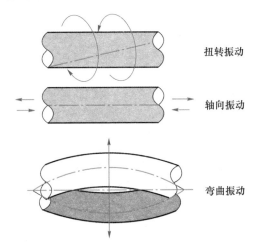

扭转振动

轴向振动

弯曲振动

图 2-2　转子系统振动形式分类

在航空发动机结构设计中，由于在同等空气流量和功率量级条件下，提高转速可以有效降低发动机结构重量，因此转子转速有持续提高的发展趋势，这一要求使得转子能量密度显著增加。然而，随着转速和转动能量的增加，上面所提到的转子-支承结构系统振动能量损耗的"副作用"越来越大，并且对发动机转子及整机结构系统和周围环境愈加危险，因此，需要针对航空发动机转子系统的振动特征进行分析。

需要注意,在转子动力学的研究中,由于研究对象的差异,在术语和用词方面有一定差异——通常一个相同的物体或者现象存在不同的名称,并且在不同的情况下,一个名称还会有不同的含义,因而需要在此做一些说明。

转子运动不同于梁的平面振动。转子绕自身结构轴心线转动(rotation,又称自转。通常因为转子结构质量分布不均匀,质心位置相对于轴心线发生的偏移是由质量惯性所产生的离心力引起),是转子的运动基本状态;同时轴心线又绕支承中心线进动(precession,或称公转);转子的运动是二者的合成,称为转子涡动(whirl,或称回转)。根据进动与转动速度方向和大小的差异,可将转子的涡动分为同步进动和非同步进动。

在一些文献中,涡动与激励一起使用来描述转子运动时,如"内腔液体激励转子涡动""干摩擦激励转子涡动"等均强调外部激励对转子进动的影响,从而改变转子原点状态,发生非协调涡动,是可以引起转子自激振动的一个具体的形式,仅是为了突出对转子运动稳定性的影响。

转子的旋转运动在严格垂直或者接近于垂直转轴的两个横向方向上存在分量,且没有特别说明要考虑其他特性,称为转子的横向振动。在转子振动响应分析中,转子中心运动轨迹是转子横向运动的最恰当描述。

图 2-3 为简单转子运动的示意图,轮盘质心 G 与形心 S(轮盘轴心线过形心)不重合。轮盘以角速度 ω(称为转动速度,简称转速)绕形心 S 自转,同时其形心 S 以角速度 Ω(称为进动速度)绕固定坐标系 Oz 轴公转。

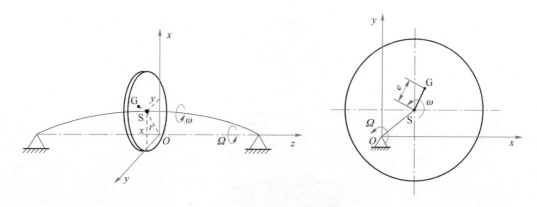

图 2-3　转子运动示意图

转子系统在运转过程中的运动是在垂直于轴线的平面内的圆周运动,沿轴向(Oz 方向)看为旋转周期运动,在横截面上(Oy 方向)看类似于梁的横向振动。在简单的转子运动分析中,可以把转子运动等同于在垂直于轴线平面的横向振动的组合,但考虑复杂转子运动,如非协调涡动时,就需要对转子运动进行准确描述,否则会丢掉或改变转子运动的本质。在转子运动分析中有三个要素:激励、结构和响应,如图 2-4 所示。根据转子激励或者能量输入的角度,转子振动可以分为受迫振动、自由振动和自激振动。

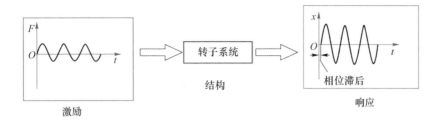

图 2-4 激励振动的力输入输出关系

2.1.1 受迫振动

引起转子系统横向振动的影响因素很多,最主要的是转子的质量分布不对称所产生的不平衡激励(unbalance,简称不平衡)。当转子各组成结构质心沿轴向分布与旋转中心线不完全重合时,转子绕旋转中心线旋转就会产生惯性载荷,其力学效果等效为离心载荷并且垂直于旋转轴线。在转子横向弯曲变形时,不平衡就会产生类似外部激振的旋转惯性激励,即离心力。因此,转子会产生横向变形和回转运动,所产生的旋转激励频率与转速相协调,称为横向振动。由于转子的质量不平衡是转子系统中几乎不可避免的"固有缺陷",所以需要保证转子系统在工作状态下,其不平衡激励所引起的转子横向变形及回转运动是可以接受的,如果转子为工作转速在临界转速以上的高速转子系统,需要在满足设计要求的平衡工艺控制下,在启动和停车过程中可以顺利通过临界转速。

需要注意,由于转子质量不平衡不是激起转子振动的唯一激振源,其他可以激励转子振动的力和载荷(例如,叶片通过频率激励,非均匀气动载荷激振力 Alford 力等)在转子动力学设计中,也必须给予足够的重视,并且将其引起的振动响应控制在安全范围内。

由不平衡或者其他周期性载荷激励的转子振动响应,属于外部激励或者受迫振动类型的横向振动模态。这里的"外部"强调的是横向振动响应和激振力之间没有反馈,由激振力引起的振动响应频率和激振力的频率一致。转子系统由于不平衡引起的振动响应频率和转速一致。在航空发动机振动分析中,振动频率通常与转速成比例,因此由不平衡引起的与转速协调的横向振动被称为一倍频振动。而如果转子系统是非线性的,对于单一频率的激振力将会出现更多的频率组成部分的振动响应,响应频率通常是激励频率的几倍。一个非线性转子系统对不平衡激励的一阶协调响应通常伴随着高次谐波成分,如 2 倍、3 倍等。另外,通常一个单一频率的激振力还可以激励转子产生分数倍频率的响应,如 1/2,1/3…。此外,多个不同频率激振力激励的非线性系统通常会产生分数或倍数以及差频谱响应。

2.1.2　自由振动

上面所说的不平衡激励下的转子横向振动是属于受迫振动响应问题中的一个典型问题。由于不平衡的存在是不可避免的,因此这是所有旋转机械在动力学设计中最常见也是必须面对的问题。与之并列的是第二类振动问题,即"自由振动"或"瞬态振动"。当转子系统受到瞬时冲击激励或环境的扰动,使转子系统的加速度、速度或者位置产生瞬时改变时,转子系统会产生"自由振动"和"瞬态振动",如图2-5所示。

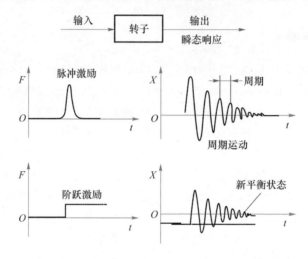

图2-5　冲击激励下结构系统的自由/瞬态振动响应

对于具有初始扰动的自由振动的转子,其振动特性主要是以转子系统的固有振动特性(模态振动特性)进行周期振动(简谐振动)。如果考虑阻尼的影响,其振动幅值和振动能量会逐步衰减。

2.1.3　自激振动

转子系统中还有第三类振动,被称为自激振动。这类振动是定常的,通常有恒定的振幅、相位和频率,由来自系统内部的或者作为系统一部分的能量来源维持。在这类振动中,通过反馈振动状态,系统从振动中获取一部分能量以维持其振动响应,如图2-6所示。通常,自激振动的频率与系统的某一阶固有频率很接近。

这里需要对"系统外部和内部"的划分进行一些说明。在转子结构系统中,通常各部分构件之间都有一定的联系。在建立转子结构系统模型的过程中,一般将所要研究的转子系统从所处工作环境中独立出来。转子系统外部的力可以对转子系统进行激励,产生振动响应,但是这些振动不会通过反馈系统使之与激振力产生联系,因此,振动响应不会影响激振力的大小和其他参数。如果转子系统的运动或振动响应影响了激振力,那么这个激振力应该被认为是转子系统的一部分,这时,转子结构系统模型必须进行扩展或者修正。

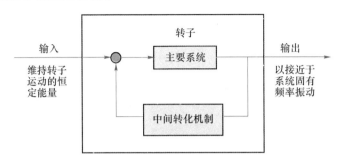

图 2 - 6　转子系统产生自激振动时的能量传递和转换

　　航空发动机转子系统属于自激振动类型的转子系统,在转子运动过程中,恒定输入的能量来自于转子的转动(通常,转子在稳定的转动状态下,转子系统的转动动能很高,并且往往是恒定的)。如果有一个很强的反馈系统,不需要很多额外的能量,仅凭借转子系统的动能便很容易维持转子所产生的自激振动,而且在一个恒定的转速下,这些振动可以维持很长一段时间。

　　事实上,航空发动机整机结构中确实存在一些这样的反馈系统,如图 2 - 7 所示。其中,最普遍的是转子与静子之间的碰摩,另一种是压气机转子与周围工作介质运动有关的流固耦合激励。转子与静子之间碰摩激励所引起的转子自激振动被称为干摩擦涡动(dry whip),需要一定的动能输入,以维持转子的自激振动和保持转速的恒定。

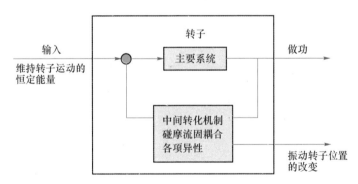

图 2 - 7　旋转机械能量反馈转换状态

2.2　转子横向振动力学模型

　　从简单的单盘转子模型入手,简明地阐述转子运动规律和临界转速等动力学特征的基本概念,再结合航空发动机转子结构特征,分析典型转子的振动特性。

转子动力学的发展历程表明,转子动力学理论和分析方法的发展与旋转机械设计技术的进步紧密相关。Rankine 的转子模型的适用范围局限于粗略定性分析低转速转子的动力学特征,因此,当时的转子机械的极限转速也被限制在较低的水平。Jeffcott 转子模型有效推动了旋转机械转速的提高,超临界状态下工作的转子的优势改变了传统的转子设计思想,轻质量、高转速的转子被广泛应用于涡轮机、压缩机、泵等产品中。对于航空发动机这类具有复杂结构特征的高速旋转机械系统,需要针对转子结构特征所反映出的动力学特性,发展相应的转子动力学设计理论。

转子运动分析的基本力学模型在建模过程中有两条假设:1)以恒定转速 ω 转动的各向同性转子,符合转子旋转驱动扭矩和载荷扭矩平衡条件,其最低的模态振动为横向平动振动模态。2)由于转子在横向截面的各个方向上具有相似的约束和相同的形状,因此,在横向互相垂直的坐标轴方向上的振动响应也是相似的。

2.2.1 转子运动分析

在转子动力学中,一般采用固定在空间的直角坐标系 $Oxyz$,其中 Oz 轴沿转子的轴线方向,如图 2-8 所示。

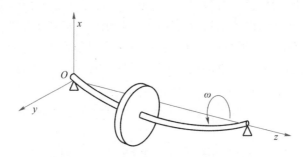

图 2-8 转子运动固定坐标系

假设轴上的刚性圆盘在自身平面内以角速度 ω 作稳态涡动,那么就圆盘中心的运动而论,其方程式一般可以写成

$$\begin{cases} x = X\cos(\omega t + \phi_x) \\ y = Y\sin(\omega t + \phi_y) \end{cases} \qquad (2-1)$$

式中,X,Y 为圆盘中心在 x,y 方向的运动幅值;ϕ_x,ϕ_y 为 x,y 方向运动的相位角。

当把式(2-1)中的三角函数展开,并令

$$\begin{cases} X_c = X\cos\phi_x \\ X_s = X\sin\phi_x \\ Y_c = Y\sin\phi_y \\ Y_s = -Y\cos\phi_y \end{cases} \qquad (2-2)$$

则

$$\begin{cases} X = \sqrt{X_c^2 + X_s^2} \\ Y = \sqrt{Y_c^2 + Y_s^2} \\ \tan\phi_x = \dfrac{X_s}{X_c} \\ \tan\phi_y = -\dfrac{Y_c}{Y_s} \end{cases} \tag{2-3}$$

于是

$$\begin{cases} x = X_c \cos\omega t - X_s \sin\omega t \\ y = Y_c \cos\omega t - Y_s \sin\omega t \end{cases} \tag{2-4}$$

消去式(2-4)中的时间 t,就得到运动的轨迹方程。根据解析几何的知识可知,此轨迹为椭圆,如图 2-9 所示。椭圆的两个半轴 a,b,半轴 a 与 Ox 轴之间的夹角 α,圆盘中心沿椭圆轨迹运动时的相位角 ϕ_a 等的计算公式分别为

$$a = \left\{ \frac{1}{2}(X_c^2 + X_s^2 + Y_c^2 + Y_s^2) + \right. \tag{2-5}$$
$$\left. \sqrt{\frac{1}{4}[(X_c^2 + X_s^2) - (Y_c^2 + Y_s^2)]^2 + (X_c Y_c + X_s Y_s)} \right\}^{1/2}$$

$$b = \left\{ \frac{1}{2}(X_c^2 + X_s^2 + Y_c^2 + Y_s^2) - \right. \tag{2-6}$$
$$\left. \sqrt{\frac{1}{4}[(X_c^2 + X_s^2) - (Y_c^2 + Y_s^2)]^2 + (X_c Y_c + X_s Y_s)} \right\}^{1/2}$$

$$\tan 2\alpha = \frac{2(X_c Y_c + X_s Y_s)}{(X_c^2 + X_s^2) - (Y_c^2 + Y_s^2)} \tag{2-7}$$

$$\tan\phi_a = \frac{X_s + Y_c}{X_c - Y_s} \tag{2-8}$$

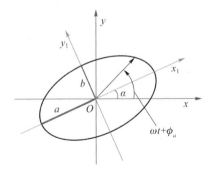

图 2-9　盘心轨迹及坐标系

利用指数函数和三角函数之间的欧拉公式描述转子运动的固定直角坐标系,则

$$e^{\pm i\omega t} = \cos\omega t \pm i\sin\omega t \tag{2-9}$$

也可以把运动方程(2-4)写成复数形式,即

$$\begin{cases} x = \mathrm{Re}\{(X_c + iX_s)e^{i\omega t}\} \\ y = \mathrm{Re}\{(Y_c + iY_s)e^{i\omega t}\} \end{cases} \tag{2-10}$$

式中，$\mathrm{Re}\{\cdots\}$ 表示取括号中的实数部分，i 代表 $\sqrt{-1}$。

以复数形式表示运动方程实质上是把简谐运动看成是以其圆频率为角速度的旋转矢量的投影。由于指数函数的微积分运算比较简单，所以在转子动力学的理论分析中，时常采用这种形式。

在运动学上，一般都可以把一个沿椭圆轨迹的运动，看成沿两个圆轨迹运动的合成。这两个分运动的圆频率（角速度）相等而转向相反，如图 2-10 所示，即

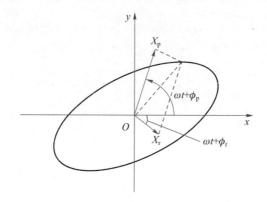

图 2-10　盘心椭圆轨迹的两个圆轨迹分量

$$\begin{cases} x = X_p\cos(\omega t + \phi_p) + X_r\cos(\omega t + \phi_r) \\ y = X_p\sin(\omega t + \phi_p) - X_r\sin(\omega t + \phi_r) \end{cases} \tag{2-11}$$

式中，X_p 表示圆频率为 $+\omega$ 的圆轨迹的半径，即幅值；ϕ_p 表示幅值为 X_p 运动分量的相位角；X_r 表示圆频率为 $-\omega$ 的圆轨迹的半径；ϕ_r 表示幅值为 X_r 运动分量的相位角。

若也像式(2-2)那样定义了 X_{pc}、X_{ps}、X_{rc} 及 X_{rs}，同样可以得到

$$\begin{cases} x = X_{pc}\cos\omega t - X_{ps}\sin\omega t + X_{rc}\cos\omega t - X_{rs}\sin\omega t \\ y = X_{pc}\sin\omega t + X_{ps}\cos\omega t - X_{rc}\sin\omega t - X_{rs}\cos\omega t \end{cases} \tag{2-12}$$

令

$$\begin{cases} x_p = X_{pc} + iX_{ps} \\ x_r = X_{rc} + iX_{rs} \end{cases} \tag{2-13}$$

又可以把式(2-12)表达成复数形式

$$\begin{cases} x = \mathrm{Re}\{[(X_{pc} + iX_{ps}) + (X_{rc} + iX_{rs})]e^{i\omega t}\} = \mathrm{Re}\{(x_p + x_r)e^{i\omega t}\} \\ y = \mathrm{Re}\{[-i(X_{pc} + iX_{ps}) + i(X_{rc} + iX_{rs})]e^{i\omega t}\} = \mathrm{Re}\{i(-x_p + x_r)e^{i\omega t}\} \end{cases} \tag{2-14}$$

一般常把 x_p 对应的运动称为正进动或向前进动分量，把 x_r 对应的运动称为反进动或向后进动分量。

比较式(2-10)和式(2-14)的右端,得到

$$\begin{cases} X_c + iX_s = x_p + x_r \\ Y_c + iY_s = i(-x_p + x_r) \end{cases} \tag{2-15}$$

从中可解出

$$\begin{cases} x_p = X_{pc} + iX_{ps} = \dfrac{1}{2}(X_c - Y_s) + i\dfrac{1}{2}(X_s + Y_c) \\ x_r = X_{rc} + iX_{rs} = \dfrac{1}{2}(X_c + Y_s) + i\dfrac{1}{2}(X_s - Y_c) \end{cases} \tag{2-16}$$

于是有

$$\begin{cases} X_p = \sqrt{X_{pc}^2 + X_{ps}^2} = \dfrac{1}{2}\sqrt{(X_c - Y_s)^2 + (X_s + Y_c)^2} \\ X_r = \sqrt{X_{rc}^2 X_{rs}^2}\,\dfrac{1}{2} = \dfrac{1}{2}\sqrt{(X_c + Y_s)^2 + (X_s - Y_c)^2} \\ \tan\phi_p = \dfrac{X_s + Y_c}{X_c - Y_s} = \tan\phi_a \\ \tan\phi_r = \dfrac{X_s - Y_c}{X_c + Y_s} \end{cases} \tag{2-17}$$

联系式(2-5)~式(2-8),可得到

$$\begin{cases} a = X_p + X_r \\ b = X_p - X_r \\ \phi_a = \phi_p \\ 2\alpha = \phi_p - \phi_r \end{cases} \tag{2-18}$$

显然,当 $X_p > X_r$ 时,合成后得到的盘心沿椭圆轨迹的运动是按 X_p 方向的,常称正进动。而当 $X_p < X_r$ 时,合成运动将按 X_r 方向,称为反进动。这里也就清楚地解释了:当按照式(2-6)算得的 b 值为负数时的含义,即圆盘中心的运动为反进动。

在转子动力学中,反进动是比较难以接受的概念。从运动学的观点明确沿椭圆轨迹的进动是两个沿圆轨迹的正、反进动的合成,就有利于建立这个概念,并加深对转子涡动行为的理解。

这里要注意,术语涡动指包括自转等在内的转子(圆盘)总的合成运动。而术语进动指盘心(轴心)的运动,仅仅是总合成运动的一个分量。正、反指进动的方向如图2-11所示,在前面的直角坐标系中,正为逆时针方向,即与自转方向相同;反为顺时针方向,即与自转方向相反。

下面来说明为什么一个以进动角速度旋转的力能维持转子作椭圆轨迹的进动。设圆盘受到幅值为 F,相位角为 ϕ_F,并以进动角速度 ω 旋转的 F 力的作用,例如圆盘的质量偏心(不平衡质量)在转动中有可能产生这种力。计算 F 在进动一周中所做出的功,代入式(2-4)和式(2-16)后得到

$$\int_0^{\frac{2\pi}{\omega}} \left[F\cos(\omega t + \phi_F)\frac{dx}{dt} + F\sin(\omega t + \phi_F)\frac{dy}{dt} \right] dt$$
$$= \pi F[(X_c - Y_s)\sin\phi_F - (X_s + Y_c)\cos\phi_F] \tag{2-19}$$
$$= 2\pi F(X_{pc}\sin\phi_F - X_{ps}\cos\phi_F) = 2\pi F X_p \sin(\phi_F - \phi_p)$$

可见,当 $\phi_F - \phi_P \neq 0$(或 $\pm\pi$)时,这种旋转力对椭圆进动要做功,且仅仅在正进动分量上做功,而与反进动分量的大小无关。一般作椭圆轨迹的进动,不管是正进动还是反进动,总包含一定的正进动分量。因此,转子总能从这种旋转里取得能量,以补充在进动一周中因受到阻尼所消耗的能量,使椭圆进动维持下去。

2.2.2 转子运动方程

首先以一个简单两支点盘-轴结构为对象,支承位于轴的两端,如图 2-11 所示,轮盘处于两支点之间的中心位置,转子系统运动时轮盘一直处于垂直于旋转中心轴线的截面内,因此不考虑陀螺效应的影响。下面建立该转子系统的两端弹性支承转子系统的运动方程。

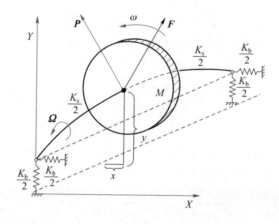

(ω 为转子绕自身轴线转动转速,Ω 为转子轴线绕旋转中心线的转动速度)

图 2-11　各向同性转子系统动力学模型

设该力学模型为线性系统,即转子系统受到的力均为恒定的或者为时间的函数,且模型中的所有参数都是模态化(线性且非时间的函数)的。

转子受到的外部激振力通常分为两种:一种是垂直于转子轴心线的恒定负载,如图 2-11 所示的 P,这样的负载在水平放置的旋转机械中可能由结构重力产生;另一种是方向随转子转动而发生改变的横向力 F,如图 2-11 所示,往往由转子或者驱动系统的偏移,或者转子周围的工作介质和工作载荷环境所引起。

假设后一种激振力的频率与转子转速不同,即为非协调频率的激振力(在特殊情况下,这个力可以是协调的,例如不平衡激励情况。有时还可以假设外部激振力的作用方向与转子转速不同,即具有非确定性的激振力)。

转子力学模型中转子系统在横向上处于受力平衡状态。转子在横向模态振动下,可列出转子受力平衡方程,并表示为转子振动力学模型的线性微分方程

$$M\ddot{x}+D_s\dot{x}+Kx=F\cos(\omega_f t+\delta)+P\cos\gamma \qquad (2-20)$$

$$M\ddot{y}+D_s\dot{y}+Ky=F\sin(\omega_f t+\delta)+P\sin\gamma \qquad (2-21)$$

或者可以表示为矩阵形式,即

$$\begin{bmatrix} M & 0 \\ 0 & M \end{bmatrix}\begin{Bmatrix} \ddot{x} \\ \ddot{y} \end{Bmatrix}+\begin{bmatrix} D_s & 0 \\ 0 & D_s \end{bmatrix}\begin{Bmatrix} \dot{x} \\ \dot{y} \end{Bmatrix}+\begin{bmatrix} K & 0 \\ 0 & K \end{bmatrix}\begin{Bmatrix} x \\ y \end{Bmatrix}=\begin{Bmatrix} F\cos(\omega_f t+\delta)+P\cos\gamma \\ F\sin(\omega_f t+\delta)+P\sin\gamma \end{Bmatrix}$$

$$(2-22)$$

　　在方程(2-20)和方程(2-21)中,$x(t)$ 和 $y(t)$ 是转子中心线在两个互相垂直的方向上的横向位移,都是时间的函数,表示任意时刻下转子处于受力平衡状态。

　　转子截面中心点的运动"轨迹"与转子横向振动有关,转子中心线上某一个点的移动也可以通过由过该点且垂直于转轴平面的两个方向上的横向位移来描述。在任何一个横向振动方向上(x 或 y),转子随时间的运动将呈现一个与时间有关的周期振动波形(最简单的形式是正弦波形)。图 2-12 所示为转子在恒定转速下的运转轨迹及在两个方向坐标轴上的时域波形,可以由安装在互相垂直的 X、Y 方向上的两个振动传感器捕捉和测量)。将两个方向上横向位移波函数的时间项消去,可以直接得到转子运动轨迹(这一过程可以由示波器通过将来自两个传感器的两个与时间相关的波形正交叠加成一个轨迹图来实现),如图 2-12 所示,图中小圆是沿中心线截取的转子的横截面,黑点和白点则与转子因轴的弯曲产生的轴向拉伸和压缩方向一致。

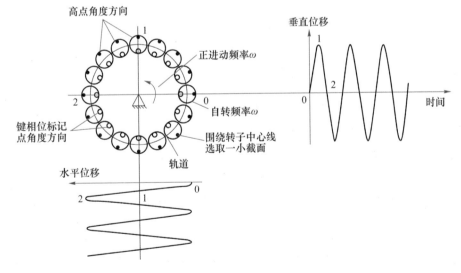

图 2-12　转子在恒定转速下运转轨迹及在坐标轴上时域波形

　　需要特别注意轨迹随时间移动的方向:轨迹是运动随时间的呈现。轨迹形状＋轨迹移动方向共同呈现了转子中心线在横向振动中的真实运动。

转子轨迹本身并不提供任何转子转动和方向的信息。例如,如果轨迹为一个封闭形状的圆,轨迹上的时间可能是顺时针方向也可能是逆时针方向。

最简单的转子力学模型(方程(2-20)和方程(2-21))中不含转速ω。在转子转动或者静止状态下,这个模型提供的结果将是相同的,因此该模型不能反映与旋转机械所有可能的物理现象。当然这个模型仅仅是为研究更多复杂模型迈出的第一步。为了反映转子系统更多的力学特性,需要进一步准确刻画转子结构特征及其影响。

当方程(2-20)和(2-21)中的$P=0$,$\omega_f=\omega$,$F=Mr\omega^2$(r为不平衡半径)时,这个转子力学模型变为一个更为简单的力学模型,称为"Jeffcott 转子"。

从转子运动的力学本质上分析,Jeffcott 转子为一个转子模态振动的力学模型,可以很好地解释在运动过程中转子通过共振转速时的力学特性变化,是一个抽象的数学模型,并不能完全反映航空发动机转子结构系统的运动和动力学特性。当然,这没有任何否认或者低估 Jeffcott 转子模型及其作者成就的意思,只是强调转子结构特征与其在运动过程中所表现出来的力学特性具有内在的本质联系。

令方程(2-22)等号右端为 0,可得该转子系统自由涡动的运动方程为

$$\begin{bmatrix} M & 0 \\ 0 & M \end{bmatrix}\begin{Bmatrix} \ddot{x} \\ \ddot{y} \end{Bmatrix} + \begin{bmatrix} D_s & 0 \\ 0 & D_s \end{bmatrix}\begin{Bmatrix} \dot{x} \\ \dot{y} \end{Bmatrix} + \begin{bmatrix} K & 0 \\ 0 & K \end{bmatrix}\begin{Bmatrix} x \\ y \end{Bmatrix} = 0 \qquad (2-23)$$

或表示为

$$[M]\{\ddot{q}\} + [C]\{\dot{q}\} + [K]\{q\} = 0 \qquad (2-24)$$

式中,$[M]$,$[C]$,$[K]$分别为系统的质量、阻尼、刚度矩阵;$\{q\}$为转子系统的位移矩阵。

设

$$\{q\} = \{R\}e^{\Omega t} \qquad (2-25)$$

代入式(2-24),可得系统特征方程为

$$(\Omega^2[M] + \Omega[C] + [K])\{R\} = 0 \qquad (2-26)$$

可解得特征方程的特征根Ω_r和对应的特征向量$\{R\}_r$,分别为转子的模态共振转速(振动力学称为模态频率,表示当激振力频率与模态频率相等时,系统发生共振)和模态振型。

假设系统有n个自由度,则系统有n阶模态对应有n阶共振转速。n阶共振转速的相对位置称为共振转速分布。

值得一提的是,对于大多数转子系统而言,随着转速改变,在陀螺力矩等因素的影响下,特征方程中的阻尼、刚度矩阵也会发生相应的改变,从而导致特征方程的特征根改变,即转子系统共振转速随转速变化而发生改变。共振转速分布随转速的变化规律作图即为转子系统的 Campbell 图。

2.2.3 临界转速

在 ISO 标准中,转子临界转速定义为系统共振时发生主响应的特征转速。换言之,转子系统的临界转速指转子系统在自身不平衡激振力作用下产生同步进动(共振)时的转速,是转子系统的固有特性。其激励频率是转子系统的转速频率,激励的大小为转子自身的不平衡引起的不平衡力,即

$$F = me\omega^2 \mathrm{e}^{\mathrm{i}(\omega t + \gamma)} \tag{2-27}$$

式中,m 为不平衡质量,单位:kg;e 为质量偏心距,单位:m;ω 为转子转速,单位:rad/s;γ 为沿轴向不平衡的初始相位角,单位:rad。

当激励频率与转子系统的固有频率相同时,转子系统发生共振,典型的刚体振型振动响应如图 2-13 所示。此时,转子系统的固有频率对应为临界转速。在临界转速下工作的转子系统,轴心轨迹的幅值增大,将产生较高的动载荷,作用在轴承及支承结构件上并使承力结构系统产生疲劳损伤失效;同时,也会使叶尖或封严间隙损失较大,气动效率降低甚至碰摩损坏。

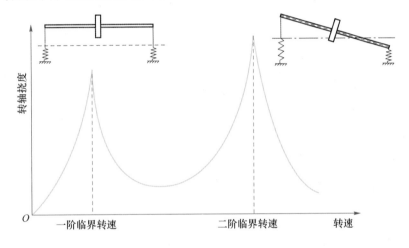

图 2-13 典型航空发动机转子系统刚体振型振动响应

转子处于临界转速状态下的模态振型有"刚体型"和"弯曲型"两种。对于发生同步进动的转子系统,如果振动应变能主要集中在支承处,常称为"刚体振型",如图 2-14(a)所示;如果振动应变能主要集中在轴内,则称为"弯曲振型"或"挠曲振型",如图 2-14(b)所示。相应的临界转速则分别称为刚体临界转速和弯曲临界转速。

图 2-14(a)所示为弹性支承转子系统刚体振型的两种形式。第一种形式中,转子系统的两端同向回转,称平动型刚体振型;第二种形式中,转子系统两端异相(相位差为 180°)回转,称为俯仰型刚体振型。刚体振型的变形(应变能)主要集中在支承上,当转子处于这种振型的共振状态时,可利用在轴承-支承结构上的阻尼设计来消耗振动能量。

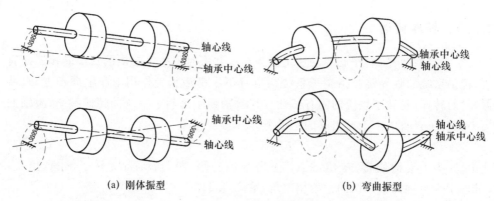

(a) 刚体振型   (b) 弯曲振型

图 2 - 14　转子临界转速振型

如果支承是刚性的,转子系统的模态振动多为弯曲振型,图 2 - 14(b)所示分别为一弯振型和二弯振型。在这种情况下,支承结构没有位移,轴以恒定的弓形形状进行回转,当转子处于这种弯曲振型的共振状态时,利用在支承结构上的阻尼器消减转子系统振动能量的效果一般是不明显的,因此转子系统在不平衡较大时,很难安全地通过具有刚性支承的弯曲振型临界转速,除非针对几种主要模态振型进行柔性转子平衡。

在航空发动机转子动力学设计中,一般把工作转速范围内不含有弯曲型临界转速的转子称为刚性转子,工作转速位于弯曲型临界转速之上的转子称为柔性转子。需要说明的是,对于具有弹性支承的转子系统随着转速的增加,转子也会呈现一定的弯曲变形(靠近弯曲临界转速),这表明增大工作转速范围,刚性转子也可能转化为柔性转子。对同一个转子来说,采用弹性支承的转子系统,弯曲临界转速在一定情况下可以比刚性支承转子的弯曲临界转速高 2 倍以上,依据这一特性,可以通过调节支承的刚度实现调节临界转速分布的目的。但是,当支承刚性和转子弯曲刚性大致相同时,对于刚体振型和弯曲振型的定义就变得模糊不清了,这时需要通过转子系统的应变能分布来考察和判断。

2.2.4　陀螺力矩影响

由理论力学的有关知识可知,带有轮盘的转子系统旋转时,由于转子发生弯曲变形,轮盘和轴均作进动。在运动特征上,轮盘进动速度矢量和转动速度矢量之间存在一定角度,其力学效果是在轴上产生附加的弯曲力矩,称为陀螺力矩。

由理论力学知识可知,陀螺力矩的表达式为

$$\boldsymbol{M}_g = J\boldsymbol{\omega} \times \boldsymbol{\Omega} \tag{2-28}$$

式中,J 为转子绕转动轴心线的转动惯量;$\boldsymbol{\omega}$ 为转动速度矢量;$\boldsymbol{\Omega}$ 为进动速度矢量;θ 为转动速度矢量与进动速度矢量的夹角。陀螺力矩的方向可由右手定则确定。

对于带有轮盘的转子系统而言,通常进动速度和转动速度之间的夹角 θ 为小量,取 $\sin\theta = \theta$,$\cos\theta = 1$,则有

$$M_g = -J_p \omega \Omega \boldsymbol{\theta} \qquad (2-29)$$

式中,J_p 为轮盘的极转动惯量。等式右边的负号,说明陀螺力矩的方向与转角 $\boldsymbol{\theta}$ 的方向相反:当转子系统作正进动时,陀螺力矩对转子的作用为增强转子弯曲刚性,如图 2-15(a)所示。相反,当转子系统作反进动时,轮盘上陀螺力矩对转子的作用为减弱转子弯曲刚性,如图 2-15(b)所示。

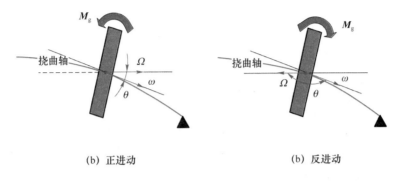

(b) 正进动　　　　　　　　　　　　(b) 反进动

图 2-15　作用在轴上的陀螺力矩

基于以上分析,随着转速改变,陀螺力矩的大小及其对转子弯曲刚度的增强或减弱作用也会随之改变,转子系统共振转速乃至振动响应特性(转子系统动力学特性)也会由此发生改变。需要注意的是,在转子发生弯曲变形时转子各部件均会产生陀螺力矩,其本质是各部件惯性主轴相较于支承中心连线发生了倾斜。而各部件陀螺力矩对转子系统动力学特性的影响取决于该部件陀螺力矩相较于转子本身结构惯性的相对大小。下面对这种影响规律进行分析。

根据其几何构形的特点,可以将转子系统各部件分为两种:轮盘部件($J_p/J_d > 1$)与鼓筒部件($J_p/J_d \approx 1$ 或 <1)。前者包括涡轮、风扇,后者包括高压压气机、鼓筒轴等。为简化分析过程,可忽略转轴的结构惯性(包括其质量与转动惯量),并假设转子系统仅具有轮盘部件。

假如只考虑转子的角向变形,则转子结构惯性只包括角向运动惯性,且仅由轮盘产生,可将其表示为轮盘产生的惯性力矩,即

$$\boldsymbol{M}_c = -\left(\frac{J_p}{J_d}\frac{\omega}{\Omega} - 1\right) J_d \Omega^2 \boldsymbol{\theta} = -J_p \omega \Omega \boldsymbol{\theta} + J_d \Omega^2 \boldsymbol{\theta} = \boldsymbol{M}_g + \boldsymbol{M}_\theta \qquad (2-30)$$

式中,J_d 为轮盘的直径转动惯量,$\boldsymbol{\theta}$ 为转动速度矢量与进动速度矢量的夹角(轮盘惯性主轴的倾斜角)。由该式可知,转子结构角向运动惯性,即由轮盘产生的惯性力矩包括陀螺力矩 $\boldsymbol{M}_g$ 和由轮盘在角向摆动产生的摆动惯性力矩 $\boldsymbol{M}_\theta$。所以,陀螺力矩对转子系统共振转速的影响取决于陀螺力矩 $\boldsymbol{M}_g$ 与摆动惯性力矩 $\boldsymbol{M}_\theta$ 的相对大小,其表达式为

$$\frac{\boldsymbol{M}_g}{\boldsymbol{M}_\theta} = -\frac{J_p}{J_d}\frac{\omega}{\Omega} \qquad (2-31)$$

即,陀螺力矩对转子系统动力学特性的影响取决于 $\dfrac{J_p}{J_d}$ 的大小。因此,当转子系统发

生以角向变形为主(或者说各部件以角向变形为主时)的弯曲变形时,轮盘$\left(\frac{J_\mathrm{p}}{J_\mathrm{d}}>1\right)$的陀螺力矩效应往往比鼓筒$\left(\frac{J_\mathrm{p}}{J_\mathrm{d}}\approx1\right)$的陀螺力矩效应更为明显。

假设同时考虑转子的横向变形和角向变形,则转子结构惯性包括由轮盘产生的横向、角向运动惯性,可将其表示为轮盘产生的惯性力与惯性力矩。惯性力表达式为

$$F_\mathrm{c}=m\Omega^2 r \tag{2-32}$$

式中,m为轮盘的质量,r为轮盘质心相较于支承中心连线的偏移。

结合式(2-30)和式(2-32),结构惯性对转子系统共振转速的影响取决于$\frac{J_\mathrm{p}}{J_\mathrm{d}}$、轮盘处角向变形(或惯性主轴倾斜)$\boldsymbol{\theta}$与横向变形(或质心偏移)$r$的相对大小以及$\frac{J_\mathrm{p}}{m}$(与轮盘的径向尺寸有关)的大小。因此,对于$\frac{J_\mathrm{p}}{J_\mathrm{d}}$相对较大的轮盘、径向尺寸较大的鼓筒而言,当其惯性主轴的倾斜角相对质心偏移量较大时,产生的陀螺力矩对转子系统动力学特性的影响不可忽视。

另外,实际的航空发动机转子系统是具有界面连接结构的转子系统,这些连接界面随工作状态的变化也会产生一定的接触损伤。当损伤积累超过一门槛值后所产生附加惯性激励和连接结构刚度损失对转子系统动力学特性的影响也必须考虑。

| 2.3 转子振动响应特性 |

航空发动机的转子动力学设计主要包括两方面内容:一是进行共振转速分布的计算分析,以保证在工作转速范围附近的共振转速与工作转速具有足够的安全裕度,即避开共振设计;二是对转子系统振动响应的计算分析,侧重于转子弹性线及最大振动幅值的分析,目的是在工作过程中控制关键部位处转静件间隙。随着转子转速的提高和转子弯曲刚度的下降,在工作过程中转子会出现一定的弯曲变形,从而使高转速轮盘所产生的惯性力矩作用在转子振动特性分析中必须加以考虑,特别是对支点动载荷的影响。

在航空发动机的典型转子系统中,转子基本的几何构形为一个"拱形环腔"结构:转子中间为鼓筒结构,前后由锥壳结构过渡连接,以安装轴承支点;轮盘沿轴向分布,形成质量和转动惯量的分布。典型的高速转子系统如图2-16所示,一般采用1-0-1的支承方案,其大的支承跨度使得转子弯曲刚度有所下降,在高转速工作状态下,转子会产生弯曲变形,因此轮盘的惯性力矩会使得转子支点受到"附加动载荷"的影响。对于低压转子,由于其工作转速在多阶临界转速以上、在工作过程中同样会有转子弯曲变形的影响,因此其支点动载荷的变化与转子结构特征参数(刚度/质量

的分布)的关联性更加紧密。

图 2-16　典型高速转子系统(2 个支点)

对于一般的转子系统而言,惯性力矩产生的影响中,我们更多关注的是临界转速等固有振动特性,但是高转速转子系统,即工作在多阶临界转速以上、在工作中转子会产生一定弯曲变形的转子系统,惯性力矩对支点动载荷的影响最为显著,可能导致轴承及支承结构产生疲劳损坏。

在航空发动机中,根据工作环境的气动压力和转速等特征,转子系统分为高压转子系统和低压转子系统,其中高压转子系统轴向尺寸较短,转速较高,一般采用两支点的支承方案设计,最大工作转速以下不存在弯曲振型临界转速,一般称为"刚性转子"。但是随着转子长径比的增加、支点跨度的加大,以及工作转速的提高,高压转子在工作过程中会产生一定的弯曲变形,进而引起转子系统振动特性的变化。为使力学模型具有通用性和普适性,需建立具有结构特征的转子动力学模型,对转子的响应特性尤其是支点动载荷影响因素进行分析。

2.3.1　单盘对称转子

图 2-17 所示为两端简支的单盘对称转子模型,其具有质量偏心的轮盘位于两个刚性支点中间。在该模型中,不考虑陀螺力矩和支承刚度对支点动载荷的影响,而仅考虑转子不平衡载荷对支点动载荷的影响。设转子的转速为 ω,转轴在轮盘处的等效刚度为 k(由转轴的结构特征参数长度、截面惯性矩和弹性模量决定),轮盘的质量为 m,轮盘的质量偏心距为 e(质量偏心距 e 是轮盘质心与轮盘形心之间的径向距离,用矢量符号表示质心偏移的方向),转子的横向位移记为 r。

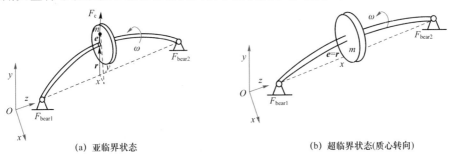

(a) 亚临界状态　　　　　　　　　　　(b) 超临界状态(质心转向)

图 2-17　两端简支单盘对称转子模型

对轮盘受力分析可知,轮盘不平衡载荷 $m(r+e)\omega^2$ 和转轴对轮盘的弹性恢复力 kr 相等,即

$$m(r+e)\omega^2+k(-r)=0 \qquad (2-33)$$

由于 $r=|r|\mathrm{e}^{\mathrm{i}\omega t}$,$e=|e|\mathrm{e}^{\mathrm{i}\omega t}$,则转子的横向位移为

$$r=\frac{m|e|\omega^2}{k-m\omega^2}\mathrm{e}^{\mathrm{i}\omega t}=\frac{|e|\omega^2}{\dfrac{k}{m}-\omega^2}\mathrm{e}^{\mathrm{i}\omega t}=\frac{|e|}{\left(\dfrac{1}{\lambda^2}-1\right)}\mathrm{e}^{\mathrm{i}\omega t} \qquad (2-34)$$

式中,$\lambda=\dfrac{\omega}{\omega_{\mathrm{cr}}}$,$\omega_{\mathrm{cr}}=\sqrt{k/m}$。

由图 2-17 中的转子受力分析可知,两支点动载荷 F 和不平衡载荷 $m(r+e)\omega^2$ 的关系为

$$2F+m(r+e)\omega^2=0 \qquad (2-35)$$

因此,支点动载荷 F 为

$$F=-\frac{1}{2}m\omega^2(r+e)=-\frac{1}{2}\left(\frac{k|e|\lambda^4}{(1-\lambda^2)}+k\lambda^2|e|\right)\mathrm{e}^{\mathrm{i}\omega t}=-\frac{k|e|}{2\left(\dfrac{1}{\lambda^2}-1\right)}\mathrm{e}^{\mathrm{i}\omega t} \quad (2-36)$$

根据式(2-36)做出支点动载荷 $|F|$ 随转速变化的曲线,如图 2-18 所示。支点动载荷随转速的变化趋势为:当 $\lambda<1$ 时,支点动载荷的幅值随转速的增大而增大,相位与偏心距相反;当 $\lambda=1$ 时,转子发生共振,理论上讲,由于转子振动幅值为无穷大,所以支点动载荷为无穷大;当 $\lambda>1$ 时,支点动载荷的幅值随转速的增大而减小,相位与偏心距相同。当 $\lambda\to\infty$ 时,有

$$\lim_{\lambda\to\infty}|F|=\lim_{\lambda\to\infty}-\frac{1}{2}m\omega^2(|r|+|e|)=\lim_{\lambda\to\infty}-\frac{k|e|}{2\left(\dfrac{1}{\lambda^2}-1\right)}=\frac{k|e|}{2} \qquad (2-37)$$

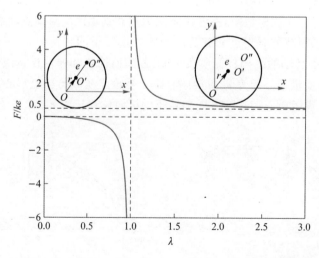

图 2-18　单盘对称转子支点动载荷随转速的变化规律

在超临界状态下,随着转速的增加,支点动载荷的幅值趋于 $k|e|/2$,即当转速远超过临界转速时,支点动载荷随转速变化只产生较小的变化。这一规律可以这样理解:当不平衡激励引起转子的同步正进动后,转轴发生弯曲变形;对于转轴而言,支点动载荷的合力与转轴弯曲变形的弹性恢复力相平衡。因此,当 $\lambda \to \infty$ 时,转子的弯曲变形为 $-|e|$,即轮盘作用在转轴上使其发生变形的弹性力为 $-k|e|$,则各支点动载荷为 $k|e|/2$。

　　由图 2-18 还可分析转轴弯曲刚度对支点动载荷的影响。根据 $\lambda = \omega\sqrt{m}/\sqrt{k}$,当 $\sqrt{k} > \omega\sqrt{m}$ 时,$0 < \lambda < 1$,对应图 2-18 中曲线的左下分支。此时,随着 k 逐渐增大,λ 逐渐减小,轮盘的位移幅值逐渐减小,但是,支点动载荷变化趋势为

$$|\boldsymbol{F}| = (|\boldsymbol{F}|/k|e|)k|e| = -\frac{k|e|m\omega^2}{2(k - m\omega^2)} = -\frac{m|e|\omega^2}{2\left(1 - \dfrac{m}{k}\omega^2\right)} \xrightarrow{k\uparrow} -\frac{m|e|\omega^2}{2}$$

$$(2-38)$$

　　这说明当转轴弯曲刚度 k 较高,转子工作转速低于临界转速,即处于亚临界状态时,提高 k 可以减小支点动载荷 $|\boldsymbol{F}|$,但其减小程度是有限的。

　　当 $0 < \sqrt{k} < \omega\sqrt{m}$ 时,$\lambda > 1$,对应图 2-18 中曲线的右上分支。此时,随着 k 逐渐减小,λ 逐渐增大,轮盘的位移幅值逐渐减小。需要注意,由于当 $k \to 0$ 时,$|\boldsymbol{F}| = (|\boldsymbol{F}|/k|e|)k|e| \to 0.5 \cdot 0 = 0$,这说明当转子工作转速高于临界转速,即处于超临界时,降低转轴弯曲刚度可以减小支点动载荷,且在该范围内支点动载荷的最小幅值为 0。

　　因此,与 $\sqrt{k} > \omega\sqrt{m}$ 相比,当 $0 < \sqrt{k} < \omega\sqrt{m}$ 时,通过调整转轴刚度能更有效地减小支点动载荷。

2.3.2　单盘偏置转子

　　图 2-19 所示为两端简支的单盘转子模型,具有质量偏心的轮盘位于支点中点的一侧,距离两支点的距离分别为 $a,b(a < b, a = tl, b = (1-t)l, 0 < t < 1/2)$。在该模型中,转子转速为 ω,轮盘的质量偏心距为 e,转子的横向位移为 r,转子在轮盘处的转角为 θ。

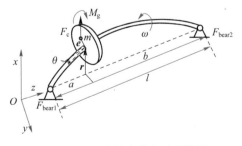

图 2-19　两端简支单盘对称模型

下面通过拉格朗日方程建立单盘偏置转子的动力学方程。转子的动能为

$$T = \frac{1}{2}m(\dot{x}^2 + \dot{y}^2 + e^2\omega^2 + 2e\omega(-\dot{x}\sin\omega t + \dot{y}\cos\omega t)) +$$

$$\frac{1}{2}(J_{\mathrm{d}}(\dot{\phi}_x^2 + \dot{\phi}_y^2) + J_{\mathrm{p}}(\omega^2 + 2\omega\dot{\phi}_x\phi_y)) \tag{2-39}$$

设系统的广义坐标为

$$q_1 = x, \quad q_2 = y, \quad q_3 = \theta_x, \quad q_4 = \theta_y \tag{2-40}$$

则系统的广义力为

$$Q_1 = -k_{11}x - k_{14}\theta_y, \quad Q_2 = -k_{22}y + k_{23}\theta_x$$

$$Q_3 = k_{32}y - k_{33}\theta_x, \quad Q_4 = -k_{41}x - k_{44}\theta_y \tag{2-41}$$

式中，

$$k_{11} = k_{22} = \frac{3EIl(3ab - l^2)}{a^4b^2 + a^3b^3 + a^2b^4 - a^2b^2l^2} = \frac{3EI(-3t^2 + 3t - 1)}{t^3(t-1)^3l^3} \tag{2-42}$$

$$k_{33} = k_{44} = \frac{-3EIl}{a^2 + ab + b^2 - l^2} = \frac{-3EI}{(t^2 - t)l} \tag{2-43}$$

$$k_{14} = k_{41} = k_{23} = k_{32} = \frac{3EIl(b-a)}{a^3b + a^2b^2 + ab^3 - abl^2} = \frac{-3EI(1-2t)}{t^2(1-t)^2l^2} \tag{2-44}$$

代入拉格朗日方程

$$\frac{\mathrm{d}}{\mathrm{d}t}\left(\frac{\partial T}{\partial \dot{q}_j}\right) - \frac{\partial T}{\partial q_j} = Q_j \tag{2-45}$$

并令 $z = x + \mathrm{i}y$，$\psi = \theta_y - \mathrm{i}\theta_x$，$\boldsymbol{r} = [z, \psi]^{\mathrm{T}}$，重新整理可得

$$\begin{bmatrix} m & \\ & J_{\mathrm{d}} \end{bmatrix}\ddot{\boldsymbol{r}} + \omega\begin{bmatrix} 0 & \\ & J_{\mathrm{p}} \end{bmatrix}\dot{\boldsymbol{r}} + \begin{bmatrix} k_{rr} & k_{r\psi} \\ k_{\psi r} & k_{\psi\psi} \end{bmatrix}\boldsymbol{r} = \begin{bmatrix} me\omega^2 \\ 0 \end{bmatrix}\mathrm{e}^{\mathrm{i}\omega t} \tag{2-46}$$

式中，$k_{11} = k_{22} = k_{rr}$，$k_{33} = k_{44} = k_{\psi\psi}$，$k_{14} = k_{41} = k_{23} = k_{32} = k_{r\psi} = k_{\psi r}$。

设解的形式为 $\boldsymbol{r} = \boldsymbol{r}_0\mathrm{e}^{\mathrm{i}\omega t}$，代入可得

$$\left(-\omega^2\begin{bmatrix} m & \\ & J_{\mathrm{d}} \end{bmatrix} + \omega^2\begin{bmatrix} 0 & \\ & J_{\mathrm{p}} \end{bmatrix} + \begin{bmatrix} k_{rr} & k_{r\psi} \\ k_{\psi r} & k_{\psi\psi} \end{bmatrix}\right)\boldsymbol{r}_0 = \begin{bmatrix} me\omega^2 \\ 0 \end{bmatrix} \tag{2-47}$$

则

$$\boldsymbol{r}_0 = \begin{bmatrix} z_0 \\ \psi_0 \end{bmatrix} = \left(-\omega^2\begin{bmatrix} m & \\ & J_{\mathrm{d}} \end{bmatrix} + \omega^2\begin{bmatrix} 0 & \\ & J_{\mathrm{p}} \end{bmatrix} + \begin{bmatrix} k_{rr} & k_{r\psi} \\ k_{\psi r} & k_{\psi\psi} \end{bmatrix}\right)^{-1}\begin{bmatrix} me\omega^2 \\ 0 \end{bmatrix} \tag{2-48}$$

令 $\lambda = \dfrac{\omega}{\sqrt{3EI/l^3m}}$，$A = \dfrac{-3t^2 + 3t - 1}{t^3(t-1)^3}$，$B = \dfrac{2t-1}{t^2(1-t)^2}$，$C = \dfrac{-1}{t^2-t}$，$R = \dfrac{J_{\mathrm{d}}}{m}$，求解上式得

$$\boldsymbol{r}_0 = \begin{bmatrix} z_0 \\ \psi_0 \end{bmatrix} = \begin{bmatrix} \dfrac{-\lambda^2(Cl^2 + R\lambda^2)}{R\lambda^4 + Cl^2\lambda^2 - ACl^2 - AR\lambda^2 + B^2l^2} \\[4mm] \dfrac{Bl\lambda^2}{R\lambda^4 + Cl^2\lambda^2 - ACl^2 - AR\lambda^2 + B^2l^2} \end{bmatrix}e \tag{2-49}$$

对转子进行受力分析可知,两支点动载荷 F_{bear1} 和 F_{bear2} 分别为

$$\begin{cases} F_{\text{bear1}} = \dfrac{m\omega^2(e+z_0)b + J_{\text{d}}\omega^2\psi_0}{l} = F_{\text{bear1,cen}} + F_{\text{bear1,gyro}} \\[3mm] F_{\text{bear2}} = \dfrac{m\omega^2(e+z_0)a - J_{\text{d}}\omega^2\psi_0}{l} = F_{\text{bear2,cen}} - F_{\text{bear2,gyro}} \end{cases} \qquad (2-50)$$

式中,对支点 1 而言,由轮盘不平衡载荷和陀螺力矩引起的支点动载荷成分分别为 $F_{\text{bear1,cen}}$ 和 $F_{\text{bear1,gyro}}$,支点 2 同理可得。

将式(2-49)代入式(2-50),并将相关参数取为 $t = \dfrac{1}{4}$,$R = \dfrac{1}{4} \cdot \left(\dfrac{1}{4}\right)^2 \cdot l^2$,即可求得转子两支点的动载荷及其组成成分,如图 2-20 和图 2-21 所示。

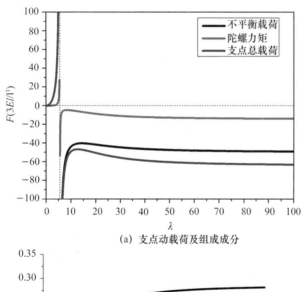

(a) 支点动载荷及组成成分

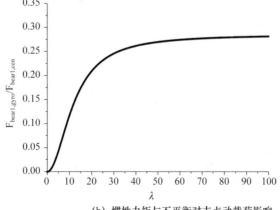

(b) 惯性力矩与不平衡对支点动载荷影响

图 2-20　支点 1 动载荷及成分分析

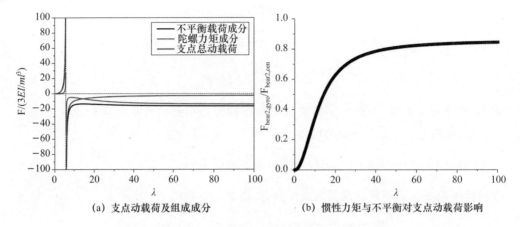

(a) 支点动载荷及组成成分　　　　　　(b) 惯性力矩与不平衡对支点动载荷影响

图 2-21　支点 2 动载荷及成分分析

　　首先,分析其支点动载荷成分:由图 2-20(a)和图 2-21(a)可知,当 $\lambda < \lambda_{cr}$ 时,支点 1 和 2 由轮盘不平衡载荷和陀螺力矩引起的动载荷的幅值均随转速增加而增加;当 $\lambda > \lambda_{cr}$ 时,支点 1 和 2 由轮盘不平衡载荷和陀螺力矩引起的动载荷的幅值均随转速增加而先减小后增大,并逐渐趋近于常数。支点动载荷出现极值点的原因在于其值由转子变形和转速决定——随着转速的增加,转子的变形减小,可能存在极值点。

　　然后,分析支点动载荷的变化趋势:对于两支点而言,由于不平衡载荷和陀螺力矩引起的支点动载荷的相位关系不同,两支点动载荷随转速的变化趋势不同。支点 1(相位相同)动载荷的幅值随转速增加先减小后增加,并逐渐趋近于常数;而支点 2(相位相反)动载荷的幅值随转速增加而逐渐减小并趋于常数,且支点 2 总动载荷的幅值明显低于支点 1。

　　由图 2-20(b)和图 2-21(b)可知,支点 1 和 2 中由轮盘陀螺力矩引起的动载荷幅值与由不平衡载荷引起的动载荷幅值的比值均随转速增加而增加并逐渐趋近于常数。由此可知,随着转子转速增加,陀螺力矩对支点动载荷的影响程度越来越大,其影响程度甚至与不平衡载荷相当。例如,对于支点 2,当 $\lambda \approx 3\lambda_{cr}$,陀螺力矩引起的动载荷约为不平衡载荷引起的动载荷的 60%。

2.3.3　多盘转子结构系统

　　图 2-22 所示为航空发动机中典型两支点多盘转子系统模型。由于该模型需要考虑转子弯曲变形对支点动载荷的影响,因此需要考虑轴相应的弯曲自由度。鉴于转子结构复杂,可将其离散为轮盘单元、转轴单元和支承单元,建立考虑结构特征的转子动力学方程。

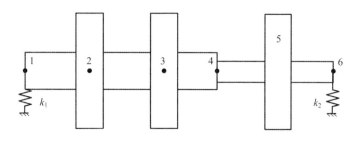

图 2 - 22　高速转子结构系统模型

对于轮盘单元,设其自由度为 $\{u_{1d}\}=[x,\theta_y]^{\mathrm{T}}$,$\{u_{2d}\}=[y,-\theta_x]^{\mathrm{T}}$,其质量为 m,直径转动惯量为 J_d,极转动惯量为 J_p,则轮盘的动能为

$$T_d=\frac{1}{2}\{\dot{u}_{1d}\}^{\mathrm{T}}[M_d]\{\dot{u}_{1d}\}+\frac{1}{2}\{\dot{u}_{2d}\}^{\mathrm{T}}[M_d]\{\dot{u}_{2d}\}+\Omega\{\dot{u}_{2d}\}^{\mathrm{T}}[J]\{\dot{u}_{2d}\}+\frac{1}{2}J_p\Omega^2$$

$$(2-51)$$

式中,

$$[M_d]=\begin{bmatrix}m&\\&J_d\end{bmatrix},\quad[J]=\begin{bmatrix}0&\\&J_p\end{bmatrix}\qquad(2-52)$$

由拉格朗日方程可得

$$[M_d]\{\ddot{u}_{1d}\}+\omega[J]\{\dot{u}_{2d}\}=\{Q_{1d}\}$$

$$[M_d]\{\ddot{u}_{2d}\}+\omega[J]\{\dot{u}_{1d}\}=\{Q_{2d}\}$$

$$(2-53)$$

式中,$\{Q_{1d}\}$,$\{Q_{2d}\}$ 为广义力,当考虑轮盘质量偏心 e 及其相位 α 时,有

$$\{Q_{1d}\}=m\omega^2\left(\begin{Bmatrix}e\cos\alpha\\0\end{Bmatrix}\cos\omega t+\begin{Bmatrix}-e\sin\alpha\\0\end{Bmatrix}\sin\omega t\right)$$

$$\{Q_{2d}\}=m\omega^2\left(\begin{Bmatrix}e\sin\alpha\\0\end{Bmatrix}\cos\omega t+\begin{Bmatrix}e\cos\alpha\\0\end{Bmatrix}\sin\omega t\right)$$

$$(2-54)$$

对于圆截面转轴单元,设其自由度为 $\{u_{1s}\}=[x_A,\theta_{yA},x_B,\theta_{yB}]^{\mathrm{T}}$,$\{u_{2s}\}=[y_A,-\theta_{xA},y_B,-\theta_{xB}]^{\mathrm{T}}$,其中,$A$,$B$ 分别表示转轴两端面。设转轴长为 l,截面半径为 r,材料泊松比为 μ,则通过假设转轴单元的形函数(需要满足转轴的转角等于挠度的导数)可以求得单元的动能和势能为

$$T_s=\frac{1}{2}\{\dot{u}_{1s}\}^{\mathrm{T}}([M_{sT}]+[M_{sR}])\{\dot{u}_{1s}\}+\frac{1}{2}\{\dot{u}_{2s}\}^{\mathrm{T}}([M_{sT}]+[M_{sR}])\{\dot{u}_{2s}\}+$$

$$\omega\{\dot{u}_{1s}\}^{\mathrm{T}}([J_s])\{\dot{u}_{2s}\}+\frac{1}{2}J_{ps}\omega^2\qquad(2-55)$$

$$V_s=\frac{1}{2}\{u_{1s}\}^{\mathrm{T}}([K_s])\{u_{1s}\}+\frac{1}{2}\{u_{2s}\}^{\mathrm{T}}([K_s])\{u_{2s}\}\qquad(2-56)$$

式中,

$$[M_{sT}] = \frac{\mu l}{420} \begin{bmatrix} 156 & 22l & 54 & -13l \\ & 4l^2 & 13l & -3l^2 \\ & sym & 156 & -22l \\ & & & 4l^2 \end{bmatrix}, \quad [M_{sR}] = \frac{\mu r^2}{120l} \begin{bmatrix} 36 & 3l & -36 & 3l \\ & 4l^2 & -3l & -l^2 \\ & sym & 36 & -3l \\ & & & 4l^2 \end{bmatrix}$$

$$[J_s] = \frac{\mu r^2}{60l} \begin{bmatrix} 36 & 3l & -36 & 3l \\ & 4l^2 & -3l & -l^2 \\ & sym & 36 & -3l \\ & & & 4l^2 \end{bmatrix}, \quad [K_s] = \frac{EI}{l^3} \begin{bmatrix} 12 & 6l & -12 & 6l \\ & 4l^2 & -6l & 2l^2 \\ & sym & 12 & -6l \\ & & & 4l^2 \end{bmatrix}$$

$$(2-57)$$

由拉格朗日方程可得

$$\begin{cases} [M_s]\{\ddot{u}_{1s}\} + \omega[J_s]\{\dot{u}_{2s}\} + [K_s]\{u_{1s}\} = 0 \\ [M_s]\{\ddot{u}_{2s}\} + \omega[J_s]\{\dot{u}_{1s}\} + [K_s]\{u_{2s}\} = 0 \end{cases} \quad (2-58)$$

对于支承单元,设其自由度 $\{u_b\} = [x_b, y_b]^T$,广义力为 $\{Q_{1b}\}$,$\{Q_{2b}\}$,支承刚度为 k,有

$$\begin{Bmatrix} Q_{1b} \\ Q_{2b} \end{Bmatrix} = -\begin{bmatrix} k & \\ & k \end{bmatrix} \begin{Bmatrix} x_b \\ y_b \end{Bmatrix} = -[K_b] \begin{Bmatrix} x_b \\ y_b \end{Bmatrix} \quad (2-59)$$

将式(2-53)、式(2-58)和式(2-59)整理可得

$$[M]\{\ddot{U}\} + [J]\{\dot{U}\} + [K]\{U\} = \{Q\} \quad (2-60)$$

式中,$\{U\} = [\cdots, x_i, \theta_{yi}, y_i, -\theta_{xi}, \cdots]^T$,$[M] = [M_d] + [M_s] =$
$\begin{bmatrix} \ddots & & \\ & [M_{id}] + [M_{is}] & \\ & & \ddots \end{bmatrix}$,$[J] = [J_d] + [J_s] = \begin{bmatrix} \ddots & & \\ & [J_{id}] + [J_{is}] & \\ & & \ddots \end{bmatrix}$,$[K] =$

$[K_s] + [K_b] = \begin{bmatrix} \ddots & & \\ & [K_{is}] + [K_{ib}] & \\ & & \ddots \end{bmatrix}$,$\{Q\} = [\cdots, Q_{id} + Q_{ib}, \cdots]^T$。

广义力为不平衡激励,因此随转速增加而明显提高。

对式(2-60)进行适当变形可得

$$\underbrace{-[K_b]\{U\}}_{\text{支点动载荷}} \underbrace{-[K_s]\{U\}}_{\text{转轴弹性恢复力}} = \underbrace{([M_d]\{\ddot{U}\} - \{Q\})}_{\text{轮盘离心力}} + \underbrace{[J_d]\{\dot{U}\}}_{\text{轮盘陀螺力矩}} + \underbrace{[M_s]\{\ddot{U}\}}_{\text{转轴离心力}} + \underbrace{[J_s]\{\dot{U}\}}_{\text{转轴陀螺力矩}}$$

$$(2-61)$$

由式(2-61)可知,对于高速转子结构系统,当考虑转轴弯曲变形的影响时,支点动载荷和转轴弹性恢复力不仅需要与轮盘离心力相平衡,还要与转轴离心力和轮盘陀螺力矩相平衡(转轴陀螺力矩与轮盘陀螺力矩相比较小,可暂时忽略不计)。即,支点动载荷包括由转子产生的离心力和轮盘陀螺力矩引起的离心力成分和陀螺力矩成分。

下面以图2-16所示的航空发动机高速转子的简化模型为例,计算其支点动载

荷及其组成成分的变化规律,如图 2-23 和图 2-24 所示。为了更好地展现规律,对支点动载荷进行无量纲处理 $\overline{F}=\dfrac{F}{k_{\text{brg}}\delta}$,$F$ 为支点动载荷,k_{brg} 为支承刚度(N/mm),δ 为单位位移(1 mm);对转速进行无量纲处理 $\lambda=\dfrac{\omega}{\omega_{\text{cr,1}}}$,$\omega$ 为转子转速,$\omega_{\text{cr,1}}$ 为转子第一阶临界转速。

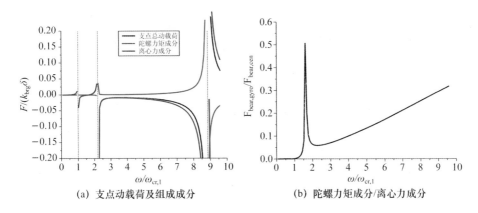

图 2-23　高速转子前支点动载荷及成分分析

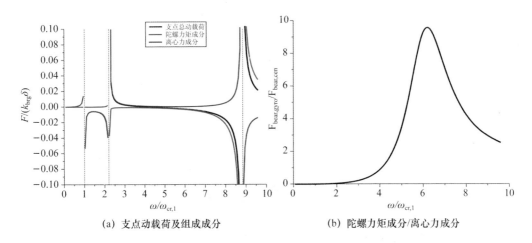

图 2-24　高速转子后支点动载荷成分分析

由图 2-23(a)和图 2-24(a)可知,转子在各阶临界转速附近的支点动载荷随着临界转速阶数的增加而增大。这主要是因为随着临界转速阶数增加,转子的转速增加,转子上的广义力 $\{Q\}$ 及相应的振动响应幅值随之增加,转子产生的离心力与轮盘陀螺力矩增大,因而支点动载荷增加。

假设转子系统为线性系统,则任意激励频率下转子系统的振动响应可近似视为系统各阶模态振动的线性叠加。由于转子产生的离心力和不同轮盘上的陀螺力矩均与转子弹性线(振动响应$\{U\}$)有关,因此,其大小和方向在转速改变时均会产生一定的变化,体现在不同转速范围内转子弹性线不同,支点动载荷各成分占比不同,其随转速变化的趋势亦有所不同。

转子系统前三阶模态分别为"整体平动""整体俯仰"和"一阶弯曲",并设λ_i为第i阶模态临界转速对应的转速比。当$\lambda_1<\lambda<\lambda_2$时,由于转子弹性线与第一阶平动模态振型相似,转子各轮盘相对于旋转中心线没有倾斜,因此,转子的支点动载荷基本上仅由离心力成分组成。当$\lambda_2<\lambda<\lambda_3$时,由于转子弹性线与第二阶俯仰模态振型相似,转子各轮盘惯性主轴相对于旋转中心线开始出现倾斜,因此,转子的支点动载荷包括离心力成分和陀螺力矩成分,但仍以离心力成分为主。此外,由于两支点中离心力成分和陀螺力矩成分的相位关系不同(陀螺力矩促进前支点动载荷的增加,抑制后支点动载荷的增加),后支点动载荷的幅值明显低于前支点。当$\lambda_3<\lambda<\lambda_4$时,由于转子弹性线与第三阶弯曲模态振型相似,转子各轮盘惯性主轴相对于旋转中心线仍存在倾斜,同时由于此时转子的转速较高,轮盘上会产生较大的陀螺力矩($M_g \propto \omega^2$),支点动载荷中的陀螺力矩成分与离心力成分相当,甚至超过离心力成分。

由图2-23(b)和图2-24(b)可知,前后支点中陀螺力矩成分幅值与离心力成分幅值的比值均出现随转速增加总体呈现先增加后降低(出现峰值点)的趋势,但是前后支点中出现峰值时的转速不同。对于前支点,当转速介于第一、二阶临界转速之间时,转子变形近似等于一、二阶模态振型的线性叠加,这使得部分离心力成分相互抵消,陀螺力矩成分与离心力成分的比值出现峰值。对于后支点,其原因相似,只不过转速变为了第二、三阶临界转速之间。此外,对于后支点,其陀螺力矩成分与离心力成分的比值明显高于前支点。这主要由于前、后支点动载荷中轮盘的轴向分布引起的离心力成分不相同,即轮盘主要分布在转子前段,因此前支点离心力成分明显大于后支点。

2.4 转子支点动载荷的影响因素

转子支点动载荷主要取决于由转子结构质量惯性产生的旋转惯性力和力矩(上文所说的转子产生的离心力和轮盘陀螺力矩),转速不同,转子变形及其旋转惯性激励也不同,因此,转子系统的旋转惯性力和力矩与转子弯曲刚度、支承结构特征有关。

2.4.1 弯曲刚度

图2-16所示为典型高推重比涡扇发动机的高压转子结构简图,是2支点支承高速转子系统。根据转子几何构形可知,转子弯曲刚度主要由前轴颈和涡轮盘后轴颈处截面抗弯刚度的变化所确定。由于前后轴颈刚度的变化对转子弹性线弯曲变

形,以及压气机和涡轮轮盘质心偏移和惯性主轴倾斜具有重要影响,并使其陀螺力矩效应产生较大变化,最终影响前后支点动载荷的大小。

　　下面依次分析压气机前轴颈(图 2-22 中的 1-2 段,简称前轴颈)和涡轮后轴颈(图 2-22 中的 5-6 段,简称后轴颈)抗弯刚度变化时,转子分别通过前三阶临界转速(平动、俯仰和弯曲振型临界转速)时的支点动载荷变化规律。设转子的不平衡位于如图 2-22 中的 3 处,且 $me = 1\,\mathrm{g \cdot mm}$,由此可求出转子在不同截面抗弯刚度下的支点动载荷如图 2-25 和图 2-26 所示。图中,横坐标表示 $EI/(EI)_{\mathrm{ref}}$,$(EI)_{\mathrm{ref}}$ 表示某一特定的参考抗弯刚度;纵坐标表示 $me(kx_{3,n}x_{i,\mathrm{brg}})$ 支点动载荷。

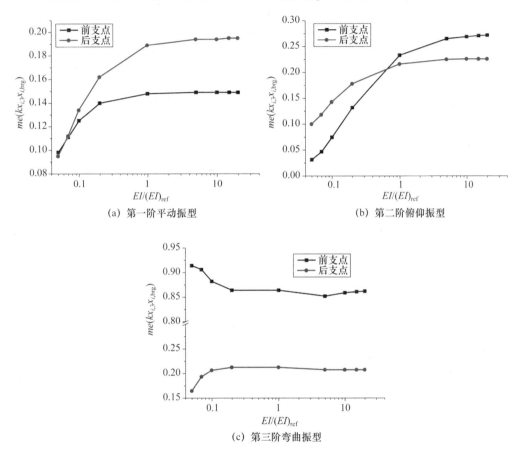

图 2-25　前轴颈抗弯刚度对转子支点动载荷影响

　　由图 2-25、图 2-26 可知,对于第一阶临界转速(平动振型),当前轴颈抗弯刚度增大时,转子前段的弯曲变形(⌒)逐渐减小并恢复到初始形状,前、后支点动载荷均逐渐增大并趋于常数。前轴颈抗弯刚度增加使得转子前段的弹性恢复力增大,因此,前支点动载荷增大以与之平衡。而为了保证力矩平衡,后支点的动载荷也相应增大。同时,由于前轴颈抗弯刚度的增大,压气机轮盘的倾斜角和陀螺力矩减

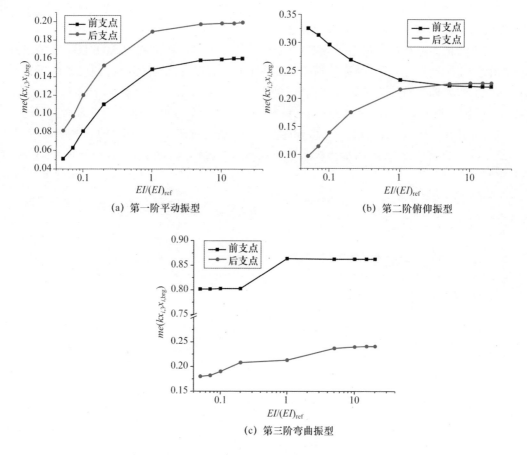

(a) 第一阶平动振型　　　　(b) 第二阶俯仰振型

(c) 第三阶弯曲振型

图 2-26　后轴颈抗弯刚度对转子支点动载荷影响

小,其增大前支点动载荷和减小后支点动载荷的作用减小,因而,后支点动载荷随抗弯刚度的变化大于前支点。同理,当后轴颈抗弯刚度增大时,前、后支点动载荷也均增大。

对于第二阶临界转速(俯仰振型),当前轴颈抗弯刚度增大时,前、后支点动载荷均逐渐增大并趋于常数。其原因在于,前轴颈抗弯刚度增加可以减小转子前段弯曲变形(⌒),使转子振型趋近于刚体俯仰振型,进而增大转子前段产生的离心力和前支点动载荷。根据力的平衡,则后支点动载荷也随前轴颈抗弯刚度增大而增大。同理,当后轴颈刚度增大时,前、后支点动载荷也增大。但此时后轴颈刚度增大会引起涡轮盘倾斜角增大,而轮盘陀螺力矩减小对前支点动载荷的影响更大,因此,前支点动载荷随轴颈刚度的增大而逐渐减小。

对于第三阶临界转速(弯曲振型),当前轴颈抗弯刚度增大时,前支点动载荷先逐渐减小,后支点动载荷则逐渐增大。其原因在于,前轴颈抗弯刚度增加使得转子前段的弯曲变形(⌣)逐渐减小并有恢复到初始形状的趋势,因此,前支点动载荷减小。随着前轴颈刚度增强,后轴颈的变形增大,使得后支点动载荷逐渐增大。当后轴颈抗弯刚度增大时,同理可分析出前支点动载荷增大。而后轴颈在此之前由于受到涡轮盘陀螺力矩(顺时针方向)的影响,其弯曲变形为(╱),当轴颈刚度增大时,其弯曲变形有恢复趋势,使得后支点动载荷增大。

综上所述,支点动载荷与转子的截面抗弯刚度分布有关。调整转子的弯曲变形以及相关轮盘倾斜角,可控制转子产生的离心力和轮盘陀螺力矩对支点动载荷的影响,但具体的影响规律随着转子转速范围不同以及转速附近振动模态的不同而有所不同。对于具有大质量、大转动惯量轮盘的转子系统,轮盘陀螺力矩的影响一般较大。

2.4.2   支点位置

采用如图 2-22 所示的转子模型,计算转子通过各阶临界转速时的支点动载荷随支承位置的变化规律,如图 2-27 和图 2-28 所示。图 2-27 中横坐标表示前支点后移距离与转子长度的比值 L_{brg1},图 2-28 中横坐标表示后支点前移距离与转子长度的比值 L_{brg2}。

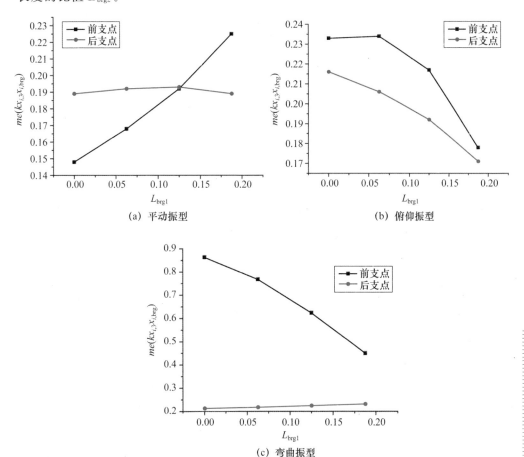

(a) 平动振型

(b) 俯仰振型

(c) 弯曲振型

图 2-27   前支点位置对转子支点动载荷的影响

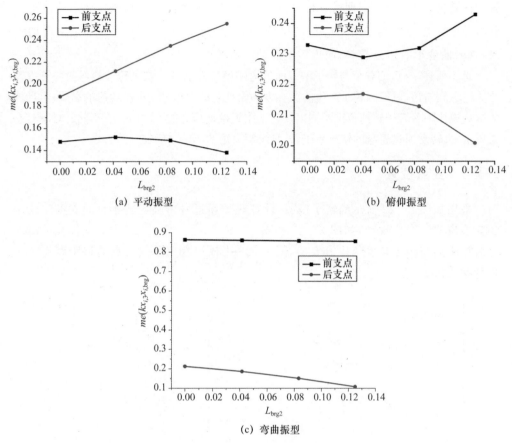

(a) 平动振型 (b) 俯仰振型

(c) 弯曲振型

图 2-28 后支点位置对转子支点动载荷的影响

　　由图 2-27 和图 2-28 可知,对于第一阶临界转速(平动振型),当前支点后移时,前支点动载荷逐渐增大,后支点动载荷先增大后减小,且后支点动载荷的变化明显小于前支点。其原因在于,随着前支点后移,前轴颈悬臂部分变长,弯曲变形变大,转子产生的离心力和轮盘陀螺力矩增大,因此,前支点动载荷增大。对于后支点,由于前支点动载荷增大,为保证力矩平衡,后支点动载荷也应增大。但随着前轴颈弯曲变形变大,压气机轮盘对后支点动载荷的抑制作用越来越大,因此,后支点动载荷先增大后减小。同时,由于前支点的变化对转子前段的影响更大,因此,前支点动载荷的变化大于后支点。同理,当后支点向前移动时(此时支点跨度减小),前支点动载荷先增大后减小,后支点动载荷逐渐增大,且后支点动载荷的变化明显小于前支点。

　　对于第二阶临界转速(俯仰振型),当前支点后移时,前、后支点动载荷均逐渐减小,且后支点动载荷的变化明显小于前支点。这是因为,随着前支点后移,支点对转子变形的抑制作用越来越小(当支点靠近振型节点时,不产生约束)。因此,前支点动载荷逐渐减小。为保证受力平衡,后支点动载荷也减小。同理,当后支点前移时,后支点动载荷逐渐减小。但随着后支点前移,压气机转子出现了一定的弯曲变形,使得转子前段产生的离心力增大,因此,前支点动载荷先减小后增大。

对于第三阶临界转速(弯曲振型),当前支点后移时,前支点动载荷逐渐减小,后支点动载荷逐渐增大,且后支点动载荷的变化明显小于前支点。其原因是,随着前支点后移,支点对转子弯曲变形的抑制作用越来越小,因此,前支点动载荷逐渐减小。根据力矩平衡,后支点动载荷本来也应减小,但由于前支点抑制转子弯曲变形的能力降低,压气机轮盘倾斜角增大,由此产生的陀螺力矩又使后支点动载荷增大。因此,后支点动载荷先增大后减小。同时,由于前支点的变化对转子前段的影响更大,因此,前支点动载荷的变化大于后支点。同理,当后支点前移时,后支点动载荷逐渐减小,同时由于涡轮盘陀螺力矩的影响相对较小,前支点动载荷也逐渐减小。另外,后支点动载荷的变化明显小于前支点。

综上可知,支点动载荷与支点位置有关。改变支承位置可以调整转子弯曲变形和轮盘倾斜角,影响转子产生的离心力和轮盘陀螺力矩,进而影响转子的支点动载荷。但支承位置对转子变形的影响不仅与转子临界转速及振型相关,还与转子结构质量/刚度分布特征有关。

2.4.3 支承刚度

采用如图 2-22 所示的转子结构模型计算分析支点刚度变化对转子支点动载荷的影响。由于支点动载荷与转子各阶振动模态有很大关联性,因此首先分析支点刚度变化对转子各阶振动模态,包括模态振型与临界转速的影响。

图 2-29 所示为支承刚度对转子各阶模态临界转速的影响规律。由图 2-29 可知,随着转子支承刚度的增加,转子各阶临界转速均上升,且其对应的振型也发生改变。其中,第一阶振型由平动振型逐渐转变为一弯振型,第二阶振型由俯仰振型逐渐转变为二弯振型,第三阶振型由一弯振型逐渐转变为三弯振型。

这种在同一阶共振转速线上模态振型随支承刚度(或转速)变化的现象称为"振型转向"。

需要注意,支承刚度趋于∞的一弯振型临界转速小于支承刚度为 0 的一弯振型临界转速,这是因为当支承刚度较大时,其会对转子振型产生较大的影响,即同样是一阶弯曲振型,但是,弹性线曲率或应变能分布是不同的。如图 2-30 所示,对于支承刚度较低时的一弯振型,转子两端的位移与转子中部的位移相位相反。当支承刚度很大时,只有当转子两端的位移与转子中部的位移相位相同时才能满足转子惯性力和弹性恢复力相平衡的要求。此时,相当于转子的弯曲模态振动节点从支点之间移动到了支点两端,因此,转子一弯振型临界转速降低。根据支承刚度对临界转速影响的规律,可通过调整支承刚度来调整转子临界转速的分布(尤其是弯曲临界转速)。

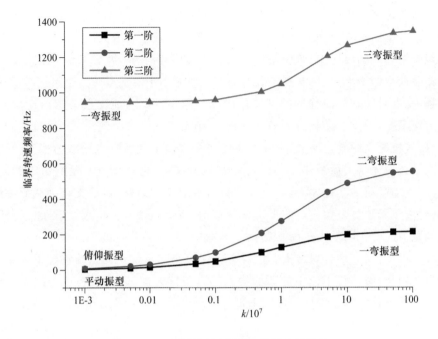

图 2 - 29　支承刚度对转子临界转速的影响

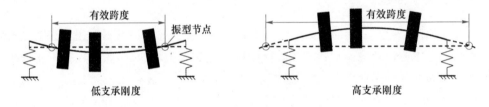

图 2 - 30　不同支承刚度下的一弯振型

　　支承刚度的变化还会影响转子的支点动载荷。计算转子通过各阶临界转速时的支点动载荷随支承刚度的变化如图 2 - 31 所示。

　　由图 2 - 31 可知,随着支承刚度增大,转子靠近各阶临界转速时的支点动载荷均呈现先增大(支承刚度较低时)后逐渐趋近于常数(支承刚度较高时)的趋势。当支承刚度较低时,虽然增大支承刚度会改变转子的各阶振型(对于平动振型,会增大轮盘倾斜角及转子弯曲程度;对于俯仰和弯曲振型,会减小轮盘倾斜程度,并减小弯曲振型中的转子的弯曲程度),进而影响转子变形幅值(幅值降低)以及转子产生的离心力和轮盘陀螺力矩的大小,但转子振动幅值的变化小于支承刚度的变化,因此随着支承刚度的提高,转子支点动载荷显著提高。当支承刚度较高时,转子逐渐趋近两端刚性支承,其支点动载荷也逐渐趋于刚性支承转子的支点动载荷,即趋于常数。

　　综上可知,支点动载荷与转子的抗弯刚度分布、支点位置和支承刚度均有关。改变转子各轴段界面抗弯刚度和支点位置,会影响转子弯曲变形以及轮盘的倾角,产生的附加旋转惯性激励,即离心力和轮盘陀螺力矩,使得转子系统各支点动载荷产生相应变化。对于支承刚度而言,则体现为随支承刚度的增大,支点动载荷先增大后逐渐趋于不变。

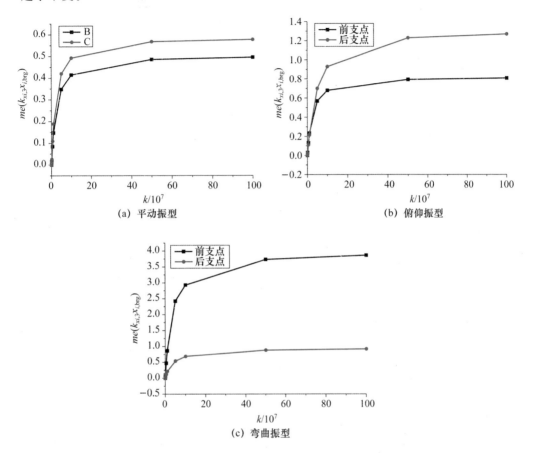

图 2 - 31   支承刚度对转子支点动载荷的影响

第 3 章
航空发动机转子系统动力学特性

在现代航空发动机设计中,总体结构布局上往往通过减少转子支点数和承力框架数实现结构减重。特别是高推重比涡扇发动机,通常使用在高、低压转子之间采用中介轴承的双转子(或三转子)转子支承方案。同时,随着叶轮机功率的增大,发动机转子工作转速也在不断提高,靠近或超过多阶临界转速。

通过加大结构负荷,极大地提高了结构效率,同时也带来两方面问题:一是在带有中介轴承的双转子系统(简称双转子系统)中,高、低压转子在中介轴承处的振动耦合,使得高低压转子在工作过程中存在相互激励作用,导致转子系统及整机的振动特性具有一些特殊性;二是在转子高转速工作中,转子轴的弯曲变形会使不同轴向位置上的轮盘产生一定的偏斜,从而使作用在转子上的旋转惯性激励载荷(力和力矩)的大小以及方向发生变化,对转子系统的动力学特性产生一定的影响。

本章将阐述转子系统动力学特性(包括共振转速分布及旋转惯性激励下稳态振动响应)分析方法,以图 3-1 所示的典型高推重比涡扇发动机中带中介轴承的双转子系统为研究对象,分析典型双转子系统的动力学特性,并探究结构特征参数对转子系统振动响应特性的影响规律。

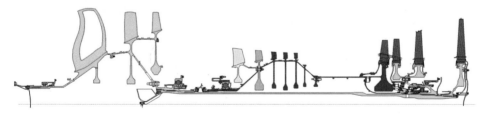

图 3-1　带中介轴承的双转子结构系统简图

3.1　单转子系统共振转速分布

共振转速是转子系统固有的动力学特性。由于转子系统具有旋转效应,在工作过程中转子结构质量惯性会产生一定的惯性力矩,从而改变转子系统的动力学特性,使各阶共振转速随转速变化而形成不同的分布,因此合理设计转子结构及支承约束,可以在工作转速范围内避开共振转速,并保持一定的安全裕度。航空发动机转子系统中,由于总体结构布局限制,高压转子系统和低压转子系统在结构及力学特征上具有很大的差异性,并且在高转速、宽工作范围内各阶共振转速随转速会发生很大变化,在一定条件下相应的模态振型也会发生变化,产生所谓的"振型转向"。总之,根据不同结构特征的转子系统,设计合理的共振转速分布,以保证航空发动机在正常工作时满足"避开共振"安全裕度要求,对航空发动机及转子安全、可靠地工作有着重要影响。

本节以典型高推重比涡扇发动机的高、低压转子为例,介绍单转子系统共振转速分布特性。

3.1.1 两支点刚性转子

如图 3-1 所示,现代高压转子系统为降低结构质量(重量),大多采用两支点结构布局设计,其中采用 1-0-1 支承方案的大跨度支承转子系统具有较大的长径比,工作转速一般位于刚体振型共振转速与弯曲模态共振转速之间。对高压转子进行适当的简化,建立实体有限元模型并考虑陀螺力矩的影响,可计算求得高压转子在不同转速下的共振转速分布特征曲线,并绘出 Campbell 图,并给出典型转速下的转子模态振型,如图 3-2 所示。

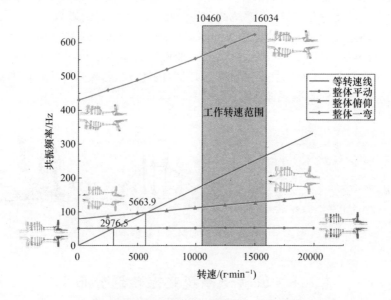

"共振频率"即为"共振转速",共振频率=共振转速/60

图 3-2 高压转子 Campbell 图

图 3-2 所示为高压转子的前三阶共振转速分布及其相应的模态振型。转子振型分别为"整体平动""整体俯仰"与"整体一弯"对应的三条共振转速曲线。可以看到,由于该三阶共振转速对应的转子运动状态均为正进动,因此在转子系统各部件的陀螺力矩作用下,其共振转速随转速提高有着不同程度的增加。但是,各阶模态振型中转子角向变形不同,陀螺力矩对转子系统等效刚度的影响不同,随着转速增加,不同模态振型的共振转速提高的速率也不同。

　　"整体平动"与"整体俯仰"均为转子刚体振动模态,可将转子系统的变形视为整个转子的刚体运动。前者的模态振型主要体现为转子质心的偏移,其惯性主轴几乎不发生倾斜,因此随转速增加,"整体平动"共振转速基本不变。后者的模态振型则主要体现为转子质心的偏移和惯性主轴的倾斜;整个转子惯性主轴倾斜产生的陀螺力矩使得随着转速的提高,"整体俯仰"共振转速增加。但是,陀螺力矩对共振转速的影响还取决于转子极转动惯量和直径转动惯量的相对大小,结合上一章的基础理论分析,转子在做整体俯仰时,整个转子的转动惯量比 $\dfrac{J_{\mathrm{p}}}{J_{\mathrm{d}}}$ 相对很小,因此,俯仰振型共振转速随转速的增幅不大。

　　对于"整体一弯",由于转子的弯曲变形,各部件变形离散(各部件的惯性主轴的倾斜程度不同),陀螺力矩的影响取决于转子各部件产生的陀螺力矩与各部件结构惯性的相对大小。结合前文分析,压气机部件、鼓筒轴和涡轮部件的转动惯量比 $\dfrac{J_{\mathrm{p}}}{J_{\mathrm{d}}}$ 均较整个转子的转动惯量比 $\dfrac{J_{\mathrm{p}}}{J_{\mathrm{d}}}$ 大,因此,随着转速增加,"整体一弯"共振转速的增幅也明显大于"整体俯仰"。

　　另外,根据上文所述临界转速的定义"系统共振时发生主响应的特征转速",即转子在某一转速下,其某阶模态共振转速与该转速相等,则该转速为该阶模态的临界转速。那么,利用 Campbell 图可以获得系统临界转速:在 Campbell 图中作出"等转速线",等转速线与共振转速曲线的交点即为该阶模态的临界转速。

3.1.2　多支点柔性转子

　　图 3-1 所示为典型高推重比涡扇发动机的低压转子系统,转子系统质量分布极不均匀,是多支点柔性转子系统。通过结构简化建立有限元模型,计算求得低压转子系统在不同转速下的共振转速(均对应于转子正进动状态),并绘出 Campbell 图及不同转速下转子模态振型,如图 3-3 所示。

　　相对于高压转子,低压转子"结构质量和弯曲刚度分布的极不均匀性"和"支点数目较多"的特点,使转子系统出现复杂多变的模态振动。图 3-3 所示为低压转子在 0~18 000 r/min 转速范围内按照特征值顺序绘制出的七条共振曲线,并且随转速的升高会发生很大的变化。对共振转速分布及其振型的分析可以看出其变化与转子结

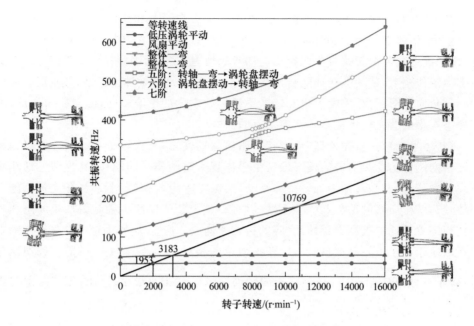

每条曲线左侧振型图对应0 r·min⁻¹，右侧振型图对应10 000 r·min⁻¹

图 3 - 3 　低压转子系统 Campbell 图

构特征、模态振型以及转速均有交互关系。

　　第一阶和第二阶共振转速所对应的振型分别是涡轮转子平动和风扇平动，属于转子局部振动。由于轮盘的平动不会产生过大的旋转惯性力矩（陀螺力矩），因此共振转速随转速的变化几乎保持不变。

　　第三阶和第四阶共振转速所对应的模态振型为转子弯曲，不同的是风扇和低压涡轮轮盘的摆动方向不同。第三阶为与转轴弯曲同相位的摆动，即表现为整体一阶弯曲；第四阶从整体上看转子上有三个节点，为二弯振型，涡轮盘的摆动相位与转轴的弯曲相位相反，即表现为涡轮盘的局部摆动模态与转子前端一弯振型的耦合模态。

　　第五阶和第六阶共振转速分别是涡轮盘摆动和转轴弯曲模态振动。由于涡轮盘具有很大的陀螺力矩效应，随转速的提高转子系统的第五阶共振转速大幅度提高，而第六阶的转轴弯曲则提高不大，当转速达到某一值后，两阶模态会出现"交汇"。由于在共振转速分布图绘制中是按转子系统特征值的顺序连线的，在低转速和高转速区域的第五阶和第六阶模态振型会发生转换，即转子共振转速的"振型转向"。

　　第七阶共振转速所对应的振型是转轴一弯和涡轮盘摆动的耦合模态。随着转速和陀螺力矩效应的增加，涡轮轴的模态变形逐渐减小，变为涡轮盘的局部摆动模态。

　　表 3 - 1 所列为低压转子各阶模态振型和转子弹性线变形示意图。从转子系统模态振型可以看出，由于低压转子质量/转动惯量沿轴线分布极不均匀，转子刚度较弱，并且有多个支点局部约束，这使得工作转速范围较大的低压转子系统在转速变化

过程中,模态频率和振型均表现出极大的变化:1)在共振转速变化中,主要是具有大质量惯性的结构单元在发生角向变形时,巨大的陀螺力矩效应会改变弯曲模态共振转速的分布;2)模态频率(共振转速)的巨大变化,引起转子系统局部模态振动以及相互的耦合,形成丰富的模态振动并且随转速变化,其相应的模态振型也在组合变化;3)转子质量/刚度分布的非均匀性以及支点局部约束作用,促使了局部模态振动的产生和交互变化。

表 3 - 1　低压转子各阶模态特征

阶次/振型	振型图	转子弹性线变形图
第一阶/涡轮平动		
第二阶/风扇平动		
第三阶/整体一弯		
第四阶/整体二弯		
第五阶/涡轮盘摆动		——

续表

阶次/振型	振型图	转子弹性线变形图
第六阶/涡轮轴一弯		
第七阶/转轴弯曲与涡轮盘摆动耦合		

　　总之,在柔性转子系统各组成结构单元旋转惯性力矩的作用下,各阶弯曲振型共振转速随转速的提高均有不同程度的增加。但是,由于各阶模态振型及大转动惯量轮盘所处位置的角向变形不同,旋转惯性力矩对转子系统弯曲刚度的影响程度有很大差异,因此随着转速增加,各阶共振转速提高的速率不同,可能会出现各阶模态频率(共振转速)的交叉,或同一阶共振转速的模态振型在不同转速区域出现转变,即"振型转向"。

| 3.2　双转子系统共振转速分布 |

　　在航空发动机中,为了提高叶轮机的气动性能,常采用双转子或三转子结构设计。如果各转子分别由独立的支点支承,并且承力系统具有良好的隔振特性,则两个转子动力学特性的相互影响很小,可以分别对各转子进行动力学特性设计。但是对于带中介轴承的高-低压双转子系统而言,由于中介轴承可以传递转子间的相互作用力,高、低压转子在中介轴承处的振动相互耦合,在对其动力学特性进行计算分析时,需要考虑各转子之间交互激励作用的影响。

　　基于此,两个不同转速的转子均可通过中介轴承将振动载荷由一个转子传递给另一个转子,即低压转子不平衡会激起高压转子的振动,而高压转子不平衡也会激起低压转子的振动。所以,高、低压转子的不平衡均能激起双转子系统的共振,共振时所对应的高、低压转子转速(ω_H,ω_L)称为转子系统的共振转速。

由于航空发动机转子系统具有大长径比的结构特征,并且工作转速高、范围大,陀螺力矩对各阶模态共振转速影响很大。在双转子系统中,又多了一个影响因素,即有两个旋转激励转速,并且转动方向可能是不同的,因此双转子系统的共振转速分布特征更为复杂。

根据高、低压转子转动方向的差异,可将双转子系统分为同向转动双转子系统与反向转动双转子系统,其对应的工作转速附近的共振转速分布也有所不同。本节将通过对同向转动与反向转动双转子系统的运动及其力学特性的分析,阐述双转子系统共振转速的分布特点,并以图 3-1 所示的高推重比涡扇发动机的双转子系统为例,分析典型带中介支点反向旋转双转子系统的共振转速分布特点,总结共振转速分布设计经验。

3.2.1　共振转速计算方法

考虑到高、低压转子的运动形式和振动特性不同,同时为了便于共振转速的计算分析,可以将双转子系统的共振状态分为两类,即低压激起转子系统共振和高压激起转子系统共振,对应的转子转速为低压激起共振转速和高压激起共振转速。

为了计算双转子系统的共振转速分布,首先需要对系统共振时的转子运动状态进行分析。以低压激起转子系统共振为例,由于共振由低压转子不平衡激起,因此,低压转子作同步正进动,转动速度 ω_L 与进动速度 Ω_L 相同。同时,低压转子通过中介轴承将振动载荷传递至高压转子,使高压转子以低压转子的进动速度作非同步进动(即 $\Omega_H = \Omega_L$)。所以,低压激起转子系统共振满足的转速关系为

$$\omega_L = \Omega_L = \Omega_H \tag{3-1}$$

同理,高压激起转子系统共振存在的转速关系为

$$\omega_H = \Omega_H = \Omega_L \tag{3-2}$$

注意:以上所述为双转子系统的共振状态。在发动机正常工作状态下,转子任意位置处实测的振动响应信号中既包含低压转频成分又包含高压转频成分。

为了便于分析航空发动机双转子系统共振转速分布以及振动响应特性,根据高推重比发动机双转子结构特征,建立双转子系统力学模型,如图 3-4 所示。

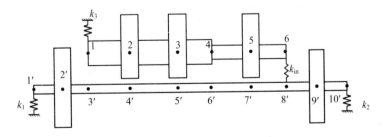

图 3-4　双转子结构系统力学模型

对于带中介轴承的双转子结构系统,高、低压转子转动角速度分别为 ω_H,ω_L,进动角速度均为 Ω($\Omega_L = \Omega_H = \Omega$),则按照有限元方法,可得双转子系统的动力学方程为

$$[M^H]\ddot{q}_H - i\omega_H[J^H]\dot{q}_H + [K^H]q_H = [Q^H] + [F^{BH}] \tag{3-3}$$

$$[M^L]\ddot{q}_L - i\omega_L[J^L]\dot{q}_L + [K^L]q_L = [Q^L] + [F^{BL}] \tag{3-4}$$

式中,$[Q]$ 为转子不平衡激励向量 $\omega^2 [\cdots, m_i e_i \cos \omega t, m_i e_i \sin \omega t, 0, 0, \cdots]^T$;$[F^B]$ 为中介轴承动载荷向量;q 为转子广义坐标;角标 H 代表高压转子参数,L 代表低压转子参数。

其中,中介轴承动载荷向量可以表示为

$$-[K^B]q_B = [F^B] \tag{3-5}$$

支承刚度为 k_{in} 的中介轴承位于高压转子节点 i、低压转子节点 j,则有

$$[K^B] = \begin{bmatrix} \overset{2i-1}{k_{in}} & \overset{2j-1}{-k_{in}} \\ -k_{in} & k_{in} \end{bmatrix} \begin{matrix} 2i-1 \\ 2j-1 \end{matrix} \tag{3-6}$$

合并式(3-3)、式(3-4)、式(3-5),并将式(3-6)带入,可得双转子系统动力学方程为

$$\begin{bmatrix} M^H & 0 \\ 0 & M^L \end{bmatrix}\ddot{q} + \begin{bmatrix} \omega_H J^H & 0 \\ 0 & \omega_L J^L \end{bmatrix}\dot{q} + \begin{bmatrix} K^H & 0 \\ 0 & K^L \end{bmatrix}q +$$

$$\begin{bmatrix} \overset{2i-1}{k_{in}} & \overset{2j-1}{-k_{in}} \\ -k_{in} & k_{in} \end{bmatrix} \begin{matrix} 2i-1 \\ 2j-1 \end{matrix} \begin{Bmatrix} q_{2i-1} \\ q_{2j-1} \end{Bmatrix} = \begin{bmatrix} Q^H \\ Q^L \end{bmatrix} \tag{3-7}$$

可列出双转子系统的振动方程为

$$[M]\{\ddot{r}\} + [C]\{\dot{r}\} + [K]\{r\} = \{Q\} \tag{3-8}$$

其中,$[M]$,$[C]$,$[K]$ 分别为系统的质量、阻尼、刚度矩阵;$\{r\}$ 为转子系统的位移矩阵;$\{Q\}$ 为系统受到的激振力。

令 $\begin{bmatrix} Q^H \\ Q^L \end{bmatrix} = 0$,得到系统的特征方程为

$$f(\omega_L, \omega_H, \Omega) = 0 \tag{3-9}$$

给定一个高压转子转速 ω_H,结合式(3-1),求解式(3-9),可解得对应的低压转速 ω_L,此时的 (ω_H, ω_L) 即为低压激起共振转速。改变 ω_H,可求得低压激起共振转速分布。同理,给定一个低压转子转速 ω_L,结合式(3-2),求解式(3-9),可解得对应的高压转速 ω_H,此时的 (ω_H, ω_L) 即为高压激起共振转速。改变 ω_L,可求得高压激起共振转速分布。以低压转子转速 ω_L 为横坐标,以高压转子转速 ω_H 为纵坐标,将高、低压激起共振转速曲线画在一个坐标系中,共同组成双转子系统共振转速分布图。图3-5为高、低压转子转动方向相同时双转子系统的共振转速分布图。

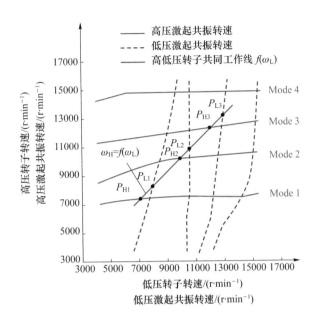

图 3 - 5　同向转动双转子系统共振转速分布图

虽然高、低压转子的转速不同,但是由于必须保持空气流量连续,所以高、低压转子转速之间存在着一定的对应关系,即转子的工作转速是在一定的范围内的,并且高、低压转子转速之间存在相应的函数关系,可设为 $\omega_H = f(\omega_L)$,即为高、低压转子共同工作线。在双转子系统共振转速分布图上画出共同工作线,其与共振转速曲线的交点对应的转速为双转子系统在工作过程中遇到的临界转速点。如图 3 - 5 所示,P_{H1},P_{H2},P_{H3},P_{L1},P_{L2},P_{L3} 点均为转子系统的临界转速点。

3.2.2　同向转动双转子系统

同向转动双转子系统指高、低压转子转动方向相同,共振转速分布图中共同工作线位于第一象限或第三象限(通常取前者)的双转子系统。

转子系统共振转速的变化趋势取决于由转子弯曲变形产生陀螺力矩随转速的变化趋势。双转子系统的振动模态可以分为两种:以低压转子振动为主的振动模态和以高压转子振动为主的振动模态。相对应的,陀螺力矩效应也以低压或高压转子为主,不同振动模态对应的共振转速的变化趋势也将不同。

对于同向转动的双转子系统而言,无论是低压激起转子系统共振还是高压激起转子系统共振,由于两个转子的转动速度与进动速度方向相同,由转子系统弯曲变形产生的陀螺力矩均有助于提高转子系统等效刚度。

以高压激起的转子系统共振为例,高压转子作同步正进动,而低压转子作非同步正进动。若该模态为以高压转子振动为主的振动模态,虽然高压转子产生的陀螺力矩有助于提高转子系统等效刚度,但是随着 ω_L 提高,高压转子产生的陀螺力矩基本不变,因此共振转速中 ω_H 也几乎不变,如图 3-5 中 Mode 1 共振转速曲线所示。若该模态为以低压转子振动为主的振动模态,低压转子产生的陀螺力矩有助于转子系统等效刚度,随着 ω_L 提高,高压转子产生的陀螺力矩大幅提高,共振转速中 ω_H 逐渐增加,如图 3-5 中 Mode 3 共振转速曲线所示。

3.2.3 反向转动双转子系统

反向转动双转子系统指高、低压转子转动方向相反,共振转速分布图中共同工作线位于第二象限或第四象限(通常取前者)的双转子系统。

对于反向转动双转子系统而言,无论是低压激起转子系统共振还是高压激起转子系统共振,高、低压转子的进动速度相等,方向相同,但由于其转动方向不同,高、低压转子产生的陀螺力矩对转子系统等效刚度及共振转速的影响也不同。

以高压激起转子系统共振为例,高压转子作同步正进动,而低压转子作非同步反进动。若该模态为以高压转子振动为主的振动模态,虽然高压转子产生的陀螺力矩将有助于提高转子系统等效刚度,但是随着 ω_L 提高,低压转子产生的陀螺力矩基本不变,因此共振转速中 ω_H 也几乎不变,如图 3-6 中 Mode 1 在第二象限的共振转速曲线所示。若该模态为以低压转子振动为主的振动模态,低压转子产生的陀螺力矩将削弱转子系统等效刚度,随着 ω_L 提高,低压转子产生的陀螺力矩大幅提高,共振转速中 ω_H 逐渐降低,如图 3-6 中 Mode 3 在第二象限的共振转速曲线所示。

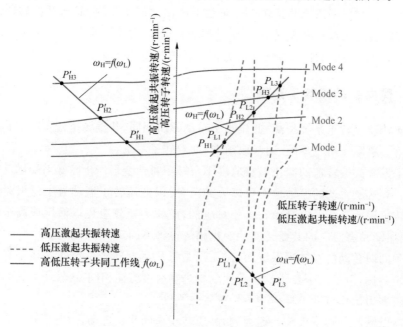

图 3-6 反向旋转双转子系统共振转速分布图

可以发现,此时共同工作线与共振转速曲线的交点,即临界转速点 P'_{H_1},P'_{H2},
P'_{H3},P'_{L1},P'_{L2},P'_{L3} 相较同向转动双转子系统的临界转速点 P_{H1},P_{H2},P_{H3},P_{L1},
P_{L2},P_{L3} 的位置发生了较大变化。这说明,对于一个双转子系统而言,采用相同的共
同工作线(忽略转速方向的差别),高、低压转子转速相同或相反,对应的临界转速点
不同。这为双转子系统共振转速分布优化提供了思路。

3.2.4　典型双转子系统共振转速分布仿真计算

　　根据上文叙述的双转子系统共振转速计算方法,计算图 3-1 所示双转子系统的
高压激起共振转速曲线与低压激起共振转速曲线,如图 3-7 和图 3-8 所示。

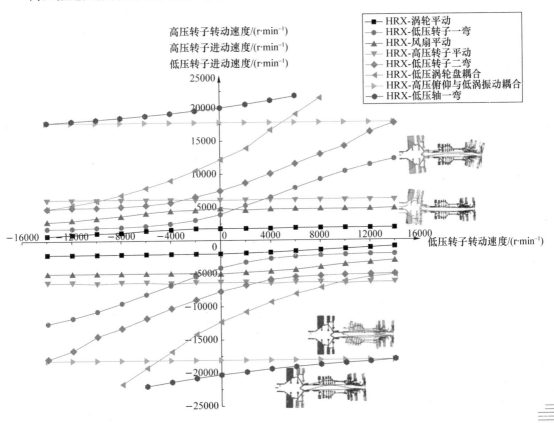

图 3-7　高压激起共振转速曲线

　　可以看到,对于不同阶振动模态,由于高、低压转子的弯曲变形不同,产生陀螺力
矩对转子系统等效刚度的影响不同,其由高压激起或是低压激起的共振转速的变化
规律也不同。以高压激起转子系统共振为例,对于以局部振动为主的模态(涡轮平
动、风扇平动),由于涡轮部件、风扇部件处的变形以横向变形为主,角向变形较小,因

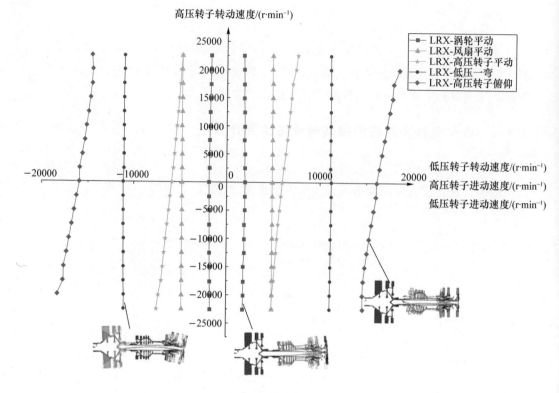

图 3-8 低压激起共振转速曲线

此转子系统产生的陀螺力矩相对较小,其对转子系统等效刚度几乎没有影响,随着低压转子转速 ω_L 提高,共振转速中 ω_H 近似保持不变。对于弯曲变形模态,如低压一弯模态,由低压转子弯曲变形产生的陀螺力矩相对较大,并且随着低压转子转速 ω_L 改变,陀螺力矩效应变化剧烈,共振转速中 ω_H 也有明显的变化。

同一阶振动模态,转子弯曲变形相同,但由于高、低压转子的运动状态不同,产生陀螺力矩对转子系统等效刚度的影响不同,其由高压激起共振转速与低压激起共振转速的变化规律不同。以低压一弯模态为例,系统振动以低压转子为主,所以系统产生的陀螺力矩也以低压转子产生的陀螺力矩为主。当该阶转子系统共振由高压激起时,若高、低压转子转动方向相同,低压转子作非同步正进动,随着低压转子转速 ω_L 增加,低压转子产生的陀螺力矩大幅提高,其对转子系统等效刚度的增强作用也在提高,共振转速中 ω_H 增加,如图 3-7 第一象限所示;若高、低压转子转动方向相反,低压转子作非同步反进动,随着低压转子转速 ω_L 增加,低压转子产生的陀螺力矩大幅提高,其对转子系统等效刚度的削弱作用也在提高,共振转速中 ω_H 降低,如图 3-7 第二象限所示。而当该阶转子系统共振由低压激起时,低压转子作同步正进动,根据陀螺力矩表达式,低压转子产生的陀螺力矩与高压转子转速 ω_H 无关,因此,随 ω_H 增加,其共振转速中 ω_L 保持不变,如图 3-8 所示。

　　图 3-1 所示双转子系统为反向转动双转子系统,因此以高压转子转速为正,低压转子转速为负,将图 3-7 和图 3-8 的第二象限拼合,可得双转子系统共振转速分布图,如图 3-9 所示。为了便于对该双转子系统共振转速分布进行定量评估,假设其各工况下转子的工作转速如表 3-2 所列,并据此在图 3-9 中绘出高-低压转子共同工作线;判断点线关系,可知系统临界转速点及其安全裕度,结果如表 3-3 所列。

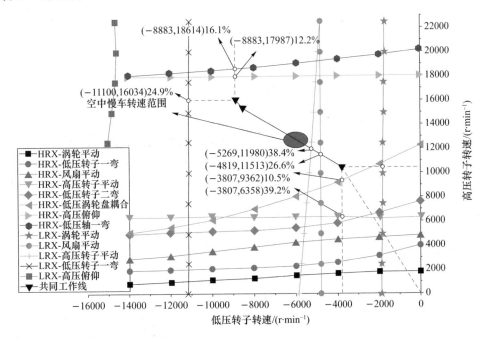

图 3-9　典型双转子系统共振转速曲线

表 3-2　各工况下转子系统工作转速

工作状态	慢　车	设计点	最　大
低压转速/(r·min⁻¹)	3 806.7	8 484.0	8 883.2
高压转速/(r·min⁻¹)	10 459.7	15 325.9	16 033.5

表 3 - 3　临界转速点与工作转速附近共振转速

工作转速范围内临界转速			
振型	参数		振型
(1) 风扇平动	激励源	低压转子不平衡	
	转速 $(n_L/(r \cdot min^{-1}), n_H/(r \cdot min^{-1}))$	$(-4\,819, 11\,513)$	
(2) 高压转子平动	激励源	低压转子不平衡	
	转速 $(n_L/(r \cdot min^{-1}), n_H/(r \cdot min^{-1}))$	$(-5\,269, 11\,980)$	
最大工作转速附近的共振转速			
振型	激励源	安全裕度	危险振型
(1) 低压转子一阶弯曲	低压转子不平衡	24.9%	
(2) 高压俯仰	高压转子不平衡	12.2%	

最大工作转速附近的共振转速			
振型	激励源	安全裕度	危险振型
（3）低压轴一阶弯曲	高压转子不平衡	16.1%	

地面慢车工作转速附近的共振转速			
（1）涡轮平动	低压转子不平衡	47.8%	
（2）低压涡轮盘耦合摆动	高压转子不平衡	10.5%	
（3）高压转子平动（与低压转子二弯耦合）	高压转子不平衡	39.2%	

从计算结果可以看出:1)高压转子的刚度很高,在工作转速范围内没有高压转子弯曲变形的临界转速;2)没有高低压耦合振型(或耦合程度很小);3)在转子工作范围内的两个临界转速(风扇平动模态,高压转子平动模态)比较靠近,有利于两个振型相互抑制,使发动机快速通过临界转速点时产生的振动较小;4)工作转速范围的两个临界转速非常靠近空中慢车转速(LP Rotor −6 000 r/min,HP Rotor 12 800 r/min)附近,此时的安全裕度不够,约为10%,设计时需要一定的考虑;5)在[LP Rotor −6 000 r/min,HP Rotor 8 000 r/min]~[LP Rotor −11 000 r/min,HP Rotor 17 500 r/min]这一较大的转速区间内没有共振转速,为双转子系统的动力学设计提供了保障(当双转子系统采用高、低压转子反向转动设计时,临界转速点与工作转速附近的共振转速数量将大幅减小)。

需要说明,上面的算例中的数据是假定的,计算评估中的安全裕度需由各设计集团和所使用的软件和建模精度所确定,这里仅是通过一个算例定量描述和了解双转子系统共振转速分布的规律和分析方法,而不是拘泥于设计规范和要求的具体数值。

对临界转速点与工作转速附近的共振转速进一步分析,可计算出其对应各阶模态振型的应变能占比,见表 3-4 和图 3-10。

表 3-4　共振转速应变总能及部件占比

模　态	性　质	激振频率/Hz	应变能占比/%		
			高压转子	低压转子	4#
风扇平动	临界	80.36	0.00	4.18	0.00
高压转子平动	临界	88.18	9.22	0.13	0.84
低压一弯	危险	185.37	1.65	85.86	2.22
高压俯仰与低涡振动耦合	危险	299.79	37.99	8.41	44.88
低压轴一弯	危险	310.23	1.11	97.30	1.15
涡轮平动	危险	30.35	0.24	3.66	0.39
低压涡轮盘耦合振动	危险	155.99	0.03	99.55	0.05
高压转子平动(与低压转子二弯耦合)	危险	106.31	9.23	12.77	1.68

注:"性质"一栏中"危险"表示该阶模态共振转速在工作转速附近。

需要注意:1)由于转轴发生较大弯曲变形时可能发生断轴事故,而4#(中介支点)处载荷条件较为恶劣,承受较大动载荷时对其寿命不利,也有可能出现轴承破坏现象,因此,双转子系统应变能占比分析中应重点分析高压转子、低压转子和4#部件这三个重要部件。2)对于工作转速附近共振转速曲线对应的模态而言,虽然共振转速曲线与工作转速之间有一定的安全裕度,但在工作转速接近其中某一阶共振转速时,转子系统弹性线与其模态振型相近,因此,仍有必要对其应变能占比进行分析。

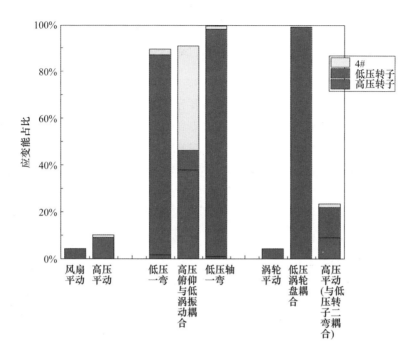

图 3-10　双转子系统共振转速下部件应变能占比

分析表 3-4 和图 3-10 可以发现:1)在两个临界转速点对应的模态中,高、低压转子与 4# 处应变能占比较小,一定程度上降低了转子工作状态下通过临界转速点时共振产生的危害;2)对于低压一弯、低压轴一弯、低压涡轮盘耦合振动这三阶模态,低压转子上有较大的应变能分布,应采取合理的阻尼耗能装置,降低可能产生的断轴事故;3)需要特别注意避开高于工作转速范围的危险振型——高压俯仰与低压涡轮振动耦合,此时中介支点应变能占比超过 40%,可能造成中介轴承发生破坏。

根据以上分析,可得结论如下:

1) 在双转子系统共振转速分布图的第二象限与第四象限(高、低压共振转速方向相反),在陀螺力矩效应的作用下将出现一个范围较大的转速区间,该区间内没有共振转速曲线通过。因此,采用高、低压转子反向转动设计,有助于优化工作转速范围内的双转子系统共振转速分布。

2) 该发动机双转子系统在工作转速范围内没有耦合振型(指高、低压转子应变能占比均超过 20%)模态的存在,避免中介支点处应变能的集中,防止可能产生的中介轴承破坏。其根本原因在于,4#、5# 支点轴向距离较近,均位于低压涡轮部件质心附近,有利于减小高、低压转子在 4# 支点处的振动耦合。

| 3.3 双转子系统振动响应特性 |

在转子系统的振动响应分析中,通常需要分析转子的运动状态和弹性线的变化。

对于带中介轴承的双转子系统而言,由于高、低压转子上均会存在不可避免的不平衡,并因此产生旋转惯性激励。高、低压转子通过中介轴承彼此传递来自两个转子,具有不同频率的激振力。因此,带中介轴承的双转子系统各轴承的支点动载荷十分复杂。其中,由于高、低压转子在中介轴承处的振动往往不协调,中介轴承承受载荷高于其他轴承,特别是高压(低压)转子发生弯曲变形时,这种现象最为明显。此外,航空发动机在过载、机动飞行或硬着陆(着舰)等极限状态下,中介轴承所承受的载荷也是最大的。又由于相较于其余轴承,中介轴承处载荷条件较为恶劣,中介轴承极易产生损伤,乃至出现轴承破坏事故。同时,通过前文的分析可知,高速转子系统支点动载荷与转子的运动状态和变形有关,双转子系统各支点动载荷也是动力学设计和评估中的重要参数。因此,在高推重比涡扇发动机的转子振动响应特性设计中,除了对转子振动幅值(转子弹性线)有一定的要求以外,对中介轴承上的支点动载荷也应有具体要求。

本节将以图 3-4 所示双转子系统力学模型为研究对象,阐述振动响应特性分析方法,介绍中介支点动载荷的分析方法,并探究结构特征(以中介轴承位置为例)对中介支点动载荷的影响。以典型双转子系统为例,分析带中介轴承双转子系统稳态振动响应特性特点,并总结转速、不平衡量对支点动载荷的影响。

3.3.1 振动响应特性分析方法

将转子系统动力学方程改写为

$$\boldsymbol{A}\dot{\boldsymbol{z}}(t) + \boldsymbol{B}\boldsymbol{z}(t) = \boldsymbol{f}(t) \tag{3-10}$$

式中

$$\boldsymbol{z}(t) = \begin{Bmatrix} \dot{q} \\ q \end{Bmatrix}, \quad \boldsymbol{f}(t) = \begin{Bmatrix} F(\Omega) \\ 0 \end{Bmatrix} \tag{3-11}$$

$$\boldsymbol{A} = \begin{bmatrix} M & 0 \\ 0 & M \end{bmatrix}, \quad \boldsymbol{B} = \begin{bmatrix} G & K \\ -M & 0 \end{bmatrix} \tag{3-12}$$

式(3-10)的解可以表示为

$$\boldsymbol{z}(t) = \boldsymbol{R}e^{\alpha t} \tag{3-13}$$

带入式(3-10)可得如下特征值的表达式

$$(\alpha \boldsymbol{A} + \boldsymbol{B})\boldsymbol{R} = \{0\} \tag{3-14}$$

设图 3 - 4 所示双转子系统自由度数目为 n，则根据转子动力学特征值的性质，特征向量 $\boldsymbol{R}$ 由 $2n$ 对共轭复向量组成，其特征值 $\boldsymbol{\alpha}$ 由 $2n$ 个共轭纯虚数组成，即

$$\boldsymbol{\alpha}_r = \pm \mathrm{i}\omega_r \qquad (r = 1, 2, \cdots, 4n) \tag{3-15}$$

设各阶特征向量的矩阵为模态矩阵 $\boldsymbol{\Phi} = [R_1, -R_1 \cdots, R_{2n}, -R_{2n}]^{\mathrm{T}}$，模态坐标为 $\boldsymbol{\eta}(t)$，则式(3 - 10)的解向量 $z(t)$ 可以表示为

$$z(t) = \boldsymbol{\Phi}\boldsymbol{\eta}(t) \tag{3-16}$$

代入式(3 - 10)并左乘 $\boldsymbol{\Phi}^{\mathrm{T}}$ 可得

$$\boldsymbol{\Phi}^{\mathrm{T}}\boldsymbol{A}\boldsymbol{\Phi}\dot{\boldsymbol{\eta}}(t) + \boldsymbol{\Phi}^{\mathrm{T}}B\boldsymbol{\Phi}\boldsymbol{\eta}(t) = \boldsymbol{\Phi}^{\mathrm{T}}f(t) \tag{3-17}$$

根据模态矩阵的性质可得解耦后的方程为

$$-\frac{1}{\boldsymbol{\alpha}}\dot{\boldsymbol{\eta}}(t) + \boldsymbol{\eta}(t) = \boldsymbol{\Phi}^{\mathrm{T}}\boldsymbol{B}^{-1}f = \boldsymbol{F}(t) \tag{3-18}$$

因此，第 r 阶振型下的模态方程可以表示为

$$\dot{\eta}_r(t) - \boldsymbol{\alpha}_r\boldsymbol{\eta}_r(t) = -\boldsymbol{\alpha}_r\boldsymbol{F}_r(t) \tag{3-19}$$

其中，

$$\boldsymbol{F}_r(t) = -\boldsymbol{\alpha}_r\boldsymbol{R}_r^{\mathrm{T}}\boldsymbol{B}^{-1}f \tag{3-20}$$

因此，与特征值 $\boldsymbol{\alpha}_r$ 对应的第 r 阶模态坐标的解为

$$\boldsymbol{\eta}_r(t) = \boldsymbol{\eta}_r(0)\mathrm{e}^{\mathrm{i}\omega_r t} - \mathrm{i}\omega_r \int_0^t \mathrm{e}^{\mathrm{i}\omega_r(t-\tau)}\boldsymbol{F}_r(\tau)\mathrm{d}\tau \tag{3-21}$$

由式(3 - 11)和式(3 - 13)得

$$\dot{\boldsymbol{q}}(t) = \frac{1}{\boldsymbol{\alpha}}\boldsymbol{q}(t) \tag{3-22}$$

并且

$$z(t) = \begin{Bmatrix} \dot{\boldsymbol{q}}(t) \\ \boldsymbol{q}(t) \end{Bmatrix} = \begin{Bmatrix} \boldsymbol{\alpha}\boldsymbol{q}(t) \\ \boldsymbol{q}(t) \end{Bmatrix} = \boldsymbol{\Phi}\boldsymbol{\eta}(t) = \begin{bmatrix} \boldsymbol{\alpha}\boldsymbol{\varphi} \\ \boldsymbol{\varphi} \end{bmatrix}\boldsymbol{\eta}(t) \tag{3-23}$$

式中，$\boldsymbol{\varphi} = [\varphi_1, -\varphi_1 \cdots, \varphi_{2n}, -\varphi_{2n}]$ 是 $2n \times 4n$ 阶矩阵，可从模态分析获得的 $4n \times 4n$ 模态矩阵 $\boldsymbol{\Phi}$ 中拆分得到，从上式可以看出

$$\boldsymbol{q}(t) = \boldsymbol{\varphi}\boldsymbol{\eta}(t) \tag{3-24}$$

由于转子的不平衡响应可以看成各阶模态不平衡响应的线性组合，因此根据式(3 - 20)、式(3 - 21)和式(3 - 24)可得，不平衡响应为

$$\boldsymbol{q}(t) = \sum_{r=1}^{4n} \boldsymbol{\varphi}_r\boldsymbol{\eta}_r(t) = \sum_{r=1}^{4n} \boldsymbol{\varphi}_r\left(\boldsymbol{\eta}_r(0)\mathrm{e}^{\mathrm{i}\omega_r t} - \omega_r^2\boldsymbol{R}_r^{\mathrm{T}}\boldsymbol{B}^{-1}\int_0^t \mathrm{e}^{\mathrm{i}\omega_r(t-\tau)}f(\tau)\mathrm{d}\tau\right) \tag{3-25}$$

各支点动载荷为

$$F = \begin{cases} k_m q_m(t), & \text{非中介支点，在转子 } m \text{ 位置处} \\ k_{\mathrm{in}}(q_i i(t) - q_j j(t)) & \text{中介支点，在高压转子 } i \text{ 位置处，位于低压转子 } j \text{ 位置处} \end{cases}$$

$$\tag{3-26}$$

式中，k_m, k_{in} 为支承刚度。

3.3.2 中介支点动载荷及其影响因素

对于典型带中介轴承的双转子系统而言,由于两个不同转速的转子均可通过中介轴承将振动载荷由一个转子传递给另一个转子,且二者在中介轴承处的振动往往不协调,所以中介轴承受载荷高于其他轴承,特别是高压(低压)转子发生弯曲变形时,这种现象最为明显。此外,航空发动机在过载、机动飞行或硬着陆(着舰)等极限状态下,中介轴承所承受的载荷也是最大的。与此同时,相较于其余轴承,中介轴承处载荷条件较为恶劣,中介轴承极易产生损伤,乃至出现轴承破坏事故。

因此,在高推重比涡扇发动机的转子振动响应特性设计中,除了对转子振动幅值(转子弹性线)有一定的要求以外,对中介轴承上的支点动载荷也应有具体要求。下面将对中介支点动载荷的分析方法进行阐述,并探究结构特征(以中介轴承位置为例)对中介支点动载荷的影响。

1. 中介支点动载荷分析方法

式(3-26)给出了复杂双转子系统中介支点动载荷的计算公式,较为复杂。在实际的仿真计算或实验中,中介支点动载荷的计算通常采用以下方法:

在未发生变形的初始状态下,高、低压转子旋转轴心线重合;当受到转子系统不平衡激励时,高、低压转子均发生振动变形,其在中介轴承位置处的相对变形如图3-11所示。

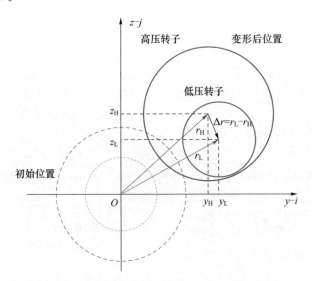

图 3-11 中介轴承截面位置高、低压转子振动变形示意图

在任一时刻的位移分别为矢量 r_H 和 r_L(见图3-11),则低压转子对高压转子的相对位移 $\Delta r = r_L - r_H$,设高、低压转子中介轴承刚度为 k,则该中介支点动载荷 F 为

$$F = k\Delta r = k(r_L - r_H) \tag{3-27}$$

进一步考虑转子位移在 y 方向和 z 方向的分量。设 y 方向的单位矢量为 i，z 方向的单位矢量为 j，则高、低压转子的位移和相对位移分别为

$$r_H = y_H i + z_H j \tag{3-28}$$

$$r_L = y_L i + z_L j \tag{3-29}$$

$$\Delta r = r_L - r_H = (y_L - y_H)i + (z_L - z_H)j \tag{3-30}$$

将式(3-30)代入式(3-27)，可将中介轴承动载荷写为

$$F = k(y_L - y_H)i + k(z_L - z_H)j = F_y i + F_z j \tag{3-31}$$

式中，$F_y = k(y_L - y_H)$，$F_z = k(z_L - z_H)$ 分别为中介支点动载荷 F 在 y 向和 z 向的分量。于是，可以得到支点动载荷的幅值和相位分别为

$$A_F = \| F \| = k \| r_L - r_H \| = k \sqrt{(y_L - y_H)^2 + (z_L - z_H)^2}$$

$$= \| F_y i + F_z j \| = \sqrt{F_y{}^2 + F_z{}^2} \tag{3-32}$$

$$\varphi_F = \arctan\left(\frac{F_z}{F_y}\right) = \arctan\left(\frac{z_L - z_H}{y_L - y_H}\right) \tag{3-33}$$

需要说明，对于高、低压转子其他位置的支点动载荷的计算方法，与中介支点动载荷计算方法类似，只是将上述高、低压转子相对位移替换为高压/低压转子的振动位移矢量即可。

另外，中介轴承上的径向载荷无法通过承力框架直接传递至安装节，而是将一部分通过 3# 支点滚珠轴承传到主安装节处，另一部分经外支承通过 5# 支点滚棒轴承传递至辅助安装节处。为定量描述 4# 中介轴承径向载荷通过 3#、5# 支点的外传力，可采用机械阻抗的分析方法研究支承支反力的动态特性，在此定义支反力传递率 T 为各支点的载荷大小之比，如 4# 中介轴承动载荷传递至 5# 支点的传递率 T_{45} 为

$$T_{45} = \frac{\| F_4 \|}{\| F_5 \|} \tag{3-34}$$

式中，F_4 为 4# 支点动载荷，F_5 为 5# 支点动载荷。

2. 中介轴承轴向位置对支点动载荷的影响

回顾式(3-25)与式(3-26)，转子的不平衡响应可以看成各阶模态不平衡响应的线性组合，表示为

$$q(t) = \sum_{r=1}^{n} \varphi_r \eta_r(t) \tag{3-35}$$

其中，φ_r 为转子的模态振型，$\eta_r(t)$ 为转子的模态坐标，$\eta_r(t) = [\eta_{r1}, \cdots, \eta_{ri}, \cdots, \eta_{rj}, \cdots]^T$。

设中介轴承位于高压转子 i 处，位于低压转子 j 处，中介轴承动载荷为

$$F_{in} = k_{in}(q_i(t) - q_j(t)) \tag{3-36}$$

其中，k_{in} 为中介轴承支承刚度，$q_i(t)$，$q_j(t)$ 分别为高压转子 i 处、低压转子 j 处振动响应。

考虑到在实际双转子系统中，中介轴承动载荷较高时，其高、低压转子在中介轴

承位置处振动响应一般相位相反,因此降低高、低压转子在中介轴承处振动响应均可以降低中介轴承动载荷。

中介轴承支点动载荷较大时往往高压(低压)转子发生弯曲变形,若令中介轴承在轴向位置上接近高压转子弯曲模态节点,则中介轴承模态坐标靠近高压转子弯曲模态节点的模态坐标,有 $\eta_{ri} \to 0$,高压转子 i 处振动响应可取得最小值 $q_i(t)_{min}$,使中介轴承动载荷降低。

根据图 3-12 所示的实际高压转子结构建立梁单元模型,并得到其自由状态下弯曲模态节点位置,通过改变双转子系统中介轴承和高压转子自由弯曲模态节点相对位置,得到中介轴承位置对支点动载荷的影响如图 3-13 所示。其中,考虑到转子系统实际工作转速范围,只对前三阶模态共振转速附近支点动载荷进行分析,相应振型如图 3-14 所示。

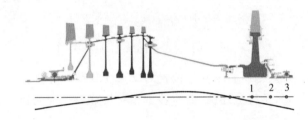

图 3-12　高压转子结构及其自由模态弹性线

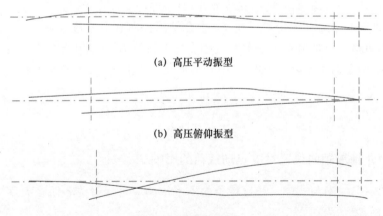

(a) 高压平动振型

(b) 高压俯仰振型

(c) 高压弯曲振型

图中红色虚线表示高压转子自由弯曲模态节点轴向位置,蓝色虚线表示中介轴承轴向位置。

图 3-13　双转子系统模态振型

如图 3-14 所示,中介轴承位置对各阶模态振型下中介支承动载荷有明显影响;不同振型下,当中介轴承位于模态节点时,其支点动载荷均为最小。

根据理论分析及计算结果可知,将中介轴承位置靠近高压转子弯曲模态节点,可以减小双转子系统由不平衡激起的振动响应,有效降低弯曲振型下中介轴承动载荷。

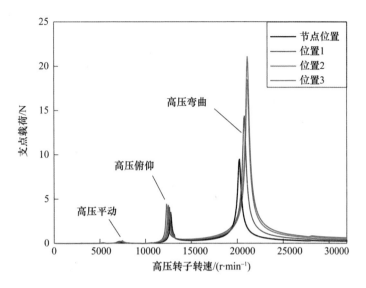

图 3 - 14　中介轴承位置对中介轴承动载荷的影响

3.3.3　典型双转子系统稳态振动响应仿真计算

下面,对如图 3 - 15 所示的双转子系统进行稳态不平衡振动响应(包括转子弹性线与支点动载荷)计算分析。

由于重点关注中介支承动载荷,因此在高压涡轮、低压涡轮位置处施加大小均为 50 g · mm 的不平衡量。

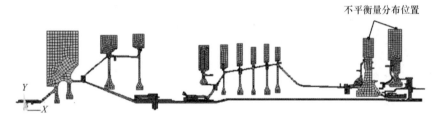

图 3 - 15　双转子系统有限元模型及不平衡量分布位置

1. 最大转速状态下稳态振动响应分析

首先分析最大工作转速状态下的稳态不平衡响应。假设低压转子转速为 9 092 r/min(152 Hz),高压转子转速为 13 794 r/min(230 Hz)。

稳定状态下双转子系统振动弹性线如图 3 - 16 所示,并绘制 4♯、5♯ 支点处轴心轨迹,如图 3 - 17 所示。根据各支点轴心轨迹,由支点动载荷计算公式 $\|\boldsymbol{F}\|=k\|\boldsymbol{r}\|$ (4♯ 支点应为 $\|\boldsymbol{F}\|=k\|\boldsymbol{r}_{\mathrm{L}}-\boldsymbol{r}_{\mathrm{H}}\|$)计算出各支点动载荷,见图 3 - 18 和表 3 - 5。

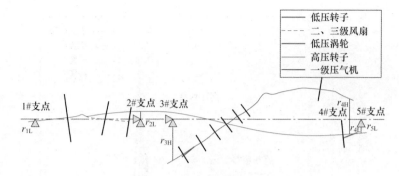

图 3 - 16　稳态响应弹性线

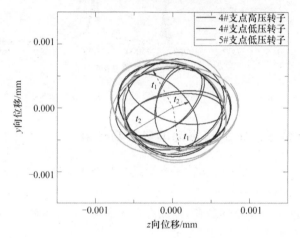

t_1 时，高、低压转子在 4# 支点处振动幅值分别达到最大和最小；

t_2 时，高、低压转子在 4# 支点处振动幅值分别达到最小和最大

图 3 - 17　4#、5# 支点处转子轴心轨迹

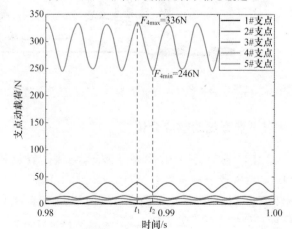

图 3 - 18　支点动载荷时域稳态响应(LP:9 092 r/min;HP:13 794 r/min)

表 3 - 5　支点动载荷(LP:9 092 r/min;HP:13 794 r/min)

支点	1#	2#	3#	4#	5#
均值/N	2.9	13	31.5	291	9.6
范围/N	[1.5,4.2]	[10.7,15.4]	[23,40]	[246,336]	[8,11.2]

根据图 3 - 16 振动弹性线可知,在最大工作转速下,双转子系统做高压整体一弯和低压涡轮轴弯曲(以高压整体一弯为主)的耦合振动。此时,高压转子在 3#、4# 支点处振动幅值 $\|r_{3H}\|$ 和 $\|r_{4H}\|$ 明显大于低压转子在其各支点的振动幅值。4# 支点处高、低压转子的振动响应相位相反,根据支点动载荷计算公式,有 $\|F_4\| = k_4\|r_{4L} - r_{4H}\| \approx k_4(\|r_{4L}\| + \|r_{4H}\|)$。所以,4# 支点处的动载荷均值为 291N,远高于其他四个支点(其中 3# 支点的动载荷也明显高于 1#、2#、5# 支点动载荷),如表 3 - 5 所列。同时,根据图 3 - 17,虽然 4# 支点处低压转子振幅 $\|r_{4L}\|$ 波动范围较小,但高压转子振幅 $\|r_{4H}\|$ 波动范围较大,所以 4# 支点动载荷波动较大,如图 3 - 18 所示。

易知,各支点动载荷主要取决于与其距离较近部件产生的离心力和陀螺力矩大小(以后者为主)。而部件产生的离心力和陀螺力矩的大小与转子弹性线直接相关。下面对此进行分析。

由图 3 - 16 可列出各轮盘处惯性主轴的倾斜角,如表 3 - 6 所列。由表可知,高压转子整体弯曲中,高压压气机和高压涡轮部件轮盘的惯性主轴均产生较大的倾斜,特别是高压压气机轮盘,由此产生较大的陀螺力矩,并传递至支点,这导致 3#、4# 支点动载荷较大。而低压涡轮轴弯曲中,一级风扇轮盘惯性主轴倾斜与二、三级风扇轮盘惯性主轴倾斜方向相反,产生的陀螺力矩近似相互抵消,1#、2# 支点动载荷得以降低;低压涡轮盘惯性主轴倾斜较小,陀螺力矩效应对 5# 支点动载荷影响很小。所以,1#、2#、5# 支点处支点动载荷均值和波动幅度相对较小,而 3#、4# 支点动载荷均值和波动幅度较大。

表 3 - 6　各轮盘惯性主轴倾斜角　　　　　　　　　　　$\times 10^{-6}$ rad

低压转子	一级风扇		二级风扇		三级风扇		低压涡轮
	0.61		-0.51		-0.66		-0.40
高压转子	一级高压压气机	二级高压压气机	三级高压压气机	四级高压压气机	五级高压压气机	六级高压压气机	高压涡轮
	4.25	2.99	3.77	3.43	3.61	4.10	-0.64

对 3#、4#、5# 支点处转子振动响应进行频域分析,如图 3 - 19 所示。其中,转子系统的振动包含高、低压转频(230Hz 和 152Hz)成分,高、低压转频成分的进动方向相反,转子轴心轨迹呈现"花瓣形",如图 3 - 17 所示;而且,高、低压转子振动均以高压转频成分为主(特别是低压转子,振动响应中高压转频成分远大于低压转频成分);所以,虽然双转子系统振动响应由高、低压转子不平衡共同激起,但呈现为由高

压转子不平衡激起(或者说,以由高压转子不平衡激起的振动为主)的特点。对4#支点动载荷进行频域分析,如图3-20所示,其高压转频成分远高于低压转频成分。结合表3-5和图3-20,当4#支点动载荷中高压转频成分远大于低压转频成分时,其均值约等于高压转频成分的大小。

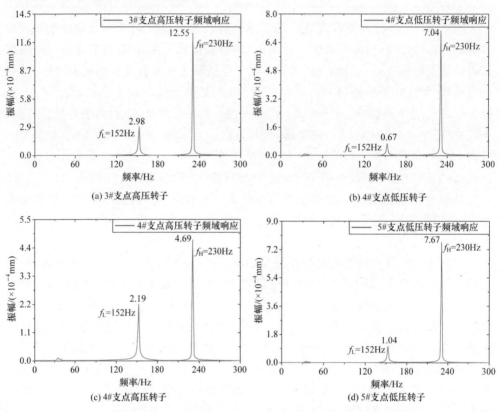

图3-19 3#、4#、5#支点处转子振动响应频域分析

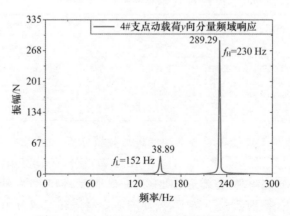

图3-20 4#支点处支点动载荷频域分析

综上,在高、低压转子不平衡的共同激励下,双转子系统在最大转速状态下的振动弹性线为高压整体一弯与低压涡轮轴弯曲,并以前者为主。其中,高压压气机惯性主轴产生较大的倾斜,产生的陀螺力矩较大,使得 3♯、4♯ 支点动载荷明显高于其余支点。

2. 转速对支点动载荷的影响

为了研究转速与支点动载荷的关联性,即转子弹性线与支点动载荷(随转速改变,转子弹性线也发生改变)的关联性,需要对不同转速下的稳态振动响应进行计算分析。

先计算出图 3-15 所示双转子系统的共振转速分布,如图 3-21 所示,提取出在工作转速范围内和靠近最大工作状态的三个共振转速点:1)低压激起以低压整体一弯为主(LPX)模态共振转速点;2)高压激起以高压整体一弯为主(HPX)模态共振转速点;3)从慢车转速加速到工作状态过程中产生的高压激起以低压涡轮轴弯曲为主(RP)模态共振转速点,见表 3-7。在高压涡轮和低压涡轮相应位置施加 50 g · mm 的不平衡量,计算稳态不平衡响应,并将三个共振点的计算结果与最大工作状态不平衡响应相对比。提取稳态下 4♯、5♯ 支点轨迹及振动弹性线,如图 3-22 和图 3-23 所示。

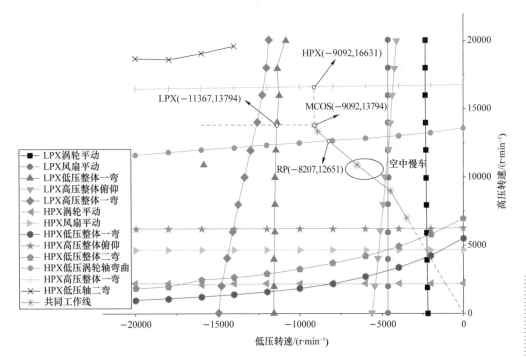

图 3-21　双转子系统共振转速分布及转速点的选取

表 3-7　稳态响应计算状态

计算状态	转速/(r·min⁻¹)	频率/Hz
LPX	$(-11\ 367, 13\ 794)$	$(189.5, 229.9)$
HPX	$(-9\ 092, 16\ 631)$	$(151.5, 277.2)$
RP	$(-8\ 207, 12\ 651)$	$(136.8, 210.9)$
最大工作状态	$(-9\ 092, 13\ 794)$	$(151.5, 229.9)$

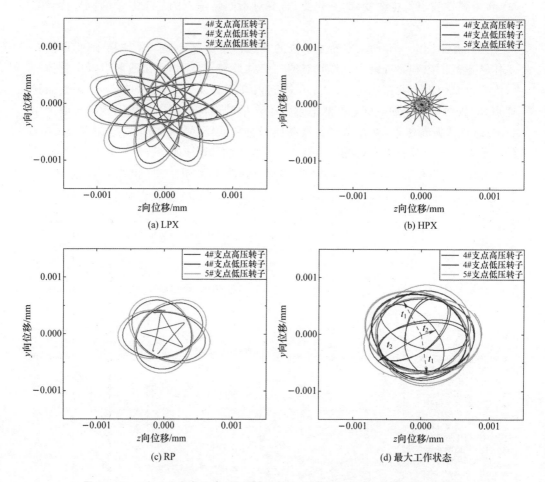

图 3-22　4#、5#支点处高、低压转子轴心运动轨迹对比(采用相同坐标轴)

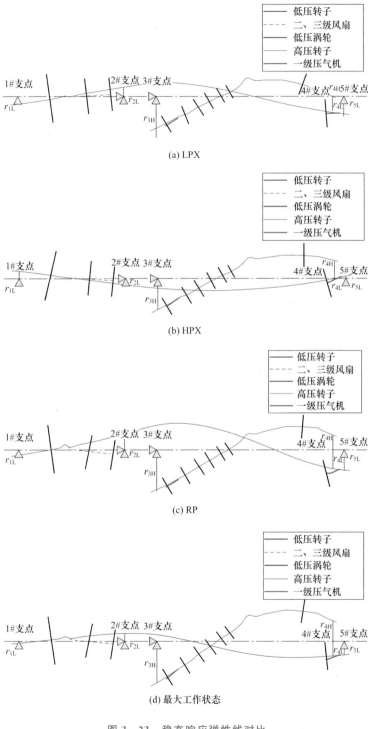

图 3 - 23　稳态响应弹性线对比

计算并对比各转速点下的支点动载荷大小,如表3-8和表3-9所列。

表3-8 支点动载荷时域响应对比

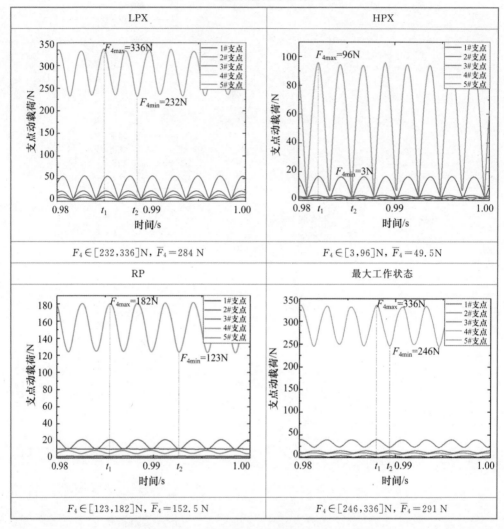

$F_4 \in [232,336]N, \overline{F}_4 = 284\ N$

$F_4 \in [3,96]N, \overline{F}_4 = 49.5N$

$F_4 \in [123,182]N, \overline{F}_4 = 152.5\ N$

$F_4 \in [246,336]N, \overline{F}_4 = 291\ N$

表3-9 支点动载荷均值对比

工作状态	1#支点	2#支点	3#支点	4#支点	5#支点
LPX	5.9	13.3	31	284.0	9.2
HPX	1.7	2.9	9.4	49.5	1.3
RP	1.8	10.6	15.9	152.5	7
最大工作状态	2.9	13	31.5	293.0	9.6

根据图3-22中的支点轨迹可直观看出,LPX共振点与最大工作状态点在支点处稳态响应幅值较大,HPX共振点响应幅值较小,RP共振点响应幅值介于三者之

间。相应地,支点动载荷的均值也与以上规律相符。

对高、低压转子 4# 支点处振动响应及其支点动载荷进行频域分析,结果如表 3-10 和表 3-11 所列。

表 3-10　4# 支点振动响应频域分析

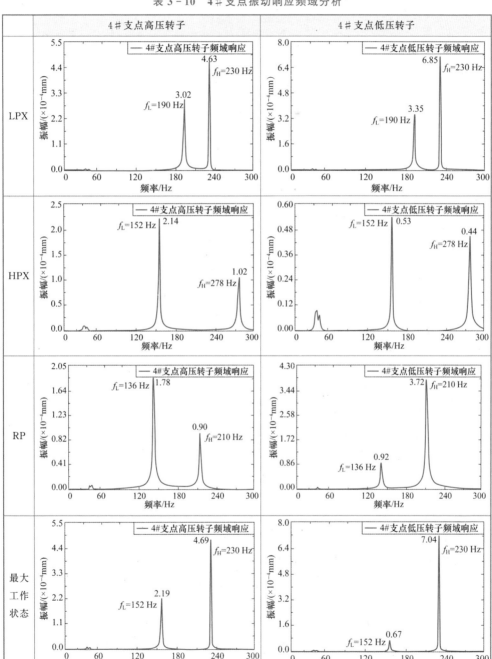

表 3 - 11   4♯支点动载荷频域分析对比

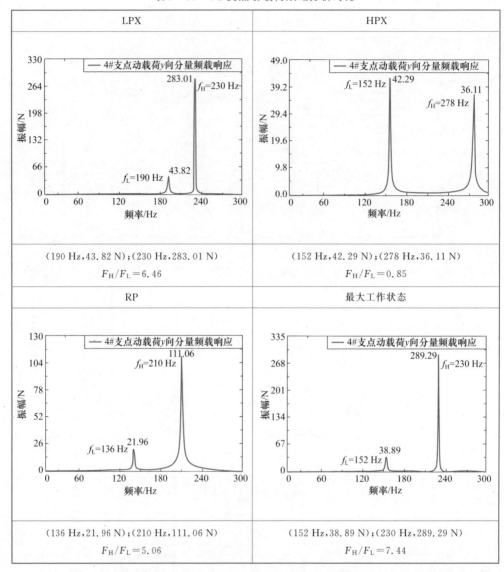

LPX	HPX
(190 Hz,43.82 N);(230 Hz,283.01 N) $F_H/F_L=6.46$	(152 Hz,42.29 N);(278 Hz,36.11 N) $F_H/F_L=0.85$
RP	最大工作状态
(136 Hz,21.96 N);(210 Hz,111.06 N) $F_H/F_L=5.06$	(152 Hz,38.89 N);(230 Hz,289.29 N) $F_H/F_L=7.44$

　　对比最大工作状态与 LPX 共振点,当低压转速增加时,靠近低压激起低压整体一弯共振点,低压转子的振型上更趋向于整体一阶弯曲,如图 3 - 23(a)所示。双转子系统的振动响应中低压不平衡激励的影响变大,那么高压不平衡激励的影响则变小。所以,高、低压转子在 4♯支点处的振动响应中低压转频成分显著增加(2.19→3.02,0.67→3.35)。不过,转子弹性线变化较小(特别是高压转子),因此,高压转频成分变化不大,略有降低(4.69→4.63,7.04→6.85),如表 3 - 10 所列。进而,4♯支点动载荷中低压转频成分和高压转频成分分别增加(38.9→43.9)与降低(289.3→283.0),如表 3 - 11 所列。由于高压转频成分仍大于低压转频成分,双转子系统的振

动仍以由高压不平衡激起的振动为主,所以,4♯支点动载荷的均值及变化幅度仍与最大工作状态相似。

对比最大工作状态与 HPX 共振点,当高压转速增加时,靠近高压激起高压整体一弯共振点,同时,也越来越接近低压激起低压整体一弯与低压激起高压整体一弯共振转速线,双转子系统的振动趋向于高压整体一弯与低压整体一弯耦合振动,如图 3-23(b)所示。高、低压不平衡对于双转子系统的激励影响程度相近。相比于其余转速点,此时高压涡轮轮盘惯性主轴倾斜较小,产生的陀螺力矩效应较小,高、低压转子在 4♯支点处振动响应中高压转频成分大幅降低(4.69→1.02,7.04→0.44),低压转频成分基本不变(2.19→2.14,0.67→0.53),如表 3-10 所列。此时,4♯支点动载荷中高压转频成分略低于低压转频成分;又由于两个转频成分进动方向相反,导致 4♯支点动载荷变化幅度较大,但均值较小。

对比最大工作状态与 RP 共振点,二者转速比相近,振型相似(包括各轮盘倾斜变形相似),均为高压整体一弯与低压涡轮轴弯曲耦合振动。但由于 RP 共振点处振型为高压激起低压涡轮轴弯曲,相对而言低压转子振动幅值加大,转子振动响应中高、低压转频成分之比要低于最大工作状态,支点动载荷亦是如此。

综上,转速对支点动载荷的影响,本质是共振转速分布图中转速点相较于各阶模态共振转速曲线位置的改变,造成转子振动弹性线的变化,由此产生的陀螺力矩效应及其对支点动载荷影响的改变。

3. 不平衡对支点动载荷的影响

这里分析支点动载荷响应对转子不平衡激励变化的敏感度。计算相同转速状态下,将 LPT、HPT 位置的不平衡量分别增加 100%(由 50 g·mm 增大至 100 g·mm)时对各支点动载荷峰值大小的影响,对比如表 3-12 所列,各支点动载荷对高、低压涡轮不平衡激励变化的敏感度如图 3-24 所示。

表 3-12　改变不平衡量对支点动载荷峰值的影响　　　　　　　　　N

支点	1♯	2♯	3♯	4♯	5♯
原不平衡大小	14.24	24.24	21.91	211.64	10.44
LPT 增加 100%	27.89	47.52	36.56	319.06	14.85
HPT 增加 100%	15.78	26.06	38.12	370.83	16.81
LPT+HPT 均增加 100%	28.48	48.48	43.82	423.28	20.88

可以看出:单一位置处不平衡增加时,高压涡轮位置处不平衡增加 100%,中介轴承动载荷提高幅度最大。由于模型为线性模型,在 HPT 和 LPT 同时增加 100%时,各支点处动载荷也均增加 100%。各种载荷条件下,中介轴承动载荷时域特征如图 3-25 所示,可以看出,各时刻下支点动载荷相对原不平衡激励下具有相似的时域特征。

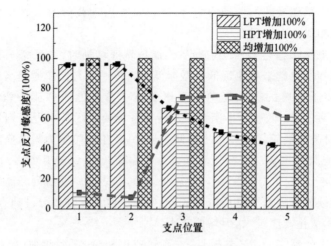

图 3-24　各支点动载荷对不平衡变化的敏感度

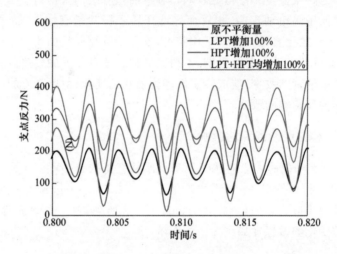

图 3-25　不平衡变化中介轴承动载荷时域特征

根据图 3-24,低压涡轮不平衡增加主要对 1♯、2♯ 支点有明显影响,动载荷对 LPT 的敏感度约 97%;高压涡轮不平衡增加主要影响 3♯、4♯、5♯ 支点动载荷,敏感度约为 60%~75%,而且增加低压涡轮不平衡和高压涡轮不平衡对 5♯ 支点动载荷的影响近似相等。

分析其原因:增加低压涡轮(或高压涡轮)不平衡,会使双转子系统振动中由低压激起(或高压激起)的振动占比相对增大。1♯、2♯ 支点为低压转子支点,因此低压激起的振动占比相对增加对其支点动载荷的影响较大;3♯、4♯ 支点为高压转子支点,因此高压激起的振动占比相对增加对其支点动载荷的影响较大;5♯ 支点虽然为低压转子支点,但是 4♯ 支点动载荷有一部分分量通过 5♯ 支点传递至承力框架乃至安装节,因此,低压激起的振动占比和高压激起的振动占比相对增加对其支点动载荷的影响相当。

　　综上,改变不平衡量的大小,不影响各支点动载荷的时域特征。但是,改变不同位置的不平衡量,对各支点动载荷峰值产生的影响不同:增加高压不平衡对 3♯、4♯、5♯支点动载荷的影响相对较大,而增加低压涡轮不平衡对 1♯、2♯支点动载荷的影响相对较大,且增加低压不平衡和高压不平衡对 5♯支点动载荷的影响近似相等。

第 4 章
叶片丢失下转子系统动力学特性

叶片丢失是指转子叶片的局部甚至整个断裂后脱离转子飞出,常常由叶片疲劳损伤、吞鸟或外物撞击等多种原因引起,可造成机匣穿透、转静件碰摩/卡滞、着火等结构破坏二次故障。叶片丢失是航空发动机全寿命周期内可能遭遇的最恶劣载荷工况,将会对转子和整机结构系统产生极为严重的破坏。

　　叶片丢失后,巨大的突加不平衡激励将施加于转子上,并经由转轴和支承轴承外传至静子承力机匣以及安装节。对于转子来说,转子在突加不平衡载荷激励下发生剧烈的横向振动,当振动幅值超过转静件间隙时,将引起转静件碰摩。对于静子承力系统,需承载由轴承外传的支反力载荷,当断裂的叶片质量较大时,如风扇叶片丢失,巨大的支反力载荷可能导致轴承滚子破碎、抱轴卡滞等严重事故,此时,为提高叶片丢失后整机系统的生存能力,往往采用切断部分传力路线的结构设计策略。在这个过程中,转子-支承系统的质量/刚度分布也发生了突变,进一步改变了转子系统的固有特性和响应特性。因此,叶片丢失过程中转子系统力学行为十分复杂。

　　本章将从叶片丢失的物理过程、载荷时间历程特征及振动响应等方面,揭示叶片丢失过程中转子支承系统动力学机理。根据力学本质的不同,将叶片丢失过程简化为几种力学行为,并分别建立动力学模型,探究其动力学特性。

▎4.1　叶片丢失下转子系统力学行为▎

　　典型的高涵道比涡扇发动机结构系统如图 4-1 所示,主要由高、低压转子-支承系统和静子机匣系统等部件构成。高压转子系统位于发动机中部,轴向尺寸较短,轮毂直径较大,弯曲刚度较大,通常由两个支点支承,即为图中 3♯ 和 4♯ 支点。高压转子系统刚度和质量沿轴向分布协调,以保证转子系统具有最大的整体抗弯曲变形能力,即在工作过程中具有较小的弯曲变形,在发动机工作转速范围内无弯曲临界转速,为(准)刚性转子系统。低压转子系统受到总体结构的限制,导致低压轴需要从高压转子内穿过,轴长而细,其质量和转动惯量集中于前后两端的风扇和低压涡轮位置,通常由多支点支承,即为图中 1#、2# 和 5# 支点。低压转子的工作转速以下通常具有多阶临界转速,为柔性转子系统。

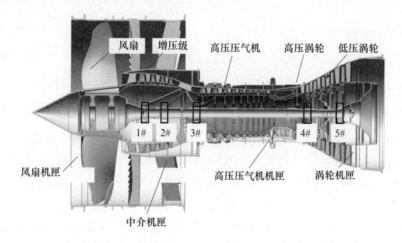

图 4-1　典型高涵道比涡扇发动机结构示意图

图 4-2 所示为叶片丢失后转子系统的力学特征随时间的变化过程,物理过程和力学参数随时间尺度的不同而存在差异。在叶片丢失后的毫秒(10^{-3} s)量级内,主要是叶片断裂产生的轮盘质心位置突变而引起阶跃的突加不平衡载荷,作用于转子系统产生瞬态振动响应;转子径向冲击载荷传递至支承轴承,可能引起轴承破碎(外传载荷过大)或者传力路线上的静子部件切断(出于对轴承完整性的考虑,后文将详细说明),均会导致支承刚度(或支点动载荷)的阶跃变化;随后,监测到事故发生,控制系统发挥作用(如主油路断油使燃烧室熄火),发动机工作循环发生变化,转子因受到气动扭矩和摩擦扭矩的综合作用而减速,减速过程十分迅速,通常可在 0.1~1.0 s 内完成;最终发动机将在风车状态维持运转直至飞机着陆,这个过程比较漫长,可达数小时(适航有 180 min ETOPS 要求),在这个过程中,一方面结构非对称的转子在运转中由于自身惯性参数的时变而受到参数激振,另一方面转子在超大不平衡激励下与静子之间发生碰摩,受到阶跃的碰撞、摩擦载荷以及非光滑的附加约束。

综上所述,叶片丢失下转子系统复杂的力学行为可简化为不平衡突变、支承刚度突变、转子减速、惯性非对称和碰摩这五种力学行为。本节将对这几种力学行为进一步进行阐述,并从中提取其力学参数变化规律,以便于分析转子系统动力学特性。

注意: 碰摩的力学过程相对复杂,涉及转子动力学问题较多,将于第 6 章详细分析。

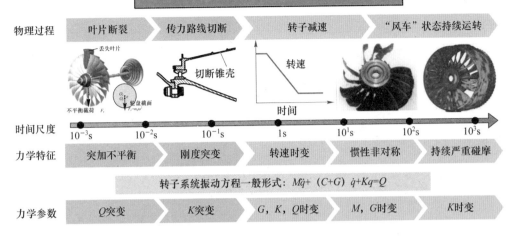

图 4 - 2　叶片丢失全过程的力学特征

4.1.1　不平衡载荷突变

　　图 4 - 3 所示为高涵道比涡扇发动机的低压转子系统,假设经过工艺平衡的转子质心位于形心 O 处,在较小的不平衡载荷作用下稳定运转。

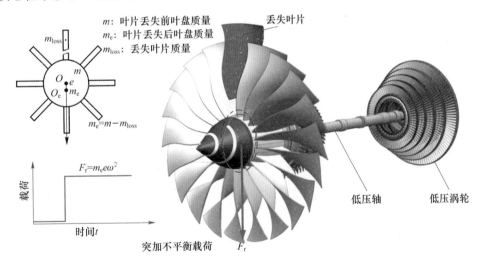

图 4 - 3　风扇叶片断裂脱离转子轮盘

　　当叶片断裂并脱离转子时,轮盘的质心位置突变移至 O_e,产生偏心距 e,从而对转子系统施加径向的阶跃载荷 F_r,即不平衡载荷突增。转子系统在叶片丢失过程中受到的不平衡载荷如图 4 - 4 所示。在叶片丢失瞬时,不平衡载荷突增,随后在与机匣静止件碰摩及气动载荷作用下,随转子转速逐步降低而减小,最终在风车状态下达到稳定(安全性设计要求,发动机出现叶片丢失或外物打伤后,转子系统应具有一定的运转能力,以减小飞行阻力)。

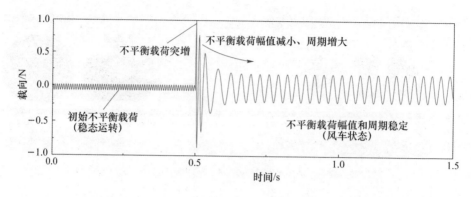

图4-4 叶片丢失过程中的转子不平衡载荷分量

4.1.2 支承刚度突变

在突加不平衡激励下,转子的横向振动响应和支点动载荷会加剧,质量偏心所产生的径向惯性载荷和转子弯曲变形引起的轮盘旋转惯性力矩,将使轴承及相应支承结构承受巨大的动载荷,尤其是风扇轮盘等具有大转动惯量轮盘附近的支点处,其动载荷可能超过承载能力。为了避免轴承破碎引起抱轴,并降低轴承向承力机匣的外传载荷,先进的高涵道比涡扇发动机在风扇轮盘等支承结构设计中,采取了变支承刚度等结构设计策略,以保证转子-支承结构系统在大的横向冲击载荷作用下的结构安全性。

实现变支承刚度安全性设计策略的结构方案有多种,这里列举两种典型的结构形式,如图4-5所示。图4-5(a)为完全丧失支承刚度设计,在风扇后1♯支点传力路线上设计了薄弱锥壳,当轴承承受的冲击载荷达到一定程度时,锥壳断裂,切断了支承机匣对1♯支点的支承作用,转子丧失一个支点。图4-5(b)为部分降低支承刚度设计,1♯支点的载荷由双层锥壁共同外传,冲击载荷切断易断螺栓后,外锥壁壳不再承载,支点的支承刚度仅由内锥壁提供,支承刚度降低到较低的水平。虽然结构形式有所不同,但是变支承刚度安全性设计的共同特征是,利用叶片丢失瞬间产生的冲击力使支点传力路线上的零件破坏失效,从而实现支承刚度的降低。

除保护支承结构和承力系统以外,变支承刚度安全性设计还可改善转子系统的动力特性,通过降低支承刚度以降低临界转速,如图4-6所示。一方面,不平衡载荷正比于转速平方,临界转速降低后,转子减速通过临界转速时的不平衡载荷减小,从而降低转子振幅和支点动载荷;另一方面,风车转速通常为巡航转速的30%,正常支承刚度状态下转子减速至风车状态时很难避开临界转速区域,合理降低支承刚度可避免风车转速区与临界转速区域的重合。

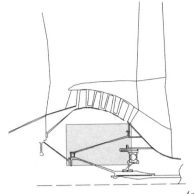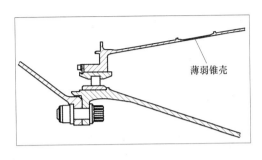

薄弱锥壳

(a) 完全丧失支承刚度设计

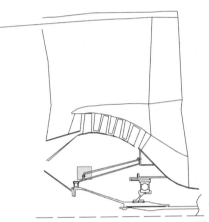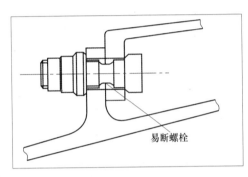

易断螺栓

(b) 部分降低支承刚度设计

图 4-5　变支承刚度结构设计方案

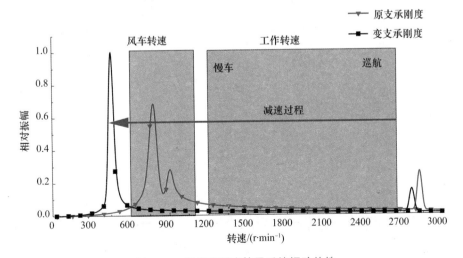

图 4-6　变支承刚度转子系统振动特性

综上,采用变支承刚度结构可以优化转子在遭遇叶片丢失恶劣载荷工况时的动力特性,提升转子系统的安全性。然而,现有的变刚度结构设计方案都是通过传力路线上的静子部件瞬断实现的,那么不可避免需要面对的问题是转子支承刚度在部件瞬断的过程中发生了阶跃突变,在力学效果上体现出一定的冲击效应,可能会加剧转子系统的瞬态动力响应。

4.1.3 减速过程

现代的高涵道比涡扇发动机低压转子系统设计为超临界状态运转,在每次启动和停车时,转子系统都要完成加速和减速通过临界转速的过程。即便转子系统经过静平衡和动平衡,其在运转时仍有残存的不平衡,在通过临界时就不可避免地发生振动加剧。因此,如何安全平稳通过临界转速一直是旋转机械领域关注的重要问题之一。当叶片丢失发生后,转子的不平衡大幅增加,即处于超大不平衡载荷激励下,如何将转速安全降至风车状态转速、在减速过程中存在哪些动力响应特征,这对于恶劣载荷作用下的安全性设计和分析是十分必要的。

转子系统在匀速运转时,不平衡质量偏心仅产生径向的离心载荷 $F_C = me\dot{\theta}^2$;而当转速发生改变时,除了径向载荷 F_C 之外,还会产生切向惯性载荷 $F_T = me\ddot{\theta}$,如图 4-7 所示。对于正常的启动加速和停车减速过程,转子经过平衡(初始不平衡约为 100 g·mm 量级),切向惯性载荷较小,其对转子系统的影响有限。而在大质量的叶片丢失后,不平衡显著增大(风扇叶片丢失产生的不平衡可达到 10^6 g·mm),加之减速过程迅速,径向载荷和切向载荷都大幅度提高,就可能对转子系统的动力特性产生比较大的影响,如转子的共振转速、瞬态振动响应等。

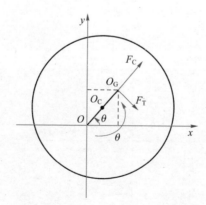

图 4-7 不平衡转子在变速过程中受力状态

叶片丢失后的转子系统在变速过程中产生的切向惯性力 F_T 不仅影响转子的横向振动特性,其相对于形心 O 还产生一阻力矩,该阻力矩与发动机循环状态改变产生的气动阻力矩、转静件碰摩产生的摩擦阻力矩综合作用,可能激起转子系统的扭转振动,甚至发生弯-扭耦合振动,使转子临界转速发生变化,振动幅值改变,并且可能发生转子失稳现象,危及发动机的安全运转,如图 4-8 所示。

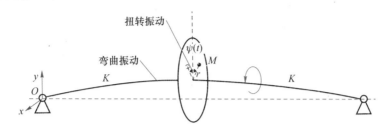

图 4-8　转子弯扭耦合振动

4.1.4　转子非对称

　　航空发动机转子由叶片、轮盘和轴组成,其中轮盘和轴为轴对称结构,叶片周向环绕轮盘布置,如图 4-9(a)所示,为旋转周期对称结构。叶片丢失后,丢失叶片和被打伤的叶片破坏了叶盘结构的对称性,使得在两个惯性主轴 η 和 ξ 方向的几何特征不对称,如图 4-9(b)所示。

(a) 周期对称叶盘

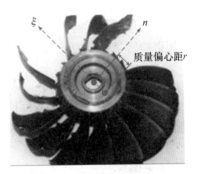

(b) 非对称叶盘

图 4-9　叶片丢失前、后的叶盘部件

　　如图 4-10 所示,发生叶片丢失后引起叶盘质量发生偏心,产生偏心距 e。并且,由于丢失叶片,叶盘绕转动轴 O 的极转动惯量变为 $J_{\mathrm{p}}'=J_{\mathrm{p}}-m_{\mathrm{loss}}R^2$,$J_{\mathrm{p}}$ 为叶片丢失前叶盘极转动惯量,m_{loss} 为丢失叶片质量,R 为丢失叶片质心到转轴 O 距离;叶盘绕叶片丢失后叶盘质心 O_{e} 的极转动惯量变为 $J_{\mathrm{e}}=J_{\mathrm{p}}'-m_{\mathrm{e}}e^2$,其中 m_{e} 为叶片丢失后叶盘的质量;进一步,依据平行轴定理,可以得出叶盘绕叶盘截面不同惯性主轴的直径转动惯量分别变为 $J_{\xi}=J_{\mathrm{e}}/2+m_{\mathrm{e}}e^2$,$J_{\eta}=J_{\mathrm{e}}/2$。由此可知,叶片丢失后,叶盘质心与转动轴间偏心距 e 不为零,叶盘绕不同惯性主轴的直径转动惯量不相等,称其为惯性非对称。

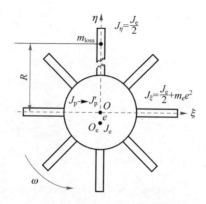

m_{loss}:丢失叶片质量;m_e:叶片丢失后叶盘质量;

J_p:叶片丢失前绕质心/形心极转动惯量;

J'_p:叶片丢失后绕形心极转动惯量,$J'_p = J_p - m_{loss}R^2$;

J_e:叶片丢失后绕质心极转动惯量,$J_e = J'_p - m_e e^2$;

J_ξ,J_η:叶片丢失后直径转动惯量

图 4 - 10　叶盘结构主轴转动惯量非对称特征

严格地说,轮盘存在质量偏心就会引起惯性非对称特征,正常运转的转子经过静、动平衡,不平衡小,产生的非对称特征微不足道,可以忽略其影响。而叶片丢失发生后,尤其是大质量的风扇叶片丢失,产生超大不平衡,其产生的非对称特征就比较显著,可能影响转子系统的动力学特征。

4.2　突加不平衡激励转子动力学特性

4.2.1　力学模型

航空发动机转子结构系统是由叶片、盘、轴、连接结构等多构件组成的组合体,结构几何构形和力学特征复杂。在叶片丢失激励下,转子结构力学特征参数发生改变,建立结构特征与动力学特性关联性分析模型,描述叶盘丢失激励下转子运动力学过程的变化,对转子系统安全性设计具有重要的指导意义。

根据高涵道比涡扇发动机低压转子系统结构特征,建立结构特征相似和动力学相似的三支点悬臂支承转子结构系统模型,如图 4 - 11 所示。模型的结构特征相似是指转子系统在转子质量/刚度分布、悬臂支承形式及支点约束刚度的相似;而动力学相似是通过转子质量/刚度和支承约束的综合力学性能设计,使其在分析转速范围内在共振转速分布、模态振型及应变能分布上与实际转子系统相似。

转子系统的动力学方程的一般形式为

$$M\ddot{q} + (C + G)\dot{q} + Kq = Q \tag{4-1}$$

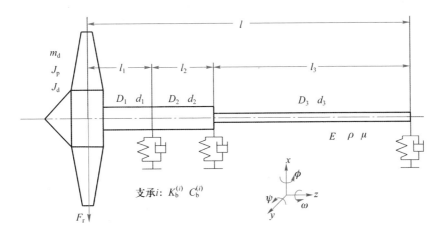

图 4 – 11　三支点悬臂转子-支承系统力学模型

式中,q 为广义自由度,M 为质量矩阵,C 为阻尼矩阵,G 为陀螺矩阵,K 为刚度矩阵,Q 为时变载荷向量。

　　得到方程(4 – 1)中各系数矩阵的方法有传递矩阵法、有限元法等,其中有限元法在目前应用广泛,并且对复杂结构建模更便捷。应用有限元法分析时,需要进行模化的主要部件有轮盘、转轴和支承等。

1. 轮盘单元

　　q_d 为轮盘自由度,包括两个平动和两个转动自由度,$q_d = \{x, y, \theta_x, \theta_y\}^T$,$M_d$ 为质量惯性矩阵,G_d 为陀螺矩阵,Q_d 为广义外载荷向量,运动方程为

$$M_d \ddot{q}_d + G_d \dot{q}_d = Q_d \tag{4 – 2}$$

当广义外载荷仅为不平衡载荷时,各系数矩阵为

$$M_d = \begin{bmatrix} m_d & & & \\ & m_d & & \\ & & J_d & \\ & & & J_d \end{bmatrix}, \quad G_d = \begin{bmatrix} 0 & 0 & 0 & 0 \\ 0 & 0 & 0 & 0 \\ 0 & 0 & 0 & J_p\omega \\ 0 & 0 & -J_p\omega & 0 \end{bmatrix}, \quad Q_d = \begin{Bmatrix} m_d e\omega^2 \cos \omega t \\ m_d e\omega^2 \sin \omega t \\ 0 \\ 0 \end{Bmatrix}$$

2. 轴段梁单元

　　q_s 为梁单元自由度,每个梁单元具有两个节点,每个节点具有两个平动和两个转动自由度,共 8 个自由度。$q_s = \{q_1, q_2, q_3, q_4, q_5, q_6, q_7, q_8\}^T$,$M_{st}$ 为质量矩阵,M_{sr} 为惯性矩阵,G_s 为陀螺矩阵,Q_s 为广义外载荷向量,运动方程为

$$(M_{st} + M_{sr})\ddot{q}_s + (C_s + G_s)\dot{q}_s + K_s q_s = Q_s \tag{4 – 3}$$

各系数矩阵为

$$\boldsymbol{M}_{\text{st}} = \frac{\rho L}{(1+\phi_s)^2} \begin{bmatrix} M_{t1} & & & & & & & \\ 0 & M_{t1} & & & \text{对} & & & \\ 0 & -M_{t4} & M_{t2} & & & \text{称} & & \\ M_{t4} & 0 & 0 & M_{t2} & & & & \\ M_{t3} & 0 & 0 & M_{t5} & M_{t1} & & & \\ 0 & M_{t3} & -M_{t5} & 0 & 0 & M_{t1} & & \\ 0 & M_{t5} & -M_{t6} & 0 & 0 & M_{t4} & M_{t2} & \\ -M_{t5} & 0 & 0 & -M_{t6} & -M_{t4} & 0 & 0 & M_{t2} \end{bmatrix}$$

$$\boldsymbol{M}_{\text{sr}} = \frac{\rho I}{(1+\phi_s)^2 AL} \begin{bmatrix} M_{r1} & & & & & & & \\ 0 & M_{r1} & & & \text{对} & & & \\ 0 & -M_{r4} & M_{r2} & & & \text{称} & & \\ M_{r4} & 0 & 0 & M_{r2} & & & & \\ -M_{r1} & 0 & 0 & -M_{r4} & M_{r1} & & & \\ 0 & -M_{r1} & M_{r4} & 0 & 0 & M_{r1} & & \\ 0 & -M_{r4} & M_{r3} & 0 & 0 & M_{r4} & M_{r2} & \\ M_{r4} & 0 & 0 & M_{r3} & -M_{r4} & 0 & 0 & M_{r2} \end{bmatrix}$$

$$\boldsymbol{G}_{\text{s}} = \frac{\rho I}{15(1+\phi_s)^2 AL} \begin{bmatrix} 0 & & & & & & & \\ G_1 & 0 & & & \text{反} & & & \\ -G_2 & 0 & 0 & & & \text{对} & & \\ 0 & -G_2 & G_1 & 0 & & & \text{称} & \\ 0 & G_1 & -G_2 & 0 & 0 & & & \\ -G_1 & 0 & 0 & -G_2 & G_1 & 0 & & \\ -G_2 & 0 & 0 & G_3 & G_2 & 0 & 0 & \\ 0 & -G_2 & -G_3 & 0 & 0 & G_2 & G_4 & 0 \end{bmatrix}$$

$$\boldsymbol{K}_{\text{s}} = \frac{EI}{(1+\phi_s)L} \begin{bmatrix} K_1 & & & & & & & \\ 0 & K_1 & & & \text{对} & & & \\ 0 & K_4 & K_2 & & & \text{称} & & \\ K_4 & 0 & 0 & K_2 & & & & \\ -K_1 & 0 & 0 & -K_4 & K_1 & & & \\ 0 & -K_1 & K_4 & 0 & 0 & K_1 & & \\ 0 & -K_4 & K_3 & 0 & 0 & K_4 & K_2 & \\ K_4 & 0 & 0 & K_3 & -K_4 & 0 & 0 & K_2 \end{bmatrix}$$

其中,$I = \frac{\pi}{64}(D^4 - d^4)$,$A = \frac{\pi}{4}(D^2 - d^2)$,$\phi_s = \frac{12EI}{GA_s L^2}$,$M_{t1} = \frac{13}{35} + \frac{7}{10}\phi_s + \frac{1}{3}\phi_s^2$,$M_{t2} =$

$\left(\dfrac{1}{105}+\dfrac{1}{60}\phi_s+\dfrac{1}{120}{\phi_s}^2\right)L^2$，$M_{t3}=\dfrac{9}{70}+\dfrac{3}{10}\phi_s+\dfrac{1}{6}{\phi_s}^2$，$M_{t4}=\left(\dfrac{11}{210}+\dfrac{11}{120}\phi_s+\dfrac{1}{24}{\phi_s}^2\right)L$，$M_{t5}$

$=\left(\dfrac{13}{420}+\dfrac{3}{40}\phi_s+\dfrac{1}{24}{\phi_s}^2\right)L$，$M_{t6}=\left(\dfrac{1}{140}+\dfrac{1}{60}\phi_s+\dfrac{1}{120}{\phi_s}^2\right)L^2$，$M_{r1}=\dfrac{6}{5}$，$M_{r2}=$

$\left(\dfrac{2}{15}+\dfrac{1}{6}\phi_s+\dfrac{1}{3}{\phi_s}^2\right)L^2$，$M_{r3}=\left(-\dfrac{1}{30}-\dfrac{1}{6}\phi_s+\dfrac{1}{6}{\phi_s}^2\right)L^2$，$M_{r4}=\left(\dfrac{1}{10}-\dfrac{1}{2}\phi_s\right)L$，$G_1=36$，

$G_2=(3-15\phi_s)L$，$G_3=(1+5\phi_s-5{\phi_s}^2)L^2$，$G_4=(4+5\phi_s+10{\phi_s}^2)L^2$，$K_1=\dfrac{12}{L^2}$，$K_2=4+$

ϕ_s，$K_3=2-\phi_s$，$K_4=\dfrac{6}{L}$。

　　假设转子的阻尼为瑞利阻尼，即$C_s=\alpha M_s+\beta K_s$。其中α和β分别为黏滞阻尼和结构阻尼系数，α和β可通过模态试验获得转子任意两阶固有频率和阻尼比后求得，也可通过给定阻尼比及关心的频率范围给定。阻尼系数与阻尼比间关系为

$$\zeta=\frac{\alpha}{2\omega_i}+\frac{\beta\omega_i}{2} \tag{4-4}$$

3. 轴承支承单元

　　q_b为轴承单元自由度，每个轴承单元具有两个自由度，$q_b=\{x,y\}^T$，C_b为支承阻尼矩阵，K_b为刚度矩阵，Q_b为广义外载荷向量，运动方程为

$$C_b\dot{q}_b+K_bq_b=Q_b \tag{4-5}$$

各系数矩阵为$C_b=\begin{bmatrix} C_x & 0 \\ 0 & C_y \end{bmatrix}$，$K_b=\begin{bmatrix} k_x & 0 \\ 0 & k_y \end{bmatrix}$。

4. 不平衡载荷突变特征

　　当考虑不平衡载荷突变时，转子系统的动力学方程中包含时变载荷向量，即

$$M\ddot{q}+(C+G)\dot{q}+Kq=Q(t) \tag{4-6}$$

式中，$Q(t)$为时变载荷向量，假设t_1为载荷突变时刻，可表示为

$$Q(t)=\begin{cases} \{0,0,0,0\}^T & t<t_1 \\ m_de\omega^2\{\cos\omega t,\sin\omega t,0,0\}^T & t\geqslant t_1 \end{cases} \tag{4-7}$$

4.2.2　振动特性

1. 临界转速

　　采用图4-12所示转子-支承系统模型，选取转子结构特征计算参数如表4-1

所列。假设 3 kg 的叶片在轮缘半径为 0.5 m 处丢失,其产生不平衡为 1.5 kg·m,不平衡载荷突变时刻为 0.5 s,选用数值稳定性较好的 Newmark 直接积分方法求解方程。

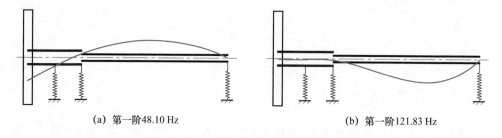

(a) 第一阶48.10 Hz   (b) 第一阶121.83 Hz

图 4-12　转子模型前两阶临界转速及振型

表 4-1　三支点悬臂转子-支承系统模型计算参数

计算参数	数　值
轮盘质量 m_d/kg	120
轮盘极转动惯量 J_p/(kg·m²)	8
轮盘直径转动惯量 J_d/(kg·m²)	4
弹性模量 E/MPa	2.1×10^5
密度 ρ/(kg/m³)	7 800
泊松比 μ	0.3
阻尼比 ξ	0.1
总长 l/mm	2 000
轴段长度 l_1,l_2,l_3/mm	300, 300, 1 400
轴段外径 D_1,D_2,D_3/mm	160, 160, 80
轴段内径 d_1,d_2,d_2/mm	140, 140, 70
支承刚度 k_1,k_2,k_3/(N·m⁻¹)	$5\times10^7,5\times10^7,5\times10^7$

对转子-支承系统模型进行临界转速分析,转子的前两阶临界转速对应振型及频率如图 4-12 所示。第一阶临界转速为 2 886 r/min(48.10 Hz),为整体弯曲振型;第二阶临界转速为 7 310 r/min(121.83 Hz),为轴段弯曲振型。在两阶临界转速之间有较宽的转速范围可以选择并作为转子的工作转速,满足动力学等效要求。选取 $0.6\omega_n$(1 732 r/min)和 $1.4\omega_n$(4 040 r/min)分别为亚临界和超临界状态下的计算转速。

2. 转子振动响应

在图 4-13 和图 4-14 中,(a)和(b)分别为亚临界和超临界状态的转子系统轮盘位置轴心轨迹和时域响应曲线,(c)为频域响应。为了定量评估突加不平衡载荷产生的冲击效应,定义冲击系数 R_u 为突加不平衡载荷激励下的瞬态响应峰值 A_{max} 与稳态响应幅值 A_s 之比,即 $R_u = A_{max}/A_s$。

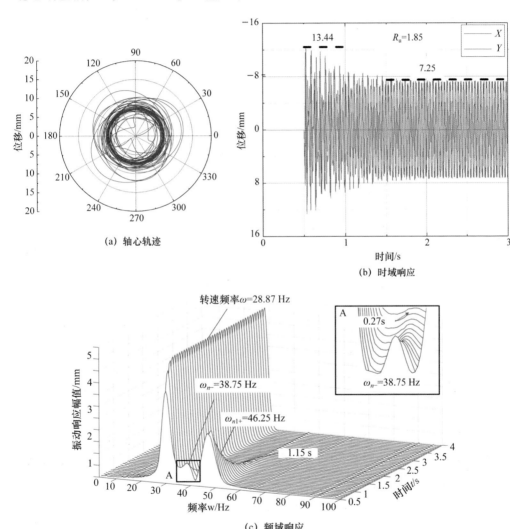

图 4-13　亚临界状态不平衡载荷突增转子动力响应

通过计算,可得到转子系统在不平衡载荷突变激励下的振动响应特征有:

1) 转子系统的瞬态振动响应轨迹呈现椭圆形轨迹;

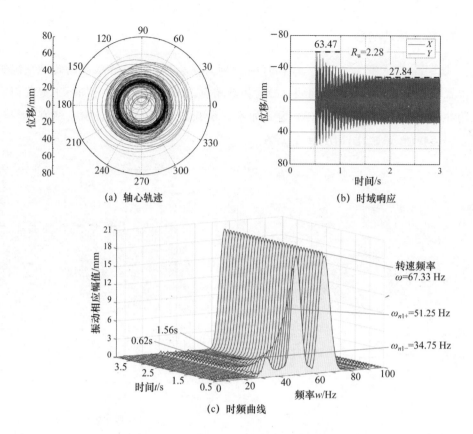

图 4-14   超临界状态不平衡载荷突增转子动力响应

2）振动响应幅值在不平衡载荷突加时瞬时增大，之后振荡并衰减至稳态；

3）亚临界状态冲击系数为 1.85，超临界状态冲击系数为 2.28，说明超临界状态的转子对不平衡载荷突变更加敏感；

4）振动响应频率中包含转速频率 ω、转子第一阶正进动频率 ω_{1+} 及反进动频率 ω_{1-}，说明不平衡载荷突变可以激起转子的低阶正进动和反进动；

5）冲击效应具有时效特征，不平衡载荷突变后，其影响逐渐衰减，约 0.27 s（亚临界）/0.62 s（超临界）后第一阶反进动频率消失，约 1.15 s（亚临界）/1.56 s（超临界）后第一阶正进动频率消失。

值得说明，通常认为转子系统的不平衡载荷只能激起转子的正进动，但前提条件是转子受到稳定的不平衡载荷激励，载荷相位与转子转动相位一致，激励载荷的频域成分仅包含转速频率。当不平衡载荷突加于转子系统时，载荷性质为冲击载荷，频域成分较宽，可以激起转子系统的各阶固有模态成分的振动，其中便包含了转子反进动模态频率。

提取转子轴向不同位置的振动响应计算结果，将其与转子第一阶模态振型对比绘于图 4 - 15 中,转子轴向不同位置的振动响应系数列于表 4 - 2 内,可见转子的瞬态振动响应变形线与转子第一阶振型基本吻合,在亚临界状态的冲击系数范围为 1.85~1.95,在超临界状态的冲击系数范围为 2.18~2.27,冲击系数的分散性较小。结果表明,转子系统在不平衡载荷突变时的振动响应以第一阶振型为主,说明在进行不平衡突变激励下转子动力学特性的设计和分析时,尤其需要关注低阶的模态特征。

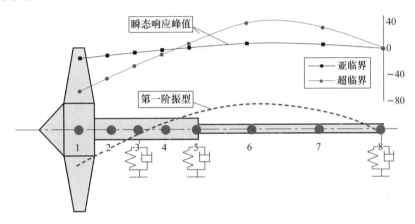

图 4 - 15　转子瞬态响应峰值与模态振型对比

表 4 - 2　冲击系数沿轴向分布

位　置	1	2	3	4	5	6	7	8
亚临界	1.86	1.86	1.85	1.85	1.94	1.93	1.95	1.95
超临界	2.27	2.26	2.25	2.18	2.23	2.21	2.22	2.24

为了进一步解释不平衡载荷突变后系统时域和频域振动响应特征,通过 Jeffcott 转子模型推导获得不平衡载荷突变转子的理论解。考虑不平衡载荷突变时,不平衡产生的偏心距 $e(t)$ 为时变函数,在叶片丢失时刻 t_1 发生阶跃,Jeffcott 转子系统的运动方程为

$$\begin{cases} m\ddot{x} + c\dot{x} + kx = me(t)\omega^2 \cos \omega t \\ m\ddot{y} + c\dot{y} + ky = me(t)\omega^2 \sin \omega t \end{cases}$$

式中,$e(t)=0, t \leqslant t_0$;$e(t)=e, t > t_0$。其瞬态振动响应解析解为

$$\begin{cases} x = A_s e^{-\xi \omega_n t} \left[\sin \phi_1 \sin(\omega_d t) + \dfrac{\xi \omega_n \sin \phi_1 - \omega \cos \phi_1}{\sqrt{1-\xi^2}\lambda\omega_n} \cos(\omega_d t) \right] + A_s \cos(\omega t - \phi_1) \\ y = A_s e^{-\xi \omega_n t} \left[\sin \phi_1 \cos(\omega_d t) + \dfrac{\xi \omega_n \sin \phi_1 - \omega \cos \phi_1}{\sqrt{1-\xi^2}\lambda\omega_n} \sin(\omega_d t) \right] + A_s \sin(\omega t - \phi_1) \end{cases}$$

$$(4-9)$$

式中,转速比 $\lambda=\omega/\omega_n$,阻尼比 $\xi=c/(2m\omega_n)$,有阻尼固有频率 $\omega_d=\sqrt{1-\xi^2}\,\omega_n$。

瞬态振动响应解析解中包含两项,右边第一项为突加不平衡载荷激起的转子自由衰减振动,受阻尼的影响,自由衰减振动振幅按指数规律减小,最后消失;右边第二项为稳态强迫振动响应,在转子运转中持续存在。

冲击系数 R_u 为不平衡载荷突变激励下瞬态响应峰值 A_{max} 与稳态响应幅值 A_s 之比,即

$$R_u=A_{max}/A_s=\max\sqrt{[\cos(\omega t)-\cos(\omega_n t)]^2+[\sin(\omega t)-\lambda\sin(\omega_n t)]^2}$$

$$(4-10)$$

在亚临界状态不平衡载荷突变时振动响应峰值极限为稳态响应的 2 倍,且不随转速变化;当转子处于超临界状态时,冲击系数的理论值为 $(1+\lambda)$,取决于转速比 λ,在数值上恒大于 2,说明转子在超临界状态对突加不平衡载荷激励更加敏感,并且冲击效果随转速的提高而增强。

3. 支点动载荷

提取三个支点的支点动载荷和冲击系数,见表 4-3 和图 4-16。结果表明,支点动载荷响应特征与转子系统振动响应特征基本一致,也是在不平衡载荷突变瞬时突增,之后振荡并衰减至稳态。三个支点的支点动载荷响应以不平衡突加点为起点,由近至远(距轮盘位置)依次降低,靠近轮盘位置的 1# 支点的反力最大,对于该处轴承和承力结构提出了严峻考验。对于支点动载荷的响应绝对值,超临界状态远高于亚临界状态,原因在于不平衡相同时不平衡激振力正比于 ω^2。对于支点结构的冲击响应,在亚临界状态下,冲击系数范围为 $1.85\sim1.95$,在超临界状态下,冲击系数范围为 $2.23\sim2.25$,支点动载荷响应在超临界状态下对突加不平衡载荷更敏感。

表 4-3   支点动载荷响应幅值及冲击系数

状 态	亚临界 $0.6\omega_n$			超临界 $1.4\omega_n$		
支点号	1#	2#	3#	1#	2#	3#
支点动载荷瞬态峰值/N	252 393	105 286	7 596	1 244 160	433 771	46 163
支点动载荷稳态幅值/N	136 747	54 052	3 896	553936	194 576	20 616
冲击系数	1.85	1.95	1.95	2.25	2.23	2.24

4.3   支承刚度突变转子动力学特性

在转子-支承结构系统安全性设计策略中,支承刚度突降是吸收冲击能量、降低

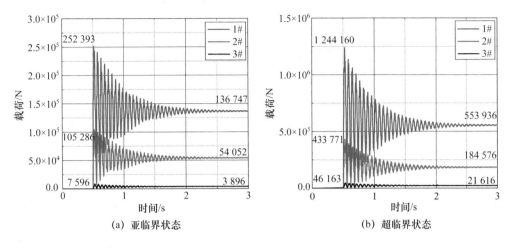

（a）亚临界状态　　　　　　　　　　（b）超临界状态

图 4-16　不平衡载荷突变转子支点动载荷响应

转子系统模态特性的有效技术途径,但是必须要对支承刚度变化对转子系统运动的影响进行定量分析与评估。

4.3.1　力学模型

仍采用图 4-11 所示的三支点悬臂转子-支承系统模型,结构和力学参数见表 4-1。靠近轮盘的 1# 支点发生刚度突变,初始支承刚度为 k_1,变化后支承刚度为 $\lambda_k k_1$,如图 4-17。

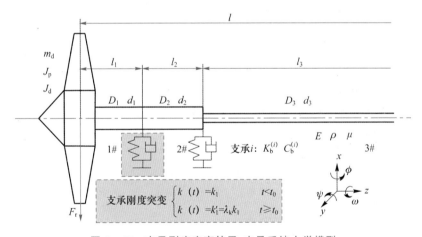

图 4-17　支承刚度突变转子-支承系统力学模型

当考虑支承刚度突变时,系统的动力学方程中包含时变的刚度项,即

$$M\ddot{q} + (C+G)\dot{q} + [K_b(t)+K_s]q = Q \tag{4-11}$$

式中,$K_b(t)$为时变支承刚度矩阵,K_s为转轴刚度矩阵,t为支承刚度突变时刻。

转轴的刚度矩阵$K_b(t)$包含三个支点刚度,其中1#支点发生刚度突变,$K_b(t)$可表示为

$$K_b(t) = \begin{bmatrix} K_{b1}(t) & & \\ & K_{b2} & \\ & & K_{b3} \end{bmatrix}, \quad K_{b1}(t) = \begin{cases} \begin{bmatrix} k_1 & 0 \\ 0 & k_1 \end{bmatrix} & t<t_2 \\ \lambda_k \begin{bmatrix} k_1 & 0 \\ 0 & k_1 \end{bmatrix} & t \geqslant t_2 \end{cases} \tag{4-12}$$

4.3.2 振动响应特性

对于柔性转子,其工作状态通常处于超临界状态,因此计算转速选取为$1.4\omega_n$,不平衡为$1.5\ \text{kg} \cdot \text{m}$,假设靠近轮盘的1#支点在$t=0.5\ \text{s}$时刻断裂,即支承刚度降低为0。

轮盘位置的振动响应计算结果如图4-18所示,(a)和(b)分别为轴心轨迹和幅值响应曲线,(c)和(d)分别为转子的时、频域振动响应。计算结果表明:

1)转子的振动响应在刚度突变瞬时加剧,瞬态振动响应幅值达到了突变前稳态幅值的2.45倍,刚度突变也对转子系统产生冲击效果;

2)瞬态响应衰减并逐渐趋于稳定,柔性转子系统支承刚度降低后稳态振幅降低,由27.94 mm降至14.14 mm;

3)频域响应成分中除包含转速频率外,还包含刚度突变后转子在工作转速下的第一阶正、反进动频率。

为了进一步解释转子系统在刚度突变后时域和频域振动响应特征,通过Jeffcott转子模型推导获得支承刚度突变转子的理论解。考虑刚度突变时,$k(t)$为时变函数,在t_0时刻发生阶跃,转子运动方程为:

$$\begin{cases} m\ddot{x} + c\dot{x} + k(t)x = me(t)\omega^2 \cos\omega t \\ m\ddot{y} + c\dot{y} + k(t)y = me(t)\omega^2 \sin\omega t \end{cases} \tag{4-13}$$

式中,转子系统刚度突变比λ_k为变化前后刚度比值k_2/k_1,$k(t)=k_1$,$t<t_0$;$k(t)=k_2=\lambda_k k_1$,$t \geqslant t_0$。

在系统刚度发生突变后,转子的振动响应理论解(含自由振动和强迫振动)为

$$\begin{cases} x = [A_1 \cos(\sqrt{\lambda_k}\omega_n t) + A_2 \sin(\sqrt{\lambda_k}\omega_n t)]e^{-\frac{\xi\omega_n t}{\lambda}} + R_1 \cos(\omega t - \phi_1) \\ y = [B_1 \cos(\sqrt{\lambda_k}\omega_n t) + B_2 \sin(\sqrt{\lambda_k}\omega_n t)]e^{-\frac{\xi\omega_n t}{\lambda}} + R_1 \sin(\omega t - \phi_1) \end{cases} \tag{4-14}$$

式中,$A_1 = X_0 - R_1 \cos\phi_1$,$A_2 = \dfrac{1}{\sqrt{\lambda_k}}[X_0 + \xi X_0 - R_1(\xi\cos\phi_1 + \lambda\sin\phi_1)]$,$B_1 = Y_0 +$

$$R_1 \sin\phi_1, B_2 = \frac{1}{\sqrt{\lambda_k}}[\dot{Y}_0 + \xi Y_0 - R_1(\xi \sin\phi_1 - \lambda \cos\phi_1)], X_0 = R_0 \cos(\omega t_0 - \phi_0), Y_0 =$$

$$R_0 \sin(\omega t_0 - \phi_0), \dot{X}_0 = -\lambda R_0 \sin(\omega t_0 - \phi_0), \dot{Y}_0 = \lambda R_0 \cos(\omega t_0 - \phi_0).$$

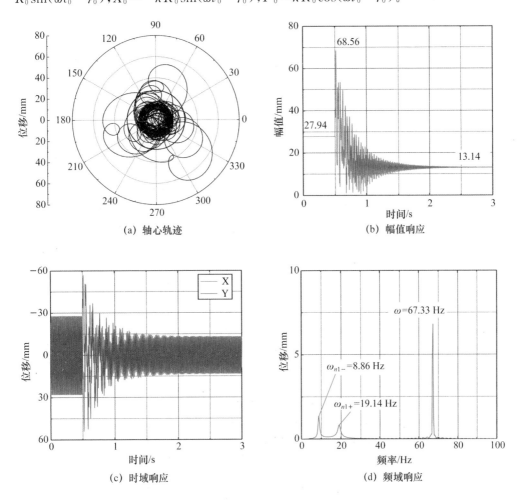

(a) 轴心轨迹　　　　　　　　　　(b) 幅值响应

(c) 时域响应　　　　　　　　　　(d) 频域响应

图 4-18　支承刚度突变转子振动响应(超临界状态)

　　刚度突变条件下,转子瞬态振动响应解析解(4-14)中也包含两项。右边第一项为刚度突变激起的转子自由衰减振动,表明了刚度突变也具有冲击效应,受阻尼的影响,自由衰减振动振幅按指数规律减小后逐渐消失。右边第二项为稳态强迫振动响应。值得注意,转子自由衰减振动的频率是刚度改变后转子系统的固有频率$\sqrt{\lambda_k}\omega_n$,因此对于上述三支点柔性转子而言,发生刚度突变后,会激起刚度改变后的转子系统的固有频率,包括正进动和反进动频率。

　　刚度突变对转子系统产生的冲击效应说明,柔性转子在发生刚度突变后,支点动载荷幅值也可能会瞬时增加,因此还需关注柔性转子各支点轴承支点动载荷。

图 4-19 和表 4-4 为各支点轴承的支点动载荷计算结果：

1）1♯支点的支点动载荷在刚度突降时减小为 0，不再向外传递载荷，既可避免轴承由于载荷过大滚珠破碎甚至抱轴等严重故障，也可降低支承框架的外传载荷；

2）另两个支点的支点动载荷在支承刚度降低瞬间突增，说明刚度突变也会在转子其余的支点处产生冲击效果。在实际分析中需要重点关注其余支点的瞬态支点动载荷。

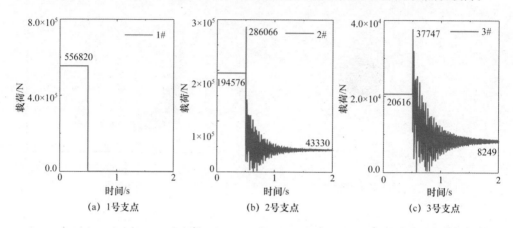

(a) 1号支点　　　　　　(b) 2号支点　　　　　　(c) 3号支点

图 4-19　支承刚度突变转子支点动载荷响应（超临界状态）

表 4-4　支点动载荷响应幅值及冲击系数

支点号	突变前幅值/N	瞬时支点动载荷/N	突变后幅值/N	冲击系数
1♯	553 936	553 936	0	1.00
2♯	194 576	286 066	43 330	1.47
3♯	20 616	37 747	8 249	1.83

注：此处冲击系数＝瞬态峰值/突变前稳态幅值。

下面分析转子系统的支承刚度及其突变比等参数对转子系统动力特性的影响。

对 1♯支点采取不同突变刚度比 λ_k，计算得到轮盘位置的振动响应结果如表 4-5 和图 4-20 所示（为清晰比较，刚度突变时间依次间隔 0.5 s）。计算结果表明：转子的瞬态振动响应峰值随突变刚度比降低而增大；刚度突变后稳态的振动响应随刚度突变比降低而降低。

表 4-5　不同突变刚度比时响应结果

突变刚度比 λ_k	突变前幅值/mm	突变瞬时峰值/mm	突变后幅值/mm	冲击系数	稳态幅值比
0	27.84	68.56	14.16	2.46	0.47
0.2	27.84	40.73	15.23	1.46	0.55
0.4	27.84	32.58	17.61	1.17	0.63
0.6	27.84	30.55	20.42	1.10	0.73
0.8	27.74	29.08	24.80	1.05	0.86

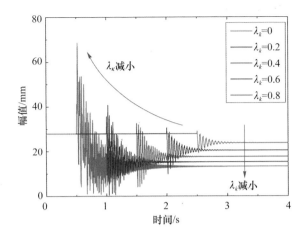

图 4 - 20　突变刚度比对转子振动响应的影响

从转子系统的安全性角度考虑,目标是使转子的振动响应尽可能降低。因此,采用突变支承刚度的设计策略时,既需要考虑转子的瞬态振动响应,也需要考虑稳态振动响应幅值,选取最优化的刚度变化幅度,才能有效提高转子系统在恶劣载荷状态下的安全性。

对 1♯ 支点在不同支承刚度下的转子振动响应进行计算,紧靠轮盘支点(1♯)的支承刚度变化范围为 $5 \times 10^5 \sim 5 \times 10^9$ N/m,得到转子的突加不平衡响应幅值及冲击系数,如表 4 - 6 和图 4 - 21 所示。计算结果表明:由于支点刚度突变产生的瞬态振动响应幅值和冲击系数随 1♯ 支点刚度的提高而大幅提高,由 1.03 增大到 4.73。当支点刚性弱时,冲击效果弱,当支点刚度强时,冲击效果强,因此应避免在刚性支点采用变刚度设计,以有效降低突加不平衡载荷产生的冲击效应。

表 4 - 6　不同支承度时响应结果

1♯支承刚度 /(N·m^{-1})	突变前幅值 /mm	突变瞬时峰值 /mm	突变后幅值 /mm	冲击系数	稳态幅值比
5×10^5	25.76	26.61	22.95	1.03	0.89
5×10^6	26.01	31.24	16.27	1.20	0.63
5×10^7	27.94	68.56	14.16	2.45	0.47
5×10^8	28.43	97.26	12.84	4.42	0.45
5×10^9	27.82	104.70	12.24	4.73	0.44

对于支承刚度突变转子系统:

1) 刚度突变对于转子系统产生冲击效果,频率成分中包含转速频率成分和刚度突变后转子的第一阶正、反进动模态振动频率成分;

2) 对于不同的刚度突变比,柔性转子的瞬态振动响应峰值和冲击系数随突变刚度比降低而增大,而稳态振幅比值却随刚度突变比降低而降低,在进行安全性设计选取刚度突变比时,需要综合考虑,选择最优;

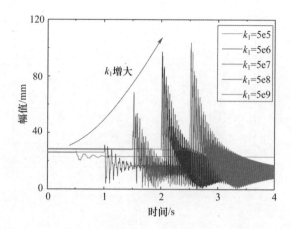

图 4 - 21 1♯支点刚度对转子振动响应影响

3）不应在刚性支承的传递路线上采用变刚度设计，否则转子的瞬态振动响应和冲击系数过大，加剧系统的危险程度。

| 4.4 加减速转子动力学特性 |

4.4.1 力学模型

在转速变化过程中，旋转部件（轮盘、转轴）的力学特性在受到角速度和角加速度影响而发生改变，支承轴承等静子部件的力学特性并不受影响。下面以轮盘单元为例，分析在加减速过程的转子运动方程。

轮盘运动坐标系及欧拉角，如图 4 - 22 所示，固定坐标系 $Oxyz$，进动角、章动角和自转角分别为 α, β, θ，转动状态下转子的三个惯性主轴分别为 x', y', z'，绕固定坐标轴的角速度为 $\dot{\theta}_x, \dot{\theta}_y, \dot{\theta}_z$，绕惯性主轴的角速度为 $\omega_{x'}, \omega_{y'}, \omega_{z'}$，三者间变换关系为

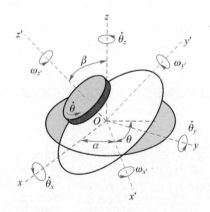

图 4 - 22 轮盘运动坐标系及欧拉角

$$\begin{Bmatrix} \dot{\theta}_x \\ \dot{\theta}_y \\ \dot{\theta}_z \end{Bmatrix} = \begin{bmatrix} 0 & \cos\alpha & \sin\alpha\sin\beta \\ 0 & \sin\alpha & -\cos\alpha\sin\beta \\ 1 & 0 & \cos\beta \end{bmatrix} \begin{Bmatrix} \dot{\alpha} \\ \dot{\beta} \\ \dot{\theta} \end{Bmatrix} \quad \begin{Bmatrix} \omega_{x'} \\ \omega_{y'} \\ \omega_{z'} \end{Bmatrix} = \begin{bmatrix} \sin\beta\sin\theta & \cos\theta & 0 \\ \sin\beta\cos\theta & -\sin\theta & 0 \\ \cos\beta & 0 & 1 \end{bmatrix} \begin{Bmatrix} \dot{\alpha} \\ \dot{\beta} \\ \dot{\theta} \end{Bmatrix} \quad (4-15)$$

刚性轮盘势能 $V_d = 0$，动能包括平动和转动动能，即

$$T_d = \frac{1}{2} \begin{Bmatrix} \dot{x} \\ \dot{y} \end{Bmatrix}^{\mathrm{T}} \begin{bmatrix} m & 0 \\ 0 & m \end{bmatrix} \begin{Bmatrix} \dot{x} \\ \dot{y} \end{Bmatrix} + \frac{1}{2} \begin{Bmatrix} \omega_{x'} \\ \omega_{y'} \\ \omega_{z'} \end{Bmatrix}^{\mathrm{T}} \begin{bmatrix} J_d & 0 & 0 \\ 0 & J_d & 0 \\ 0 & 0 & J_p \end{bmatrix} \begin{Bmatrix} \omega_{x'} \\ \omega_{y'} \\ \omega_{z'} \end{Bmatrix} \qquad (4-16)$$

将式(4-15)代入式(4-16)中,考虑小变形 $\sin\theta_x \approx \theta_x$,并略去三阶以上微量,得到

$$T_d = \frac{1}{2} m(\dot{x}^2 + \dot{y}^2) + \frac{1}{2} J_d(\dot{\theta}_x^2 + \dot{\theta}_y^2) + \frac{1}{2} J_p \dot{\theta}^2 - J_p \phi \theta_x \dot{\theta}_y + \frac{1}{2} J_p \theta_x^2 \dot{\theta}_y^2 \qquad (4-17)$$

依据拉格朗日方程,可以得到轮盘在变速过程中的运动方程为

$$\boldsymbol{M}_d \ddot{\boldsymbol{q}}_d + \boldsymbol{G}_d \dot{\boldsymbol{q}}_d + \boldsymbol{K}_d \boldsymbol{q}_d = \boldsymbol{Q}_d \qquad (4-18)$$

$\boldsymbol{M}_d$ 同式(4-3),其余各系数矩阵为

$$\boldsymbol{G}_d = \begin{bmatrix} 0 & 0 & 0 & 0 \\ 0 & 0 & 0 & 0 \\ 0 & 0 & 0 & -J_p \dot{\theta} \\ 0 & 0 & J_p \dot{\theta} & 0 \end{bmatrix}, \quad \boldsymbol{K}_d = \begin{bmatrix} 0 & 0 & 0 & 0 \\ 0 & 0 & 0 & 0 \\ 0 & 0 & 0 & -J_p \ddot{\theta} \\ 0 & 0 & J_p \ddot{\theta} & 0 \end{bmatrix},$$

$$\boldsymbol{Q}_d = \begin{Bmatrix} m_d e \dot{\theta}^2 \cos\theta + m_d e \ddot{\theta} \sin\theta \\ m_d e \dot{\theta}^2 \sin\theta - m_d e \ddot{\theta} \cos\theta \\ 0 \\ 0 \end{Bmatrix}$$

上式得到的轮盘运动方程的系数矩阵,与匀速状态下轮盘的运动方程相比,区别为:1)陀螺矩阵 $\boldsymbol{G}_d$ 为随转速变化的时变项,正比于角速度;2)变速过程产生附加刚度 $\boldsymbol{K}_d$ 来源于轮盘摆动产生的力矩,正比于角加速度;3)广义载荷向量 $\boldsymbol{Q}_d$ 中包含与角加速度相关的分量。

对于叶片丢失的转子系统,在考虑转速变化时,转角 θ、角速度 $\dot{\theta}$ 和角加速度 $\ddot{\theta}$ 都是时间的函数,所以运动方程中系数矩阵 $\boldsymbol{G}_d$ 和 $\boldsymbol{K}_d$ 为时变系数矩阵。考虑转速变化的转子系统运动方程为

$$\boldsymbol{M} \ddot{\boldsymbol{q}} + [\boldsymbol{C} + \boldsymbol{G}_d(t)] \dot{\boldsymbol{q}} + [\boldsymbol{K}_d(t) + \boldsymbol{K}] \boldsymbol{q} = \boldsymbol{Q}_d \qquad (4-19)$$

4.4.2 振动响应特性

下面计算超临界状态运转的转子在减速过程的动力响应。转速选取为 $1.4\omega_n$,不平衡量为 $1.5\ \mathrm{kg \cdot m}$,转子减速到 $0.2\omega_n$ 所需的时间为 $1.0\ \mathrm{s}$,给定转速曲线,如图 4-23 所示。

转子轮盘处振动响应计算结果见图 4-24。由计算结果可见,转子系统在减速通过临界转速过程中的振动响应特征有:

1)在变速过程中,转子轴心轨迹为圆轨迹;

2)变速转子共振具有滞后性,转子振动响应峰值对应转速低于临界转速;

3)在变速过程起始和结束时,由于角加速度突变,在振动响应中体现出冲击效果;

4)频域特征上,在临界转速频率附近呈现宽频带的振动特征。

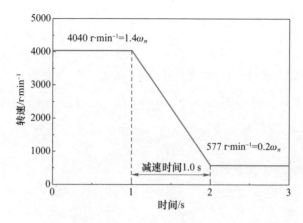

图 4 - 23　减速过程转速曲线

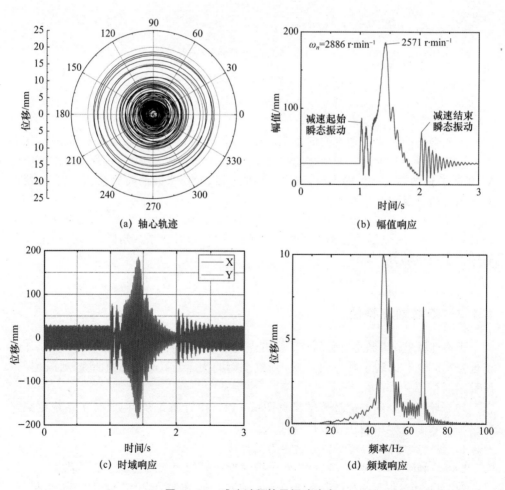

（a）轴心轨迹　　　　　　　　　　（b）幅值响应

（c）时域响应　　　　　　　　　　（d）频域响应

图 4 - 24　减速过程转子振动响应

图 4-25 为减速过程中轴承支点动载荷响应,与转子振动响应特征基本一致,各支点仅在响应幅值存在差异,1♯支点的动载荷最大。对比转子在突加不平衡和通过临界转速两种状态时(不平衡相等)的支点动载荷(见表 4-7),可见在转子通过临界转速时轴承的支点动载荷比突加不平衡时大幅提高。这说明当叶片丢失后转子减速通过临界转速对系统的安全性带来严峻的挑战,需要采取措施避免系统发生更为严重的破坏。

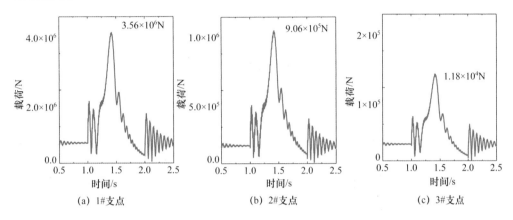

(a) 1#支点　　　　　(b) 2#支点　　　　　(c) 3#支点

图 4-25　减速过程支点动载荷响应

表 4-7　通过临界转速与突加不平衡时支点动载荷对比

状　态	支点号		
	1♯	2♯	3♯
突加不平衡振幅(超临界)/N	1 244 160	433 771	46 163
减速通过临界转速振幅/N	3 563 822	905 853	117 858
变化幅度/%	186.44	108.83	155.31

　　需要说明,在本计算模型中只包含转子和支点轴承,目的在于说明减速过程对转子系统动力响应的影响,没有考虑静子机匣与转子碰摩过程中的约束作用,因此不能反映实际的转子振动响应和支点动载荷。其他因素的影响将在后续进行讨论。

　　为了分析减速过程快慢对于转子动力响应的影响,下面计算转子由 4 040 r/min 减速到 577 r/min 所需时间分别为 0.1 s、0.5 s 和 1.0 s 时的振动响应,计算中采用的转速曲线如图 4-26 所示。

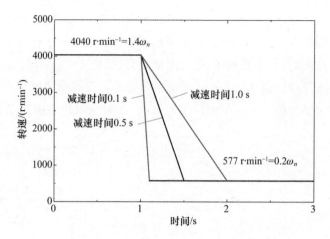

图 4-26   不同减速过程时转速-时间曲线

计算结果见图 4-27 和表 4-8,转子在不同减速时间完成减速过程时的振动响应存在着显著的差别,体现在:

1)在响应特征上,当减速时间为 1.0 s 时,在变速过程起始和结束时,有明显的冲击效果;而当减速时间为 0.1 s 时,这种冲击效果消失,仅存在一处共振峰值;

2)在响应峰值上,减速时间越长,振动峰值越大,且对应的转速频率也越大。

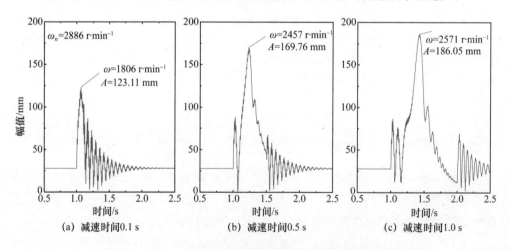

图 4-27   减速过程对转子振动响应的影响

表 4-8   不同减速过程时共振峰值及对应转速

减速时间/s	共振峰值/mm	共振峰值转速/(r·min⁻¹)	临界转速/(r·min⁻¹)
0.1	124.11	1 806	
0.5	169.76	2 457	2 886
1.0	186.05	2 571	

产生上述差异的原因在于,转子受到载荷激励时,转子需要一定的时间才能实现载荷激励下的响应;减速过程越快(减速时间短)时,不平衡载荷激励的时间短,转子尚未来得及响应时,激励载荷已经迅速降低。因此,从提高安全性的角度来说,转子在叶片丢失后减速过程持续时间越短,系统振动响应越低,安全程度越高。

4.5　惯性非对称转子动力学特性

4.5.1　力学模型

转子-支承系统模型如图 4-11 所示。当考虑惯性非对称特征时,需要推导转动惯量非对称轮盘的运动方程。

非对称轮盘的动能表达式为

$$T_d = \frac{1}{2}\begin{Bmatrix}\dot{x}\\\dot{y}\end{Bmatrix}^T\begin{bmatrix}m & 0\\0 & m\end{bmatrix}\begin{Bmatrix}\dot{x}\\\dot{y}\end{Bmatrix} + \frac{1}{2}\begin{Bmatrix}\omega_x'\\\omega_y'\\\omega_z'\end{Bmatrix}^T\begin{bmatrix}J_x & 0 & 0\\0 & J_y & 0\\0 & 0 & J_p\end{bmatrix}\begin{Bmatrix}\omega_x'\\\omega_y'\\\omega_z'\end{Bmatrix}$$

$$= \frac{1}{2}m(\dot{x}^2+\dot{y}^2)+\frac{1}{2}J_p[\omega^2+\omega(\dot{\theta}_x\theta_y-\dot{\theta}_y\theta_x)]+$$

$$\frac{1}{2}I(\dot{\theta}_x^2+\dot{\theta}_y^2)+\frac{1}{2}\Delta I[2\dot{\theta}_x\dot{\theta}_y\sin 2\omega t+(\dot{\theta}_x^2-\dot{\theta}_y^2)\cos 2\omega t]$$

式中,$I=\frac{1}{2}(I_\xi+I_\eta)=\frac{1}{2}J_p+me^2$,$\Delta I=\frac{1}{2}(I_\xi-I_\eta)=\frac{1}{2}me^2$。

依据拉格朗日方程,得到考虑转动惯量非对称特征的轮盘单元运动方程为

$$(\boldsymbol{M}_d+\boldsymbol{M}_1\cos 2\omega t+\boldsymbol{M}_2\sin 2\omega t)\ddot{\boldsymbol{q}}_d+(\boldsymbol{G}_d-2\omega\boldsymbol{M}_1\sin 2\omega t+2\omega\boldsymbol{M}_2\cos 2\omega t)\dot{\boldsymbol{q}}_d=0$$

$$(4-21)$$

式中,$\boldsymbol{M}_d$ 和 $\boldsymbol{G}_d$ 为对称轮盘的质量矩阵和陀螺矩阵,$\boldsymbol{M}_1$ 和 $\boldsymbol{M}_2$ 为转动惯量非对称产生的系数矩阵。各系数矩阵分别为

$$\boldsymbol{M}_d=\begin{bmatrix}m_d & & & \\ & m_d & & \\ & & I & \\ & & & I\end{bmatrix},\quad \boldsymbol{M}_1=\Delta I\begin{bmatrix}0 & & & \\ & 0 & & \\ & & -1 & \\ & & & 1\end{bmatrix}=\frac{me^2}{2}\begin{bmatrix}0 & & & \\ & 0 & & \\ & & -1 & \\ & & & 1\end{bmatrix}$$

$$\boldsymbol{M}_2=\Delta I\begin{bmatrix}0 & 0 & 0 & 0\\0 & 0 & 0 & 0\\0 & 0 & 0 & 1\\0 & 0 & 1 & 0\end{bmatrix}=\frac{me^2}{2}\begin{bmatrix}0 & 0 & 0 & 0\\0 & 0 & 0 & 0\\0 & 0 & 0 & 1\\0 & 0 & 1 & 0\end{bmatrix},\quad \boldsymbol{G}_d=J_p\omega\begin{bmatrix}0 & 0 & 0 & 0\\0 & 0 & 0 & 0\\0 & 0 & 0 & 1\\0 & 0 & -1 & 0\end{bmatrix}$$

方程(4-21)表明,由于质量偏心引起的惯性非对称轮盘的质量矩阵和陀螺矩阵

具有时变特征,且其时变频率为转速的 2 倍。

4.5.2 振动响应特性

对存在惯性非对称特征转子结构系统固有特性进行分析,采用数值方法求解,得到转子的 Campbell 图如图 4-28 所示。

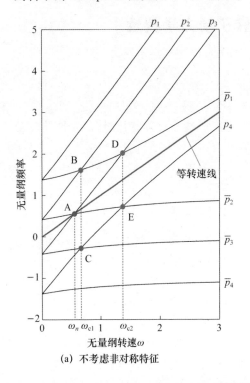

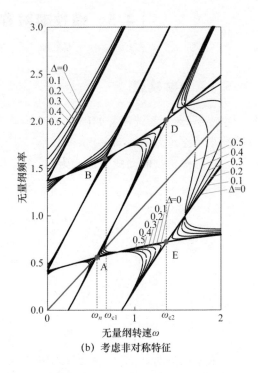

(a) 不考虑非对称特征

(b) 考虑非对称特征

图 4-28 惯性非对称转子 Campbell 图

图 4-28(a)为不考虑惯性非对称特征时($\Delta I/I=0$)转子的 Campbell 图,等转速线与动频线交于 A 点,即为转子的临界转速 ω_n。在图 4-28(b)中,存在惯性非对称特征($\Delta I/I=0.1\sim0.5$)的转子动频线与对称转子的动频线分离,其与等转速线的交点个数翻倍,即在原临界转速两侧形成两个新的临界转速。当惯性非对称越明显时,这两个临界转速之间的转速间隔越大,转子的共振范围扩大。

此外,在图 4-28(a)中动频线相交于 B,C,D,E 点,对称转子在这些转速下具有唯一解,不会产生失稳;在图 4-28(b)中,由于动频线的分离,D 和 E 附近存在多解,在物理上体现为转子失稳,且惯性非对称特征越明显,失稳转速范围越宽阔。

下面对考虑轮盘惯性非对称特征的转子系统进行动力响应的计算。计算转速为亚临界状态 $0.6\omega_n$,不平衡为 $1.5\,\mathrm{kg \cdot m}$,计算结果见图 4-29,(a)为惯性非对称转子在亚临界状态的轴心轨迹,(b)和(c)分别为转子的时、频域振动响应。结果表明,非对称特征对于转子的振动响应幅值产生比较明显的影响,具体特征为:

1）转子在稳态运转时轴心轨迹为圆轨迹,振幅稳定;

2）时域振动响应呈现周期特征,频域成分仅包含转速频率;

3）在相同不平衡载荷下,具有转动惯量非对称轮盘转子系统运动幅值较对称转子系统提高约 52%。

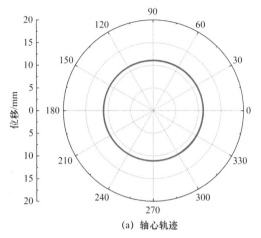

(a) 轴心轨迹

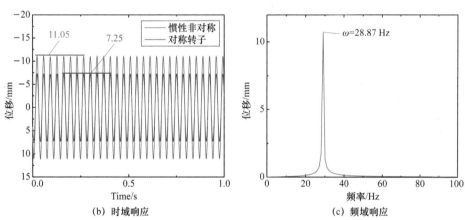

(b) 时域响应　　　　　　　　　　(c) 频域响应

图 4 - 29　亚临界状态转子突加不平衡响应

提取对称转子和非对称转子在相同载荷激励下的支点动载荷响应,见表 4 - 9。结果表明,在考虑转子的非对称特征时,三个支点的支点动载荷均有不同程度的增加。

表 4 - 9　惯性非对称转子支点动载荷响应

支点号	1#	2#	3#
对称转子/N	136 747	54 052	3 896
非对称转子/N	198 000	98 000	6 086
偏差/%	↑44.79	↑81.31	↑56.21

在前面仅对亚临界状态运转的非对称转子进行了计算分析,这里将分析轮盘的非对称程度和转速状态对于惯性非对称转子动力响应的影响规律。

轮盘的惯性非对称特征来源于转子不平衡,转子不平衡越大,其非对称程度越大。当轮盘不平衡在 $0\sim4.0$ kg·m 范围内时,转速为 $0.6\omega_n$,处于亚临界状态的转子轮盘位置稳态振动响应幅值曲线如图 4-30 所示。

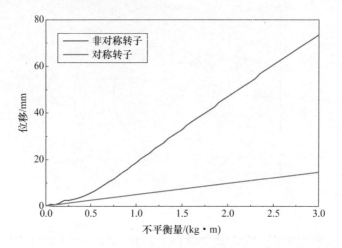

图 4-30　轮盘转动惯量非对称对转子振动响应幅值的影响

可见,随着非对称程度的增大,其对转子的振动响应影响程度也随之加剧。原因在于,非对称性增强时,转子的共振峰值对应的转速降低,工作转速靠近共振转速区域,振动响应加剧。

当转速范围为 $0\sim6\,000$ r/min 时,非对称转子在不平衡为 1.5 kg·m 时稳态振动响应幅值曲线如图 4-31 所示。可见具有轮盘转动惯量非对称转子系统的共振峰值转速会略有降低,共振峰值也会相应降低。

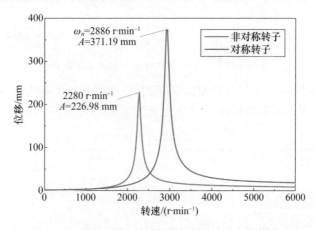

图 4-31　转速对非对称转子稳态振动响应幅值影响

采用非对称转子稳态幅值与对称转子稳态幅值的比值衡量非对称特征对转子稳态振幅的影响。在超临界状态,非对称转子的稳态振动响应低于对称转子;而在亚临界状态,非对称特征对转子振幅的影响显著,转子的振幅在某些转速范围高于对称转子。

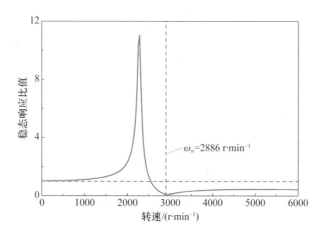

图 4 - 32　转速对非对称转子稳态响应系数影响

三个支点的支点动载荷稳态响应幅值如图 4 - 33 所示,非对称性对支点动载荷幅值的影响规律与图 4 - 31 所示的转子振动响应规律一致。

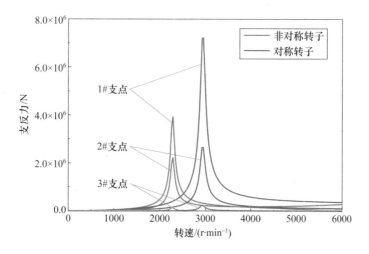

图 4 - 33　转速对支点动载荷稳态响应幅值影响

各支点动载荷的稳态响应系数响应规律也与轮盘处的振动响应基本一致,但在超临界转速区域,2#支点的稳态响应系数高于1#,其受惯性非对称的影响更显著。

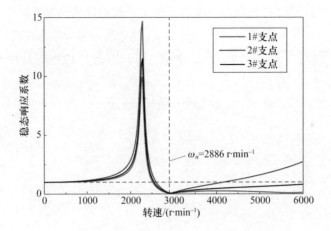

图 4 - 34　转速对支点动载荷稳态响应系数影响

第 5 章
转子支承结构安全性设计

　　航空发动机转子支承结构安全性设计是指,在正常工作状态下保证转子的正常运转,并通过转子支承结构设计优化载荷分配、调节转子系统动力特性,保证极限载荷状态下轴承及支承结构完整性。转子支承结构设计包括支承方案、支承类型和支承刚度的选取。支承方案包括支点的数量和位置;支承类型包括弹性支承、刚性支承及中介支点的采用;支承刚度对转子临界转速具有决定性影响,可以通过调整支承刚度控制转子系统临界转速,使其分布在有利于转子振动控制的区域。同时,通过支承刚度的调整可以控制轴系在共振状态下的应变能,减小轴的疲劳损伤。支承刚度的调整一般靠采用弹性结构件,常用的有鼠笼式弹性支承、弹性环等结构;在安全性设计中则是通过易断结构或薄弱环节设计,全部或部分降低支点支承刚度,以达到改变转子系统临界转速及保护轴承结构完整性的目的。

　　本章针对航空发动机转子支承结构安全性设计,以典型转子-支承结构系统为对象,分析支承方案、支承刚度的选取对转子系统动力特性的影响规律,并从理论上对支承结构锥角和鼓形配合面位置等参数进行优化设计。

│5.1　支承结构及动力学分析│

　　从航空发动机整机结构的安全性考虑,为防止叶片丢失造成二次故障,保证飞行安全,在总体机结构设计阶段需要考虑叶片丢失情况下,如何保证各支承结构不会完全丧失支承能力,使转子系统具有一定的运转能力。从结构设计角度来说,发动机中所有叶片丢失对整机安全性的影响均要考虑,但是应根据失效概率和对整机安全性的危害度等进行综合分析。风扇叶片丢失对转子及整机结构安全性的影响是最为重要的。风扇部件安全性设计主要包括两个方面:1)提高风扇机匣包容性,避免叶片丢失部分高速撞击破坏机匣飞出,对飞机机体造成损伤控制;2)叶片丢失产生的瞬态横向冲击以及随后形成的巨大不平衡载荷对转子-支承结构系统损伤控制。

各航空发动机设计集团对航空发动机尤其是高涵道比涡扇发动机叶片丢失,进行了动力学损伤力学过程和转子支承结构安全性设计体系的研究。为保证转子支承结构系统在大冲击和不平衡载荷作用下安全通过临界转速,使转子系统保持一定的运转能力,提出了支承结构熔断、变刚度支承等多种技术途径和相应的结构设计方案。

本章从转子支承方案与载荷分配、支承结构变刚度及转子变形控制等方面讲述支承结构动载荷控制及其安全性设计策略和方法。

5.1.1　安全性设计策略

为了降低超大不平衡激励下转子振动响应以及保护轴承及支承结构系统的完整性,在航空发动机总体结构布局设计中需要考虑转子-支承结构的安全性,技术途径主要有以下三个方面:1)调整转子支点位置和支承结构刚度特性,优化各支点处载荷分配;2)采用变支承刚度设计,使具有大不平衡转子系统能够安全通过临界转速并保证具有一定运转能力;3)减小滚珠轴承接触角的变化,减小轴承滚子损伤,保护轴承的结构完整性和运转能力。

1. 支点载荷分配

高涵道比涡扇发动机风扇转子通常采用悬臂支承结构方案,在风扇前不布置支点,风扇后两支点分别采用滚珠轴承和滚棒轴承,并与高压转子前支点共用中介机匣承力框架,涡轮后由滚棒轴承独立支承。

如图 5-1 所示,风扇后前支点采用滚珠轴承是高涵道比涡扇发动机普遍采用的方案,能在低压轴折断时将风扇保持在发动机内。风扇后前支点的滚珠轴承除了承受径向载荷以外还要承受巨大的轴向载荷,但随着发动机功率的不断提高,风扇直径不断增大,在叶片丢失等恶劣条件下,巨大不平衡量造成的径向载荷和气流脉动引起的轴向载荷均大幅度提高,这时滚珠轴承很难保证轴承以及转子系统的安全性。

从支承结构安全性设计的角度,风扇后前支点采用径向承载能力强的滚棒轴承,而轴向力由后面的轴承承载,通过优化支承载荷的分配,能够提高轴承的抗冲击能力和安全性,避免轴承因过载导致破坏。

风扇后前支点采用滚棒轴承,若风扇断轴,风扇盘将会甩出。RB211-22B 发动机风扇转子发生多起风扇甩出事故,但由于风扇是耗功的被驱动件,轴断裂飞出后转速锐减,不会发生涡轮轴断裂后轮盘飞转爆裂打坏发动机机匣及其他结构的危害,并且通过轴段损伤容限安全性设计和发动机振动监控系统改进等措施,已经基本解决了其安全性问题。对于目前正在使用的几种大型发动机来说,风扇断轴故障十分罕

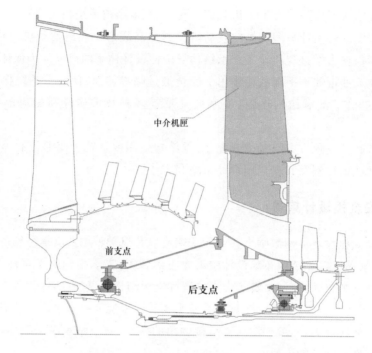

图 5-1 典型发动机风扇后轴承布置形式

见,远低于风扇叶片丢失发生的概率。因此,从发动机结构安全性设计策略上讲,主要针对的是风扇叶片丢失和外物打伤等故障可能造成的危害。

如图 5-2 所示,在转子-支承结构中,风扇后 1♯支点采用滚棒轴承,2♯支点采用滚珠轴承。由于 2♯支点处转轴的直径小,如果滚珠轴承直接装在此处,轴承内径则较小,承受轴向载荷的能力很小。因此,在结构设计上通过增大轴承内径来保证滚珠轴承具有足够的承载能力。

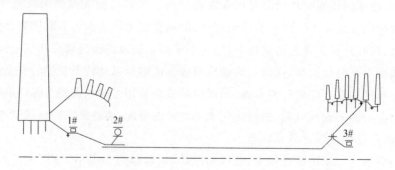

图 5-2 低压转子风扇后 1♯支点采用滚棒轴承示意图

2. 变刚度支承结构

对于转子-支承系统,风扇叶片丢失之后产生的动载荷主要分为两类:丢失叶片在发动机内部碰撞对转子系统造成的瞬态横向冲击载荷；叶片丢失后转子质量偏心造成的大不平衡载荷。不平衡载荷的幅值正比于转速的平方，降低转子系统临界转速可以大幅降低过临界时的不平衡载荷，从而减小转子减速通过临界转速时的振幅和 1♯ 支点轴承负载。转子临界转速由转子结构、支承刚度、质量分布等因素决定，在转子的结构设计完成后，改变支承刚度就成为调整转子系统临界转速的主要手段。

风扇叶片丢失对靠近风扇的 1♯ 支点影响最大，其载荷的峰值远大于其他支点。主动减小 1♯ 支点支承刚度，可以减小该支点负载并降低转子临界转速。当 1♯ 支点采用滚棒轴承时，由于不需要该支点承受轴向载荷，其支承刚度可以减小至零刚度，即相当于支点主动失效。

风扇后 1♯ 支点滚棒轴承通过支承鼓筒支承于中介机匣，可采用以下两种设计方案使 1♯ 支点主动失效：1）在鼓筒上设计局部薄弱段，薄弱部分在大载荷作用下变形断裂，如图 5-3 所示。2）在支承鼓筒连接位置采用易断螺栓结构，螺栓被削弱的部分在大载荷作用下瞬时断裂，切断支承结构，如图 5-4 所示。

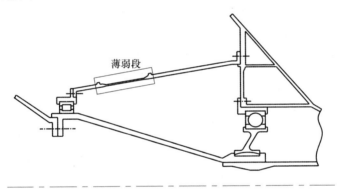

图 5-3　鼓筒局部薄弱设计

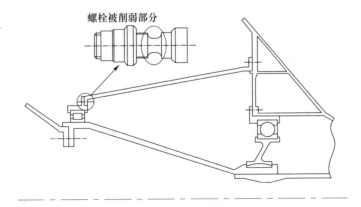

图 5-4　易断螺栓连接设计

超大不平衡载荷的冲击作用使 1♯ 支点失效后,相邻的 2♯ 支点独立支承低压转子前端,对滚珠轴承的安全性造成不利影响,因此需要进行安全性设计,避免因滚珠轴承损坏造成转子系统安全性故障。

3. 轴承-支承结构变形控制

风扇叶片丢失使转子产生质量偏心,在运转过程中产生的惯性力对支承轴承产生弯矩,进而使轴承内环产生偏转角。内环偏转角会使同一个滚动体的内、外接触角同时增大或减小(当内环产生 0.028° 的偏转角,接触角的最大变化量约达 3°)。接触角作为滚珠轴承重要的结构参数之一,对轴承组件的载荷分布、运动关系、润滑、摩擦等都有重要的影响。滚珠接触角循环变化将导致滚动轴承因表面损伤失效,产生突变的冲击脉冲力,引起系统谐振,导致振动和噪声增大。因此,为了保证轴承接触角变化不超过允许值,需要通过控制支承结构变形来减小弯矩作用下轴承内环偏转角。

如图 5-5 所示,滚珠轴承采用了转轴与轴承-支承结构刚度协调性设计,滚珠轴承内外环支承均采用前倾的锥壳结构,锥形支座(内锥壳)、支承锥壳(外锥壳)与轴线的夹角分别为 θ_1 和 θ_2,称为锥壳的半锥角。

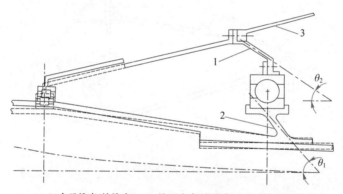

1. 支承锥壳(外锥壳); 2. 锥形支座(内锥壳); 3. 中介机匣前锥壳

图 5-5 转轴与轴承-支承结构刚度协调性设计

为了减小弯矩作用下轴承内、外环的偏转,应使内锥壳与转轴连接位置发生角向相对变形,以减小锥壳 1 和 2 的变形。此外,由于该支点采用主要承受轴向载荷的滚珠轴承,故还应当保证滚珠轴承的内外支承结构具有足够大的轴向承载能力。为了达到以上要求,在结构设计上需要满足:1) 轴承支承内锥壳与转轴连接结构具有较大的轴向刚度,较小的角向刚度,以提高轴向承载能力,降低轴承内环的偏转。2) 轴承支承外锥壳与中介机匣前锥壳连接结构具有较大的轴向刚度,较大的角向刚度,降低轴承外环偏转,同时提高轴向承载能力。

在发动机运转过程中,当弯矩过大时,若转轴与轴承内锥壳角向刚度难以降低到削弱轴承内环变形的程度时,可以通过如图 5-6 所示轴承座连接鼓形配合界面设计,通过轴承座底部内凹的鼓面与转轴上外凸的鼓面配合来连接转轴和支承结构,发动机正常工作时通过限位环、销钉、挡环等限制鼓形配合面的相对滑移,大不平衡载荷作用下切断限位结构释放连接结构角向刚度,可以有效解除弯矩对轴承支座以及内环偏转角的影响。

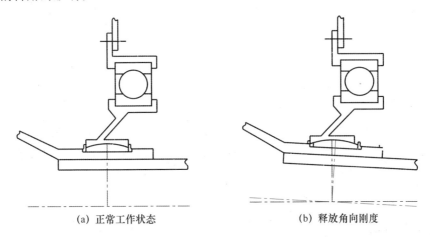

(a) 正常工作状态　　　　　　(b) 释放角向刚度

图 5-6　轴承座鼓形配合面设计

5.1.2　支承方案对支点载荷影响

现代航空发动机中高压转子的支承方案一般为 1-1-0 和 1-0-1,转子虽然按刚性转子设计,但是由于转速的不断提高,逐步趋近于弯曲临界转速,即使仍保持一定的安全裕度,转子的弯曲变形也会使转子支点动载荷产生较大的变化。

1. 两支点转子系统

对于两支点转子系统,工作转速一般位于弯曲临界转速以下,转子弯曲变形较小,可视为刚性转子。其振动响应主要是考虑在不平衡激励下,转子系统沿轴线振动幅值分布(弹性线)和支点动载荷变化规律。

当转子结构确定后,主要需要分析支点位置和支承刚度(支承约束特性)对转子系统动力学特性,尤其是振动响应特性的影响。由于支点是转子的支承和约束点,其力学效应主要是控制转子在各种载荷作用下的横向变形。

在航空发动机的核心机转子设计中,一般采用两个支点转子系统,主要支承方案分为 1-0-1 和 1-1-0。与 1-0-1 支承方案相比,1-1-0 支承方案具有支承跨距小,转子结构质心靠近支点等优点,转子整体刚性较好,支承方案如图 5-7 所示。

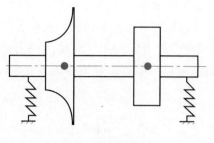

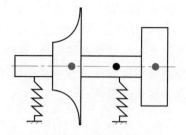

(a) 1-0-1支承方案   (b) 1-1-0悬臂转子支承方案

图 5-7　两支点转子系统结构简图

如图 5-8 所示,转子受到横向过载(陀螺力矩)时,由于转子结构质量分布和支承约束位置不同,支点与局部质心的相对位置使得转子系统形成"两端支承"结构和"悬臂支承"结构,压气机与涡轮对转子的变形效果起到相反的作用,使得转子支点内外轴段的变形相互抑制,转子整体变形减小,提高悬臂转子整体刚度。

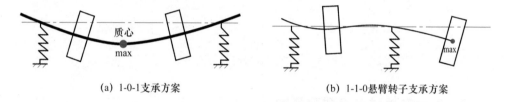

(a) 1-0-1支承方案   (b) 1-1-0悬臂转子支承方案

图 5-8　不同支承结构对转子横向过载变形的影响

图 5-9 所示为悬臂支承转子系统在模态振动时的受力分析简图。由于涡轮盘采用悬臂结构,在高转速工作时,陀螺力矩效应对转子悬臂段弯曲刚度的增加较为明显,悬臂转子横向变形较小,从而导致后支点位于转子弯曲模态节点附近,因此后支点动载荷较小。

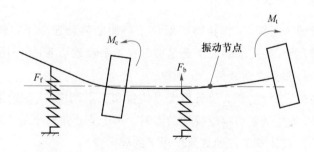

图 5-9　悬臂支承转子弯曲模态振动受力简图

需要注意,由于后支点靠近转子弯曲节点附近,因此作用两个轮盘陀螺力矩的矢量和主要由前支点上作用的附加横向力平衡,这就可能导致前支点动载荷增加。同时,这种悬臂支承转子结构的弯曲载荷较大,容易导致轮盘之间连接轴段产生大的弯曲变形,对这一轴段上的连接结构产生一定的弯曲刚度损失,从而影响后支点的振动响应特性。

综上,对于采用 1-1-0 支承方案的转子系统而言,其悬臂支承转子结构系统具有较强的抗变形能力,但在横向过载和弯曲振动时,可能会引起的较大前、后支点动载荷,在转子系统动力学设计中,应对悬臂转子支点振动响应进行详细的计算分析。

下面以典型悬臂支承高速转子系统为对象进行振动响应及支点动载荷分析。悬臂支承高速转子系统在工作中既承受机动/过载所产生的惯性载荷,又要在多阶振动模态以上的高转速下工作,因此,应根据悬臂转子结构及其受力环境建立转子系统力学模型,并对其振动响应(支点动载荷)进行分析。图 5-10 所示为两支点悬臂转子系统力学模型示意图。

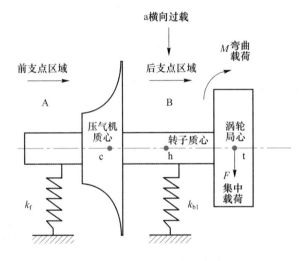

图 5-10　两点悬臂支承转子系统示意图

对于悬臂转子系统,其工作转速附近主要是平动、俯仰刚体振型临界转速及弯曲振型临界转速。受支点位置的影响,悬臂转子系统两阶刚体振型多为节点位置相差较远的整体俯仰振型,一般分为“涡轮俯仰”与“压气机俯仰”振型。图 5-11 所示为悬臂转子系统典型刚体模态振型。

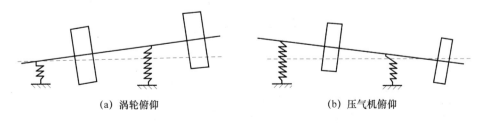

(a) 涡轮俯仰　　　　　　　　　　　　(b) 压气机俯仰

图 5-11　悬臂支承转子系统刚体振动振型

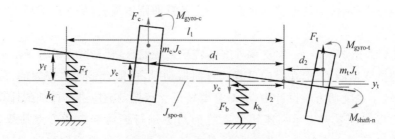

图 5-12　俯仰模态振动模型

根据图 5-12 所示的转子受力分析,得到的平衡方程为

$$\begin{cases} M_b + M_{gyro} = M_{shaft-n} + M_{in-e} \\ F_f + F_b = k_f y_f + k_b y_b = P_{unbalance} = m_t \omega^2 (e + y_2) + m_c \omega^2 (e + y_1) \end{cases} \quad (5-1)$$

式中,$M_b = k_f y_f l_1 + k_b y_b l_2$,$M_{gyro} = J_c \omega^2 \theta + J_t \omega^2 \theta$,$M_{shaft-n} = J_{spo-n} \omega^2 \theta$,$M_{in-e} = m_c \omega^2 (e + y_1) \cdot d_1 + m_t \omega^2 (e + y_2) \cdot d_2$ 分别为支点所产生约束力矩,大质量轮盘的陀螺力矩,转轴相对振动节点的力矩,以及轮盘离心载荷所产生的惯性力矩。

由式(5-1)可解得俯仰振型的转角 θ,从而解得俯仰模态下前、后支点动载荷 F_f、F_b,其表达式为

$$\begin{cases} F_f = k_f \dfrac{m_c e \omega^2 d_1 + m_t e \omega^2 d_2}{k_f l_1^2 + k_b l_2^2 + (J_{d-c} + J_{d-t} - J_{a-n}) \omega^2} l_1 \\[2mm] F_b = k_b \dfrac{m_c e \omega^2 d_1 + m_t e \omega^2 d_2}{k_f l_1^2 + k_b l_2^2 + (J_{d-c} + J_{d-t} - J_{a-n}) \omega^2} l_2 \end{cases} \quad (5-2)$$

由式(5-2)可知,悬臂转子系统俯仰振型下,转子前后支点动载荷会受到节点位置、支点位置、支承刚度、轮盘位置及其质量(转动惯量)等多种因素影响。值得注意的是,在转子结构确定的情况下,俯仰振型的节点位置也会随支点位置及支承刚度的变化而改变,从而对支点动载荷产生影响。

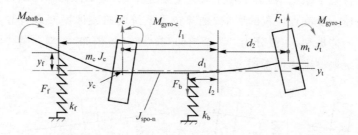

图 5-13　悬臂转子弯曲振型

根据图 5-13 所示的悬臂转子弯曲振型的变形及受力情况可以得到

$$\begin{cases} M_b + M_{gyro} = M_{shaft-n} + M_{in-e} \\ F_f + F_b = k_f y_f - k_b y_b = P_{unbalance} = m_t \omega^2 (e + y_2) - m_c \omega^2 (e + y_1) \end{cases} \quad (5-3)$$

式中，$M_b = k_f y_f l_1 + k_b y_b l_2$，$M_{gyro} = J_{d-c} \omega^2 \theta_c - J_{d-t} \omega^2 \theta_t$，$M_{shaft-n} = \int_0^{l_{shaft}} m\omega^2 \theta(l) \cdot t(l)\mathrm{d}l$，$M_{in-e} = m_c\omega^2(e+y_1) \cdot d_1 - m_t\omega^2(e+y_2) \cdot d_2$。由此可求得前后支点动载荷 $F_{f,b}$ 为

$$\begin{cases} F_f = \dfrac{P_{unbalance} \cdot l_2 + M_{shaft-n} + M_{in-e} + (M_T - M_C)}{l_1 + l_2} \\[3mm] F_b = \dfrac{P_{unbalance} \cdot l_2 - M_{shaft-n} - M_{in-e} + (M_T - M_C)}{l_1 + l_2} \end{cases} \tag{5-4}$$

刚性转子的工作转速一般处于第一、二阶刚体振型临界转速之上。当转子转速超过临界转速后，转子不平衡量会发生"质心转向"，轮盘及转轴的离心载荷对支点动载荷的影响处于一个较小的稳定数值，因此，在全转速工作范围内，大质量轮盘的陀螺力矩效应是影响前、后支点动载荷的主要因素。轮盘陀螺力矩可表示为 $M_{gyro} = J_e\omega \cdot \Omega \cdot \theta$，轮盘陀螺力矩与转子转速 ω、轮盘转动惯量 J_e 及其所在位置的角向变形量 θ 有关，其中：角向变形量 θ 的影响因素较为复杂，轮盘位置、转轴刚度、支点位置以及支承刚度等多种因素的变化都会造成轮盘陀螺力矩方向与大小的改变，从而使得支点动载荷发生变化。

2. 三支点转子系统

为研究支承方案对转子系统动力特性的影响，选取高涵道比涡扇发动机低压转子系统为分析对象，其中 1♯ 支点采用滚棒轴承，2♯ 支点采用滚珠轴承，如图 5-14 所示。分析叶片飞失状态下，轴承内外环偏转角变化和支点动载荷瞬态响应特征，并计算叶片飞失后转子系统在大不平衡载荷作用下的稳态响应特征。

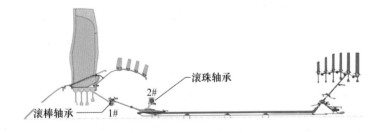

图 5-14 低压转子-支承结构系统

对低压转子施加突加不平衡冲击载荷激励，以模拟风扇叶片飞失状态。计算得到在叶片飞失载荷作用下 2♯ 支点内外环发生横向位移变化量为 0.012 7 mm，如图 5-15 所示；计算出滚珠轴承内外环偏转角为 5.8×10^{-5} rad，偏转角很小，对滚珠轴承不会产生严重的摩擦损伤影响，说明 2♯ 支点采用滚珠轴承的支点布局方案设计合理。

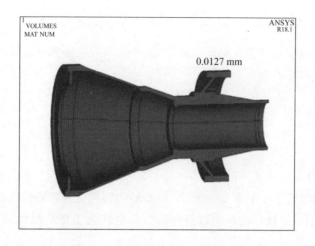

图 5－15　冲击载荷下 2♯支点变形

　　进一步分析得到冲击载荷下 2♯支点动载荷变化，如图 5－16 所示。在冲击载荷作用下，动载荷峰值达到 1.0×10^6 N，随后衰减。滚轴轴承需要有足够的径向承载能力，以保证在叶片飞失冲击载荷作用下不发生破坏，保护轴承结构的完整性。

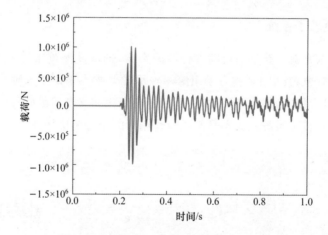

图 5－16　冲击载荷下 2♯支点动载荷

　　计算低压转子在大不平衡载荷作用下通过临界转速时，2♯支点内外环发生横向位移变化量为 8.75×10^{-3} mm，如图 5－17 所示。计算出滚珠轴承内外环偏转角为 4.0×10^{-5} rad，偏转角很小，对滚珠轴承不会产生严重的摩擦损伤影响，说明在叶片飞失后的大不平衡载荷作用下，2♯支点采用滚珠轴承的设计合理，仍然具有足够的安全性。

　　叶片飞失后，大不平衡载荷作用下 2♯支点动载荷变化如图 5－18 所示。从图中可以看出，动载荷峰值约为 2.5×10^5 N。滚轴轴承仍需具有足够的承载能力，保

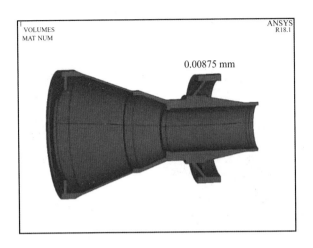

图 5 - 17 大不平衡载荷下 2# 支点变形

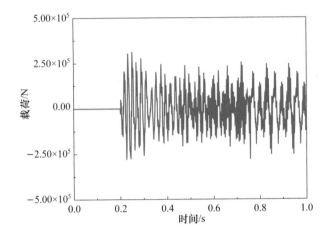

图 5 - 18 大不平衡载荷下 2# 支点动载荷

持转子系统在大不平衡载荷作用下能持续运转,并能安全降低到临界转速以下,直至发动机安全停车。

5.1.3 支承刚度及转子动力特性设计

针对采用变刚度支承结构设计安全性策略时,转子系统动力特性的变化规律分析如下。

1. 支承刚度对转子共振转速的影响

为了分析风扇后 1# 支点支承刚度对转子各阶临界转速及振型的影响规律,针对典型高涵道比涡扇发动机低压转子进行实体单元有限元建模,如图 5 - 19 所示。

在计算分析中,转子支承刚度采用相对于轴段弯曲刚度的"当量刚度",以减少轴的材料、尺寸和弯曲刚度的影响。

图 5-19　基于实体单元建立的计算模型

支承结构的当量刚度定义为支承刚度与转子轴段最小等效刚度的比值,即

$$K_r = \frac{k_t}{K_{s0}} \qquad\qquad (5-5)$$

式中,k_t 为支承刚度,K_{s0} 为转子轴段最小等效刚度。

模型转子轴段等效刚度为 4.31×10^7 N/m,计算得到转子临界转速随 1# 支点当量刚度变化曲线如图 5-20 所示。

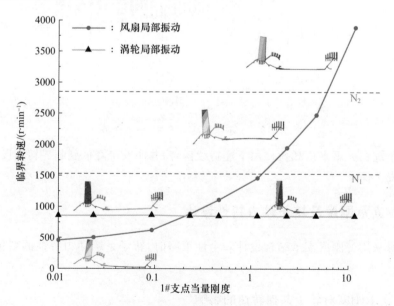

图 5-20　1♯支点支承刚度变化对临界转速的影响

高涵道比涡扇发动机低压转子为典型的柔性转子,转轴细长,质量集中在前后两端,其振动模态有风扇、低压涡轮局部振动和整体弯曲振动。转子高速转动时,陀螺

力矩增强转子弯曲刚性,使转子弯曲振动临界转速增大;而对于涡轮局部振动,其振型为涡轮平动,由于陀螺力矩基本不随转子转速变化,因而其临界转速基本不变,并且低于慢车转速。

1♯支点当量支承刚度变化对风扇局部振动临界转速及振型影响较大,临界转速随支点当量刚度的减小迅速降低。低压转子临界转速对前支承当量刚度十分敏感,当前支承当量刚度由 0.2 降低到 0.01 时,临界转速减小 46.2%。因此,在叶片丢失等大不平衡激励下,可以通过 1♯支点主动失效(当量刚度大幅下降至小于 0.01),即变刚度支承设计大幅降低转子临界转速,优化转子动力响应,从而避免进一步产生转静件碰摩等二次故障。

2. 支承刚度对转子动力响应影响

为了验证 1♯支点失效对转子动力响应的影响,假设风扇单片叶片丢失,分别计算 1♯支点正常支承和失效两种状态下转子的振动响应和支点径向载荷幅值,并对振幅、载荷进行归一化处理,风扇叶片参数及叶片丢失产生的不平衡参数见表 5-1,计算结果如图 5-21 所示。

表 5-1　风扇叶片参数及转子不平衡参数

单片叶片质量/kg	叶片质心半径/m	单片叶片丢失引起的不平衡量/(kg·m)
15.86	0.57	9.1

由于涡扇发动机低压转子在工作转速范围内处于超临界状态,风扇叶片丢失后,转子转速迅速下降,风扇叶尖振幅逐渐增大,并在临界状态下达到最大值,风扇转子叶片及机匣结构将受到严重的破坏;同时 1♯支点滚棒轴承径向负载达到最大值,易导致滚动体破碎,转子抱轴。

当 1♯支点主动失效后,低压转子由三支点支承变为两支点支承,慢车转速时风扇叶尖振幅下降约 26.7%,风扇局部俯仰振型临界转速值降低 42.3%,风扇叶尖在临界转速状态下最大位移响应降低 28.1%;1♯支点不再承受径向载荷,2♯支点减速过程中径向载荷幅值增大 12.9%。

上面的计算分析表明,在风扇叶片丢失后,采用 1♯支点主动失效设计,由于转子振动最大点的临界转速大大减小,使整个转子结构的应力储备大幅提高,转子动力响应降低,提高了结构的安全性。

5.1.4　止推轴承-支承结构安全性设计

在航空发动机转子中,每个转子上一般都设计有一个滚珠轴承作为止推轴承,或称定位轴承。在滚珠轴承安全性设计中,主要是在转子弯曲变形时减小轴承内外环的相对转角,即控制滚珠轴承的接触角。可以通过合理设计支承结构的刚度来减小转轴弯曲对轴承内环偏转角,主要方法有两种:1)转轴与支承结构刚度协调性设计;

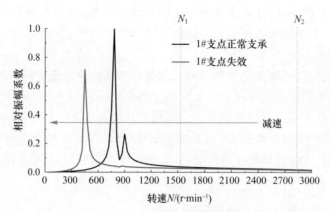

(a) 风扇叶尖振幅

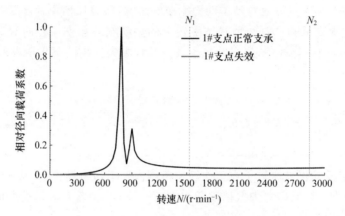

(b) 1#支点径向载荷

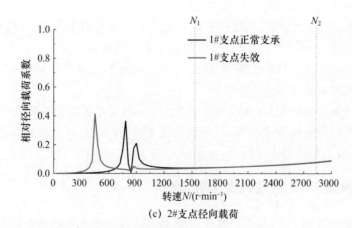

(c) 2#支点径向载荷

图 5 - 21　1#支点失效对转子动力响应的影响

2）轴承内环与轴间采用鼓形面配合连接，大弯矩作用下释放角向刚度设计。

1. 支承结构锥角优化

图 5-5 所示为航空发动机低压转子止推轴承支点的锥壳连接结构,其角向和轴向刚度受锥角等结构参数以及材料参数的影响。在不改变材料参数并且锥壳结构上下端的尺寸确定时,锥壳的角向和轴向刚度主要由锥角决定,实际中可以通过支承结构锥角的优化设计,来获得较为理想的角向和轴向刚度。数值仿真研究锥壳锥角对支承结构角向、轴向刚度以及轴承内环偏转角的影响结果如图 5-22 和图 5-23 所示。需要说明的是,计算结果中均采用半锥角来表示锥角。

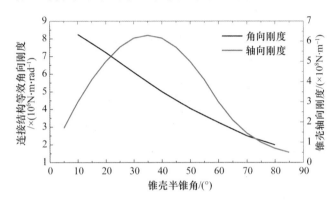

图 5-22　锥壳连接结构角向、轴向刚度与锥壳半锥角关系

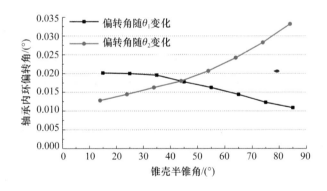

图 5-23　轴承内环偏转角与锥壳半锥角关系

从图 5-22 中可以看出,锥壳半锥角 θ_1、θ_2 对连接结构的角向刚度和支承结构的轴向刚度影响明显。伴随半锥角不断增大,连接结构角向刚度不断减小;支承的轴向刚度则随半锥角增大先增大并在 35°左右达到最大后再减小。如图 5-23 示,内、外锥壳的半锥角 θ_1,θ_2 对轴承内环偏转角的影响规律相反。内环偏转角随 θ_1 增大不断减小,随 θ_2 增大不断增大。

由此可得,在实际设计过程中,为了降低支承与转轴连接结构角向刚度,提高支承与中介机匣连接结构角向刚度,从而减小轴承内环偏转角;同时又保证支承的轴向刚度,提高其承受轴向载荷的能力。外锥壳半锥角 θ_2 选取在 35°左右,内锥壳半锥角 θ_1 则需要平衡其对轴向承载能力及内环偏转角的影响,选取合适的值。

2. 鼓形配合面位置优化

图 5 - 24 所示为轴承内环与轴段之间采用鼓形配合界面设计。当叶片丢失 1♯ 支点失效后,必须保证作用在 2♯ 支点鼓形配合界面两端限位环上的力能够迅速切断限位环,通过界面间相对滑移释放连接结构角向刚度。在结构尺寸确定的情况下,配合界面设计位置对限位环受力影响重大。

对支承结构进行受力分析如图 5 - 24 所示。R 为叶片丢失位置到轴承支座底部的轴向距离;b 为转轴半径;r 为鼓形配合面到支座底部的径向距离;θ 为支座半锥角。

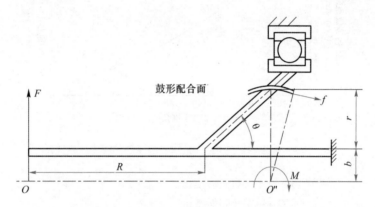

图 5 - 24　采用鼓形配合面设计的支承结构受力示意图

假设不平衡载荷为 F,O' 位置所受弯矩为 M,配合面后端限位环受力为 f,根据力矩平衡方程可得

$$M=F\times(R+r\times\cot\theta)=f\times(r+b) \tag{5-6}$$

$$f=\frac{F\times(R+r\times\cot\theta)}{r+b} \tag{5-7}$$

计算得到的 f 理论解可为限位环的设计提供依据。

以图 5 - 19 所示的发动机转子结构为例,其结构尺寸参数见表5-2。在 2 830 r/min 转速下叶片丢失产生的不平衡载荷可计算求得,并基于上述理论公式计算得到 f-r 变化关系曲线,如图 5 - 25 所示。

表 5 - 2　支承结构尺寸参数

R/mm	θ/°	b/mm
538.9	47	119.7

从图 5 - 25 中可以看出,将鼓形配合面设计在支座底部($r=0$ mm)相比设计在

轴承内圈($r=60$ mm)限位环受力增大 38.7%,更易被切断,从而有效释放支承结构角刚度。故在工程设计时,应当将鼓形配合面设置于支座底部。

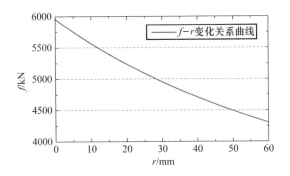

图 5-25　限位环受力 f 随鼓形配合面位置 r 变化关系

　　高涵道比涡扇发动机的结构安全性设计要求发动机在叶片丢失等恶劣载荷环境下,风扇机匣要具有包容能力,同时转子系统也要具有一定的转动能力并能够安全停车。转子-支承系统在突加不平衡载荷作用下振动响应控制是保证发动机转-静子结构不受到严重破坏的基础。在工程实践中可以采用结构与动力学一体化设计方法,通过对突加大不平衡载荷作用下风扇转子-支承系统的动力学响应仿真计算验证其有效性,并给出影响滚珠轴承-支承结构安全性的结构特征参数影响规律,其主要结论为:1)风扇叶片丢失造成大不平衡载荷时,紧靠风扇后的支点采用滚棒轴承可提高径向承载能力,避免滚动体过载损坏造成转子抱轴。2)降低风扇后支点的支承刚度可以有效降低风扇俯仰振动临界转速,减小减速停车过程中风扇振幅与支点负载,保证转子能够安全停车。3)对于采用两支点悬臂支承的风扇转子,当风扇后滚棒轴承失效后,需要保证滚珠轴承内外环相对转角变化,以减小轴承损伤。可通过合理设计半锥角减小轴承内环偏转角,从而减小转子弯曲变形产生的弯矩对轴承接触角的影响,保证轴承-支承结构在恶劣载荷环境下的安全运转。若弯矩过大,可在安装座底部设计鼓形配合面,通过两鼓形配合面间的相对滑移释放轴承角向刚度。

5.2　冲击激励转子系统动力响应计算

　　本章将采用有限元法对叶片丢失激励下转子及整机系统的动力响应进行仿真,而进行这一工作的基础是建立能够准确反映叶片丢失全过程物理特征、具有可靠计算精度并具备计算效率的有限元模型。因此,需要建立适用于叶片丢失分析的高涵道比涡扇发动机整机有限元模型,采用冲击力学原理对风扇叶片丢失过程进行数值仿真计算,以评估结构设计方案的有效性。

5.2.1　力学特性等效建模

转子的转动是旋转机械最典型的运动特征,通常对转子系统进行动力学仿真分析时,并不直接对转子的转动过程进行模拟,而是将转子上承受的载荷特征通过达朗伯原理进行等效。而转子在转动过程中发生叶片丢失时,将进一步导致转静件碰摩、转子减速等一系列运动过程,已无法进行简单的等效,需要对转子的运动过程进行模拟,进而获得更为准确的力学行为。根据转子叶片丢失所包含的物理过程,如转子转动、叶片断裂、转子减速以及部件碰摩等,基于显式动力学求解方法建立转子系统在突加不平衡激励下关键力学特征的模拟仿真计算分析。

现代航空发动机一般为双转子系统,在进行仿真计算时,需要同时考虑高低压转子系统转动和激励,高、低压转子的转速不同,分别以各自的转速旋转,在仿真过程中,需要分别建立高、低压转子的组件,施加边界条件,给定高、低压转子的初始角速度,以保证转子按照控制规律旋转。

对于叶片丢失冲击载荷的施加,需要考虑叶片断裂、叶身脱离轮盘并向外飞出的时间历程;在仿真计算过程中,需要确定断裂叶片及连接轮盘上断裂节点位置,定义接触失效时间,以接触的失效模拟叶片丢失。

对于叶片丢失后转子转速的变化,需要考虑在叶片丢失后的减速过程中两个因素的影响:气动阻力矩和摩擦力矩。其中摩擦力矩通过碰摩过程模拟,而气动阻力矩主要是黏性阻力,通过在叶片节点上施加阻尼力进行模拟,每个节点上承受的阻尼力为

$$\boldsymbol{F} = -D(t)m\boldsymbol{v} \tag{5-8}$$

式中,m 为节点处的叶片等效质量,v 为节点的速度矢量,$D(t)$ 为给定的阻力曲线,如图 5-26 所示。

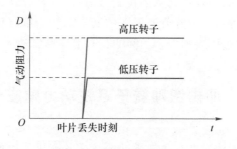

图 5-26　气动阻力曲线

叶片丢失在转子系统上产生巨大的冲击激励,将会引起转静件之间的接触、碰撞,其摩擦具有分布性和随机性的特征,不能简单简化为载荷和约束。对于转静件之间的"接触-碰撞"过程的精确模拟和分析的关键在于建立更为合理和准确的碰撞模型,以描述转静子间的碰摩力及其相应变化。

对于叶片丢失冲击激励的转-静子碰摩振动响应问题,重点需要考虑两类接触:丢失叶片对尾随叶片的撞击;叶片与机匣的碰摩。对这两类接触问题需要分别选用合适的碰撞模型和接触算法。碰撞模型将会受很多因素的影响,例如接触物体的材料特性、几何特性以及运动特性,并随碰摩状态的变化而变化,因而很难给出统一的数学解析表达。针对碰撞接触问题有多种接触算法,以模拟各种复杂的动态接触过程,可以通过定义转子表面与静子件内壁之间动态的接触-碰撞界面,采用接触动力学中的对称罚函数法描述叶片表面与机匣内壁之间的动态接触-摩擦关系。该方法的物理意义为在节点和被穿透主动面之间直接模拟一个法向的弹簧,以防止从节点向主界面的穿透。在每一个计算时间步内,程序都将重新计算转静子间的接触-摩擦关系,以准确捕捉转静子碰摩瞬态细节过程。

最后,对于轴承力学特性的模拟。转子的载荷最终将通过轴承向静子承力系统传递。一般在进行转子的动力学特性分析时,转子模型并不转动,支承刚度简化为弹簧单元,直接连接转静子。研究表明,这种建模方法可以准确反映系统的支承刚度特征。但在显式计算分析中,转静件间相对转动,采用弹簧单元已无法模拟二者之间的纽带——轴承的运动状态。

可以采用 MPC 铰接单元模拟轴承的运转状态,滚珠轴承采用球铰连接,滚棒轴承采用销轴连接。例如对各轴承采用实体单元进行建模,其中轴承外环与静子共节点,轴承内环与转子共节点。

如图 5-27 所示,在各个轴承位置中心建立轴承内外环节点完全重合的笛卡儿坐标系(5 个支点共 10 个坐标系),并将各坐标系及所使用的节点分别耦合到转静件上。用同一位置两坐标系各坐标间的相对运动描述轴承内外环的相对运动形式。总之,通过对关键物理过程的数值仿真模拟,将高涵道比涡扇发动机整机模型应用于叶片丢失显式动力学分析,对叶片丢失过程,叶片丢失激励下的转子系统和整机系统的动力响应进行计算分析。

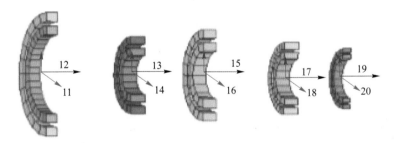

图 5-27　轴承约束示意图

5.2.2　冲击激励转子振动响应

叶片丢失发生后,整机系统在很小的时间尺度内产生强烈的动力学行为,需要采用瞬态动力学的方法求解和分析。瞬态分析的计算量(自由度多、计算步数多)非常庞大,除了进行有效的模型简化减缩之外,寻找合理高效的算法也是解决该问题的有效途径之一。目前,在结构域瞬态响应求解的直接积分算法中,最常采用隐式的 Newmark 算法和显式的中心插分算法。这里将简单介绍这两种算法的格式和一些特性,并建立适用于叶片丢失模拟的求解方法。

整机模型中各个节点的运动满足

$$M\ddot{d}+C\dot{d}+Kd=F(t) \tag{5-9}$$

式中,d 是节点位移向量,$F(t)$ 是节点上的随时间变化的载荷,M,C,K 分别代表惯性、阻尼和刚度。

依据在 t_{i+1} 时刻的迭代只取决于 t_i 还是同时取决于 t_i 和 t_{i-1},将求解方法分为显式法和隐式法。

1. 隐式 Newmark 方法

隐式 Newmark 方法中,求解过程必须通过迭代和求解联立方程组才能实现,位移、速度和加速度之间的关系为

$$d_{i+1}=d_i+\Delta t\dot{d}_i+(\Delta t)^2\left[\left(\frac{1}{2}-\beta\right)\ddot{d}_i+\beta\ddot{d}_{i+1}\right] \tag{5-10}$$

$$\dot{d}_{i+1}=\dot{d}_i+\Delta t[(1-\gamma)]\ddot{d}_i+\gamma\ddot{d}_{i+1} \tag{5-11}$$

将以上两式带入微分方程中得

$$\underbrace{\left(\frac{M_2}{\beta(\Delta t)^2}+\frac{\gamma}{\beta}\frac{C_2}{\Delta t}+K_2\right)}_{\hat{K}=\hat{K}(d_2,\Delta t)}\Delta d=F_2-\widetilde{F}_1 \tag{5-12}$$

式中,F_2 指的是 2 时刻的外部载荷,$\widetilde{F}_1=\widetilde{F}_1(d_1,\dot{d}_1,\ddot{d}_1,d_2)$ 指的是 1 时刻的外部载荷。

对于线性问题,M,C,K 是常数,等效刚度 $\hat{K}$ 只由时间 t 确定。但对于非线性问题,M,C,K 不是常数,等效刚度 $\hat{K}$ 以及向量 $\widetilde{F}_i$ 取决于未知的位移 d_2。上述方程可以改写为

$$d_2^{i+1}=d_1+\hat{K}^{-1}(d_2^i,\Delta t)\Delta(F_2-\widetilde{F}_2-\widetilde{F}(d_2^i)) \tag{5-13}$$

从上述方程可以看出,随着非线性的增加,积分方法对积分时间是敏感的;同时,由于刚度矩阵 K 需要求逆,可能会引起发散。

隐式求解法优点是:线性问题时,无条件稳定,可以用大的时间步。

隐式分析法的缺点是:1)对刚度矩阵 K 求逆的分析时间较长;2)刚度矩阵可能对较小的积分时间步长过于敏感;3)对非线性问题采用 Newton - Raphson 线性逼近,需要小的时间步才能收敛,对于高非线性问题计算很可能不收敛(当 $\hat{K}\to0$ 时,$\hat{K}^{-1}\to\infty$)。

2. 显式中心差分法

显式法采用中心差分法进行迭代,即

$$\mathbf{M}_1 \ddot{\mathbf{d}}_1 = \mathbf{F}_1 - \underbrace{(\mathbf{C}_1 \dot{\mathbf{d}}_1 + \mathbf{K}_1 \mathbf{d}_1)}_{\hat{\mathbf{F}}_{in}} = \mathbf{F}_1 - \hat{\mathbf{F}}_{in} \tag{5-14}$$

其中,$\mathbf{F}_1$ 指的是节点上的外载荷,$\hat{\mathbf{F}}_{in}$ 代表 t_1 时刻的阻尼和恢复力。因此,加速度可以表示为

$$\ddot{\mathbf{d}}_1 = \mathbf{M}_1^{-1}(\mathbf{F}_1 - \hat{\mathbf{F}}_{in})$$

求出加速度后,就能得到速度和位移的表达式为

$$\dot{d}_{2-\Delta t/2} = d_{1-\Delta t/2} + \ddot{d}_1 \Delta t, \quad d_2 = d_1 + \dot{d}_{2-\Delta t/2} \Delta t \tag{5-15}$$

显式积分法的优点是:1)只需转置质量矩阵,不须转置刚度矩阵,具有鲁棒稳定性,不用考虑收敛性问题;2)方程非耦合,不需要求解联立方程组;3)所有的非线性问题(包括接触)都包含在内力矢量中,内力计算是主要的计算部分。

显式积分法的缺点是:时间步长受到数值积分稳定性的限制,不能超过系统的临界时间步长。

3. 链式求解算法

对前节对两种结构动力学瞬态响应直接积分算法的特点分析可知,在叶片丢失过程强耦合系统的非线性动态响应计算中,需要将两种方法进行有效的结合,采用隐式算法将计算整机系统稳态运转过程的载荷预效应,包括离心力、惯性力等,作为显式瞬态动力学过程计算的初始条件。由于隐式算法和显式算法是顺序应用的,故称其为链式求解算法,这样能够在准确描述征集系统的动态行为的同时,又保有较为良好的计算效率。

具体算法步骤如下:

1)对求解域离散化采用位移格式构造插值函数,并形成系统的 $\mathbf{M}, \mathbf{C}, \mathbf{K}$;

2)给定系统的初值条件 $\mathbf{d}(0), \dot{\mathbf{d}}(0), \mathbf{d}(0), \mathbf{Q}(0)$(主要为转速);

3)给定时间步长 Δt 及参数 β 和 γ,且应满足 $\gamma \geqslant 0.50$ 和 $\beta \geqslant 0.25(0.5+\gamma)^2$,从而保证计算的稳定性和收敛性;

4)隐式求解,根据式(5-13)递推,将 $\ddot{\mathbf{d}}_i$ 带入式(5-10)和式(5-11)中,求得 $\dot{\mathbf{d}}_i$ 和 $\dot{\mathbf{d}}_i$;

5)将计算得到的位移 $\mathbf{d}_i$ 作为系统初值条件,对系统原有运动方程的刚度项修正,然后重新开始新一步,进行数值积分求解;

6)显式求解,根据显式中心差分算法,求解运动方程(5-9)与 5.1.2 节中的叶片断裂、接触碰摩条件方程,求解系统的 $\ddot{\mathbf{d}}_i, \dot{\mathbf{d}}_i$ 和 $\mathbf{d}_i$,直至满足收敛条件。

在链式分析过程中,需要注意积分单元和控制沙漏。显式积分的求解时间步长是由所有单元的最小边长决定的(单元边长缩短 2 倍导致求解时间增加两倍)。为提

高求解速度,应该尽量采用统一的单元大小(可能导致在大应力梯度的位置的应力失真)。为提高计算效率,通常采用缩减积分,但会导致单元沙漏问题,即零能模式,产生比结构响应高得多的频率振荡的零能变形模式,其在数学上是稳定的,但在物理上是不可能的。控制沙漏需要在建模阶段充分考虑,控制单元尺寸,避免使用小单元和三角形单元,避免使用锐角单元和翘曲单元。

5.2.3 叶片丢失力学过程数值仿真分析

1. 整机固有振动特性

对整机系统的固有振动特性进行分析,模态分析结果中包含机匣振动模态、转子振动模态以及转子-机匣耦合振动模态,同时也存在许多部件的局部振动模态。由于本节重点关注叶片丢失引起的载荷对于整机系统振动特性的影响,因此仅提取转子以及与转子相关的整机模态。

整机系统前六阶固有频率及模态振型见表5-3。第一阶模态为整机俯仰型振动,第二阶为风扇俯仰型振动,第三阶为耦合振动,包括低压转子一阶弯曲和高压转子平动,第四阶为低压涡轮俯仰,第五阶为耦合振动,包括低压转子一阶弯曲和高压转子平俯仰,第六阶为低压转子二阶弯曲。

表5-3 整机系统固有模态振型及频率

第一阶 16.83 Hz	第二阶 48.72 Hz
第三阶 54.37 Hz	第四阶 62.06 Hz

第五阶 103.60 Hz	第六阶 127.48 Hz
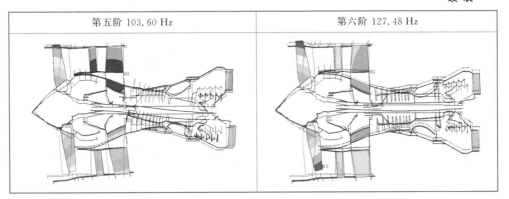	

2. 物理过程仿真

基于 5.1.1 建立的高涵道比涡扇发动机整机模型,对叶片丢失全过程进行动力学仿真计算,在结果中提取叶片丢失过程中的几个重要时刻,如图 5-28 示,依次代表了叶片丢失的全过程:风扇叶片丢失前转子稳态运转—叶片瞬时断裂飞出—飞出的叶片与尾随叶片和机匣撞击—叶片被机匣包容。

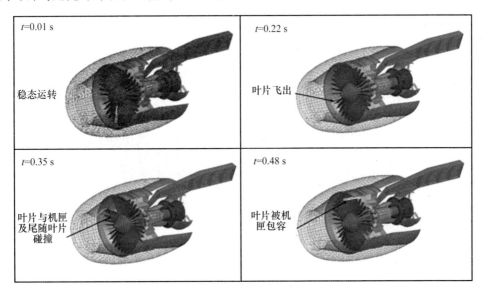

图 5-28　叶片丢失运动过程仿真结果

图 5-29 为丢失叶片在一周内的运动轨迹,在初始转速、离心力以及机匣包容约束的综合作用下,丢失叶片轨迹为螺旋线,轮盘上剩余的叶片受到丢失叶片的撞击以及机匣的约束作用(碰摩),说明这里建立的仿真方法能够实现叶片丢失过程的完整模拟。

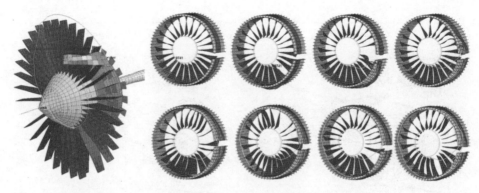

图 5 - 29　丢失叶片运动轨迹

3. 时/频响应特征

风扇轮盘位置的时域振动响应结果如图 5 - 30 所示。叶片丢失发生(0.20 s)前，转子没有不平衡载荷，转子平稳运转，转子的振动响应幅值为零；叶片丢失发生后，转子振动响应突增，在 0.233 s 时达到峰值，为 19.72 mm；随后振动响应衰减，并在 0.5 s 时趋于稳定，稳态振幅为 10.88 mm，冲击系数为 1.81。

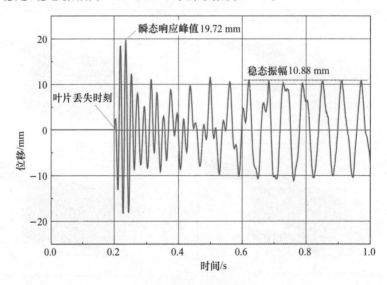

图 5 - 30　风扇位置时域响应结果

在转子振动响应达到峰值后的衰减过程中，即 0.233～0.400 s 内，振幅首先降低，之后最大振幅升高至 10.88 mm，并保持稳定。这是由叶片丢失引起的瞬态振动的衰减过程(转子的自由衰减振动)和强碰摩过程(机匣包容)的耦合作用导致。虽然转子在 0.5 s 后的振动基本稳定，但转子的振动响应也并非规则的正弦曲线，主要源于转子与机匣间持续的碰摩作用。

对时域信号进行傅里叶变换,进一步分析转子在叶片丢失过程中的频域响应特征,如图 5-31 所示,可见转子的频域响应成分比较复杂。频率成分中,75.34 Hz 对应转子的转速频率为不平衡激励频率,37.22 Hz 为转速频率的 1/2,来自于碰摩激励产生的分频。此外,17.43 Hz、21.17 Hz、51.05 Hz 和 59.77 Hz 冲击载荷激起的转子系统进动频率,分别对应于表 5-3 中的第一阶(16.83 Hz,整机俯仰振型)和第二阶模态(48.72 Hz,风扇俯仰型振型)的正进动和反进动频率。

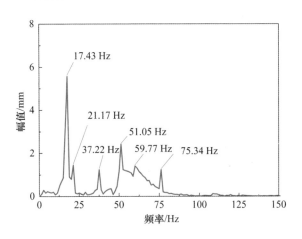

图 5-31　风扇位置频域响应结果

4. 振动响应传播过程

在双转子系统上选取四处轴向不同位置作为关键截面,分别位于风扇、高压压气机第 1 级、高压涡轮、低压涡轮第 5 级,如图 5-32 所示。提取各处振动响应,分析叶片丢失激励下转子振动响应的传播过程。

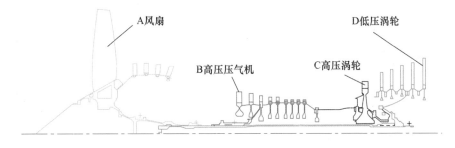

图 5-32　双转子系统关键截面选取

各关键截面位置的振动响应如图 5-33 所示。图中标注了振动过程中的瞬态响应峰值、振动衰减稳定后的稳态幅值以及叶片丢失时刻到振动响应峰值时刻所需的时间。瞬态、稳态振幅及冲击系数见表 5-4。

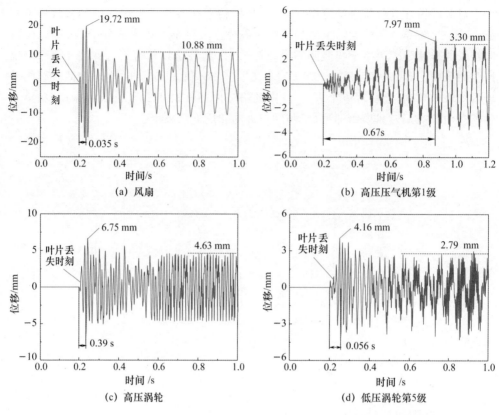

图 5 - 33　转子关键截面位置时域振动响应

表 5 - 4　转子关键截面振动响应结果

位　　置	风　扇	高压压气机	高压涡轮	低压涡轮
峰值响应时间/s	0.035	0.673	0.042	0.056
瞬态峰值/mm	19.72	3.96	6.75	4.16
稳态幅值/mm	10.88	3.30	4.63	2.79
冲击系数	1.81	1.21	1.46	1.49

　　计算结果表明,在叶片丢失载荷激励下,转子系统各关键截面的振动响应特征基本一致。在趋势上,基本表现为瞬态响应突增,而后衰减,最终稳定;同时由于衰减过程中转子-机匣碰摩的影响,振动响应具有非稳态的特征;但是在细节特征上各关键截面振动响应存在一定差异,表现为:

　　1) 风扇转子处的瞬态响应峰值、稳态响应幅值以及冲击系数均最大,说明叶片丢失载荷激励下的转子动力响应的局部效应明显,对风扇位置的振动响应影响最显著。

　　2) 高压压气机的振动响应特征略区别于其他位置,叶片丢失后瞬态响应小幅提高,继而衰减,然后响应逐渐放大并稳定,原因在于高压转子并未直接受到转子不平衡载荷激励,而是通过中介轴承外传的载荷,载荷传递时间长,载荷作用机理不同。

3) 各截面振动响应峰值按时间顺序排列,依次为"风扇—高压涡轮—低压涡轮—高压压气机",表明振动响应在转子系统中存在传播过程,传播路线距离风扇(叶片丢失位置)由近及远传播,传播路线见图 5-34。

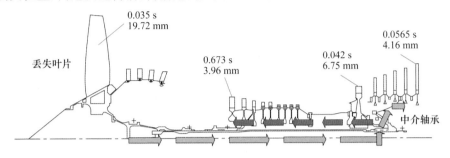

图 5-34　转子振动响应传播路线

5. 转静件间隙

转子和静子振动变形不协调时会引起间隙变化,从而引起碰摩。本小节通过转静件间隙的分析,获得在叶片丢失过程中容易发生碰摩的危险位置。图 5-35 为双转子和静子机匣在叶片丢失过程中一个时刻($t=0.25\text{ s}$,发生叶片丢失后)的弹性线,可见在风扇、高压涡轮和低压涡轮处,转子的振动响应均超过了机匣,说明此时在这些位置已经发生了碰摩。

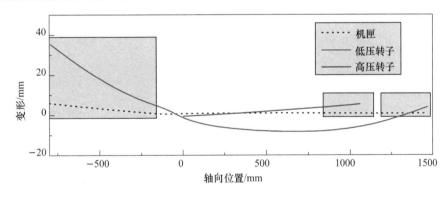

图 5-35　转静件在叶片丢失过程中弹性线

再对叶片丢失全过程中转静件的相对变形分析,找到叶片丢失全过程中哪些位置的碰摩最严重。提取风扇、增压级、高压压气机、高压涡轮和低压涡轮位置的相对变形,如图 5-36 所示。图中的相对变形值由静子机匣中心位移减去转子轴心位移获得,负值表示转子与静子的侵入程度。结果表明,在风扇叶片丢失时,高压转子和低压转子均会与机匣发生碰摩,风扇和低压涡轮的碰摩比较严重,高压转子的碰摩相对较轻。

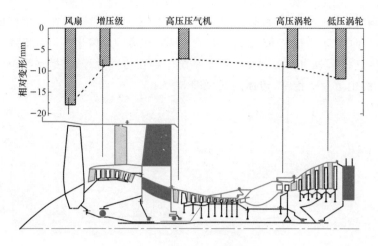

图 5-36 关键截面位置的间隙

6. 轴承支点动载荷

对于本章采用的带有中介支点的高涵道比涡扇发动机，有四个支点安装于承力机匣内部，分别为低压转子的 1♯、2♯ 和 5♯ 支点以及高压转子的前支点（3♯ 支点）。在风扇叶片丢失激励下，这四个支点的支点动载荷时域响应如图 5-37 所示。提取响应达到峰值的响应时间、瞬态峰值、稳态幅值以及冲击系数于表 5-5 中。

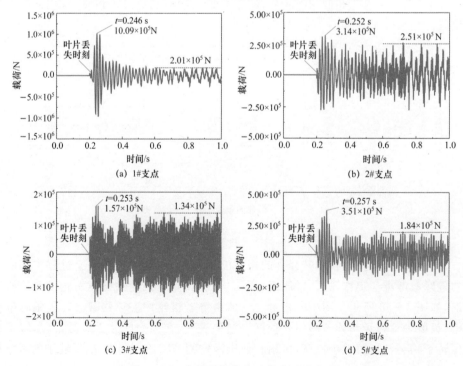

图 5-37 各轴承处支点动载荷时域响应

表 5 - 5　转子各轴承支点动载荷及冲击系数

支点号	1#	2#	3#	5#
峰值响应时间/s	0.046	0.052	0.053	0.057
瞬态峰值/10^5 N	10.09	3.14	1.57	3.51
稳态幅值/10^5 N	2.01	2.51	1.34	1.84
冲击系数	5.02	1.25	1.17	1.91

由计算结果可见,在叶片丢失发生时,由于突加不平衡载荷的作用,各支点均会产生明显的冲击效果,即支点动载荷瞬时突增,随后衰减到稳定的振动幅值。对比四个支点的时域响应结果,可得如下结论:

1) 靠近风扇的 1# 支点的支点动载荷和冲击系数均为最大,支点动载荷达到 $10.09×10^5$ N(约 100 t 力),冲击系数为 5.02。该支点的载荷状态最恶劣,航空发动机主轴承的承载能力一般可达到 50 t 力,而风扇叶片丢失在 1# 支点产生 100 t 的反力,会导致滚珠破碎、抱轴等严重的后果,因此有必要采取安全性措施以保护轴承和转子系统。

2) 低压转子另外两个支点(2# 和 5#)的支点动载荷约为 $3×10^5$ N,冲击系数分别为 1.25 和 1.91,原因在于 5# 支点位于涡轮位置,质量和转动惯量集中,转子惯性大,冲击效果更明显。

3) 高压转子前支点的冲击系数仅为 1.17,瞬态响应与稳态响应幅值接近,说明高压转子受到的冲击效果较弱,冲击载荷在传递到高压转子过程中已经衰减。

4) 叶片丢失时刻在 0.2 s,各支点瞬态响应到达峰值的时刻在 0.246～0.257 s 之间,响应时间约为 50 ms,各支点反力达到瞬态峰值的时间差基本在 10 ms 以内。

5) 在支点动载荷响应衰减后,支点动载荷幅值也不是稳定的,原因在于转子系统在不平衡载荷作用下与机匣产生碰摩剐蹭,转子不断受到径向冲击力和轴向摩擦力激励,支点动载荷也随之呈现非稳态的特征。

7. 安装节外传力

安装节是发动机与飞机连接点,将发动机的推力、重力、惯性力、气动力矩等负荷外传到飞机。在恶劣载荷工况下,发动机的载荷最终也需要通过安装节外传,为保证安装节的完整性,需要对安装节的承载状态进行分析。

图 5 - 38 所示为一种典型的高涵道比涡扇发动机安装节布局,在主安装节上承受轴向、垂直和侧向力,在副安装节上有左右两个承力点,右边承受垂直和侧向力。

提取发动机主、副安装节位置的外传载荷,如图 5 - 39 和图 5 - 40 所示,包括主、副安装节在垂直方向和水平方向的载荷时域响应,提取响应达到峰值的响应时间、瞬态峰值、稳态幅值以及冲击系数于表 5 - 6 中。

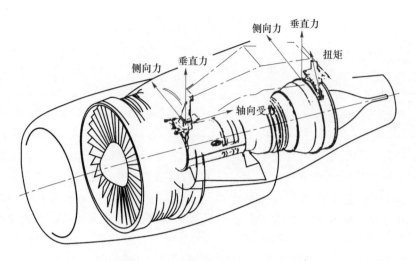

图 5-38　发动机安装节受力示意图

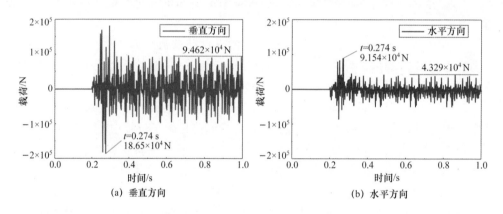

图 5-39　主安装节外传载荷

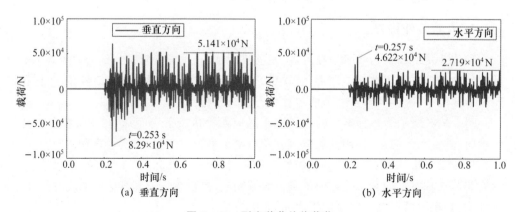

图 5-40　副安装节外传载荷

表 5 - 6　安装节外传载荷及冲击系数

安装节	主安装节		副安装节	
方向	垂直	水平	垂直	水平
峰值响应时间/s	0.074	0.074	0.053	0.057
瞬态峰值/10^4 N	18.65	9.15	8.29	4.62
稳态幅值/10^4 N	9.46	4.33	5.14	2.72
冲击系数	1.97	2.11	1.61	1.70

通过对比主、副安装节的振动响应结果,可以得知:

1) 主安装节外传载荷高于副安装节,外传载荷最大值为主安装节的垂直方向反力,副安装节最大外传载荷约为主安装节的一半。外传载荷在水平和垂直方向的响应幅值差异较大,主要由约束条件的非对称性造成,挂架对发动机在垂直方向的约束较水平方向强。

2) 从峰值响应时间来看,主安装节达到响应峰值的时间为 0.074 s,副安装节达到响应峰值的时间约为 0.055 s,这与安装节内承载轴承和传递路径相关,主安装节承载了高低压转子的三个支点,三个支点的载荷的合力外传,其合力最大值并不出现在某一个支点的峰值响应时间上。而副安装节仅承载低压转子的涡轮后支点(5♯),其峰值响应时间与涡轮后支点反力峰值响应时间基本一致。

3) 从冲击系数来看,主安装节的冲击效果更明显,冲击系数约为 2,副安装节的冲击系数约为 1.7。

5.3　支承结构设计

5.3.1　单转子系统叶片丢失

1. 低压转子

针对叶片飞失问题的整个运动过程进行仿真分析,并将转子的运动过程分为 3 个阶段:第一阶段,风扇叶片飞失后产生的冲击载荷对支点动载荷的影响规律;第二阶段,转子从工作转速减速到风车转速、大不平衡激励下临界转速点处;第三阶段转子在风车状态下稳定运转。探究柔性转子在不平衡激励、碰摩激励下的动力学特性,重点关注叶片/机匣碰摩力,转子关键截面位置的时频响应特性以及转子各支点动载荷响应。

图 5 - 41 所示为典型高涵道比发动机低压转子-支承结构系统有限元实体模型图。该模型保持了转子的结构特征和力学特性相似。

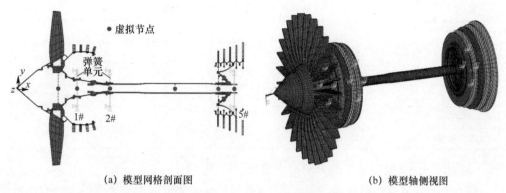

(a) 模型网格剖面图　　　　　　　　　　(b) 模型轴侧视图

图 5-41　低压转子系统分析模型

采用上述建立的低压转子系统模型进行计算,设定不平衡量为 $1.5 \times 10^6 \text{g} \cdot \text{mm}$,转子的工作转速为 6 000 r/min;当发生叶片飞失后,转子转速从 6 000 r/min 按照匀减速的方式下降到 1 200 r/min(风车转速),并在 1 200 r/min 阶段稳定运行。1♯支点的支承刚度为 $3.937 \times 10^7 \text{N/m}$,2♯支点的支承刚度为 $6.17 \times 10^7 \text{N/m}$,5♯支点的支承刚度为 $5.49 \times 10^7 \text{N/m}$。

转子每转一转为一周期,分析转子在叶片飞失后 10 s 的运动特性,其转速变化过程如图 5-42 所示。在前 1 s($0 \sim t_1$),转子以工作转速 $\omega_2 = 6\ 000$ r/min 转动;在 2~7 s($t_1 \sim t_2$),转子匀减速运动;在 7~10 s($t_2 \sim t_3$),转子在风车状态 $\omega_1 = 1\ 200$ r/min 下运转。在转子整个运动分析中,考虑切向加速度对转子的影响。

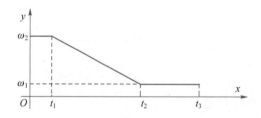

图 5-42　转子转速变化过程

图 5-43 所示为叶片飞失下转子系统响应特性,计算过程中不考虑转静子碰摩。将上述支点的动载荷变化分成 3 个阶段:第一阶段中,转子的转速为工作转速 6 000 r/min,当发生叶片飞失后,转子先后受到冲击载荷和大不平衡载荷的作用,支点的幅值在 0 时刻发生阶跃。由于 1♯支点靠近风扇轮盘,其位移响应较为明显,2♯支点位移次之,5♯支点距离风扇轮盘最远,对叶片飞失激励的敏感性最低。第二阶段中,转速开始从工作转速减到风车转速状态,转子系统在减速过程中存在两阶临界转速,分别是第二阶涡轮平动振型和第一阶转子一弯振型。由于 1、2♯支点距离涡轮较远,对涡轮平动振型不敏感,在经过涡轮平动临界转速时并没有明显增大;相比之下,当经过转子一弯临界转速时,1、2♯支点位移明显增大。第三阶段中,转子

转速为 1 200 r/min,不平衡惯性载荷较小,1、2、5♯支点的位移响应较小。整个阶段中,1♯支点动载荷最大,是支承结构安全性所考虑的重点。

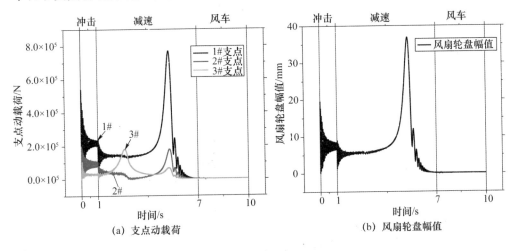

图 5 - 43　叶片飞失-转子系统响应特性

2. 高压转子

图 5 - 44 所示为某型涡桨发动机高压转子结构示意图。转子由一级离心式压气机和一级高压涡轮构成,分别有压气机前和涡轮前 2 个轴承,采用 1 - 1 - 0 支承方案。转子具有较大的长径比,在结构及动力学设计中,要求按刚性转子设计,即在工作转速附近不会出现弯曲模态共振转速。压气机前支点为内环分半式滚珠轴承,通过压气机前中介机匣传递轴向和径向载荷;后支点为滚棒轴承,通过压气机后燃烧室机匣传递径向载荷。采用 1 - 1 - 0 支承方案尽可能缩短高压转子支点跨距,使高压压气机转子具有良好的径向刚度与弯曲刚度,保证转子的动力学特性和叶尖间隙设计的要求。

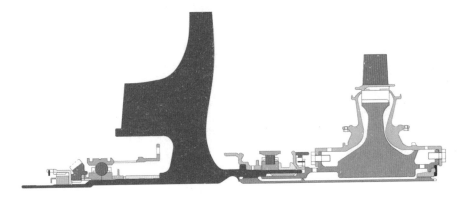

图 5 - 44　涡桨发动机高压转子结构示意图

图 5-45 所示为涡轮叶片飞失下转子系统响应特性(参数设定为:0 时刻,涡轮叶片飞失,转速为 15 000 r/min,0.8 s 后转子开始做匀减速,直到 3.6 s 转子保持在 1 500 r/min 稳定运转),由于前支点远离涡轮轮盘,对叶片飞失激励的敏感性较低,而后支点靠近涡轮轮盘且支承刚度较高,对叶片飞失激励的敏感性较高。在 2 s 左右,转子经过一阶临界转速,支点载荷增加明显。

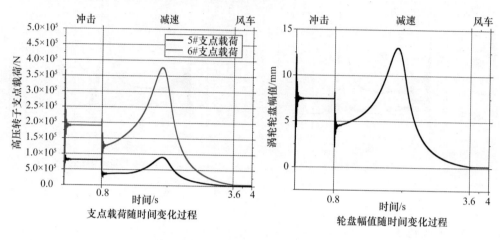

图 5-45 高压涡轮叶片飞失响应特性

从上面的仿真计算结果可知,对于高速转子系统,在叶片丢失突加不平衡激励作用下,对于轴-支承结构损伤最大的是减速通过临界转速时转子大的横向变形所产生的支点动载荷响。因为这时除了转子不平衡激励以外,转轴弯曲变形所产生的旋转惯性力矩也会对一些支点施加大的载荷激励,而叶片丢失瞬间的冲击激励,则具有局部损伤和时效性。

5.3.2　双子转子系统叶片丢失

图 5-46 所示为典型高推重比发动机双转子系统的简化模型,主要由具有一个轮盘模拟的高压转子和两盘三支点组成的低压转子构成。转速参数设定为:0 时刻叶片飞失,低压转子转速为 12 000 r/min,0.8 s 后转子开始做匀减速,直到 3.6 s 转子保持在 1 200 r/min 稳定运转;高压转子转速为 15 000 r/min,0.8 s 后转子开始做匀减速,直到 3.6 s 转子保持在 1 500 r/min 稳定运转,在此基础上研究不同轮盘发生叶片飞失对支点载荷的影响规律。

图 5-47 所示为风扇轮盘叶片飞失支点载荷随时间变化情况。计算结果表明:1#、2#支点距离风扇最近,载荷幅值较高。减速过程中经过风扇轮盘平动临界转速,各个支点载荷发生突增变化。

图 5-48 所示为低压涡轮轮盘叶片飞失支点载荷随时间变化情况。计算结果表明:中介支点距离低压涡轮较近,载荷幅值较高。

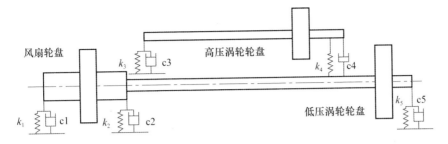

图 5-46　双转子模型

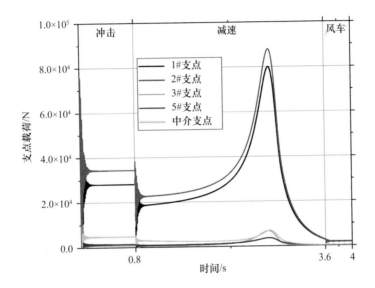

图 5-47　风扇轮盘叶片飞失支点载荷随时间变化

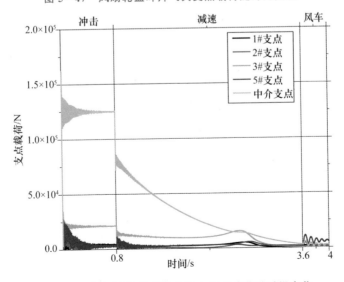

图 5-48　低压涡轮轮盘叶片飞失支点载荷随时间变化

航空燃气轮机转子动力学特性与安全性设计

图 5－49 所示为高压涡轮轮盘叶片飞失支点载荷随时间变化情况。计算结果表明：中介支点距离高压涡轮较近，载荷幅值较高，且经过两个临界转速形成两个峰值。

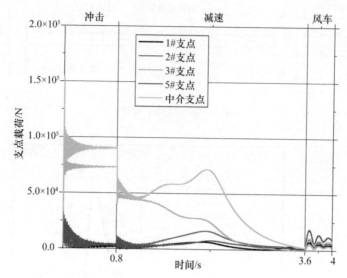

图 5－49　高压涡轮轮盘叶片飞失支点载荷随时间变化

通过仿真计算可知，对于带有中介支点的双转子系统，不同位置的突加不平衡激励所产生的振动响应和对支点动载荷的影响不同：

1) 对于位于低压转子前端风扇位置叶片丢失所产生的突加不平衡激励，在风扇轮盘后两个支点处动载荷响应远大于其他支点，并且最大动载荷发生在转子减速通过临界转速过程中。这是由于风扇轮盘具有大的极转动惯量，支点除了要承受大不平衡的横向载荷外，还要承受旋转惯性力矩载荷。

2) 对于高压、低压涡轮叶片丢失的突加不平衡激励，在中介支点处的动载荷最大，其中叶片丢失瞬间冲击响应因低压涡轮叶片丢失产生的影响较大，而减速过临界时，高压涡轮叶片丢失产生的动载荷大于低压涡轮叶片丢失。这是由于突加不平衡位置与中介支点较近，并且高压转子刚度强。

5.3.3　轴承-支承结构抗冲击设计

在极限载荷状态下，例如风扇叶片丢失，对发动机转子-支承结构系统所产生的破坏影响分为两类：一是瞬态冲击损伤破坏，二是大不平衡转子在风车状态下运转的稳态响应。

瞬态冲击损伤破坏由风扇叶片丢失所引起的横向冲击产生，作用于转子及支承结构上。这种冲击载荷势必会对轴承、支承结构产生一定破坏。需要从结构设计上通过降低轴承及支承结构对转子的约束，来控制极限载荷下传递到轴承及支承结构的载荷，以降低其损伤。

在工程应用中，风扇转子后 1# 支点（滚棒轴承）采取变刚度设计，以保证在具有巨大的突加不平衡冲击的极限载荷条件下,使支承刚度瞬间下降,以阻止横向冲击载荷通过轴承传递到支承结构和发动机其他部位,使转子在一定的间隙下绕轴转动,控制整机结构损伤失效范围。变刚度设计的优点在于:通过改变支承刚度,降低转子的临界转速,使低阶临界转速降低到风车转速以下,从而降低转子减速通过临界转速时共振所造成的结构损伤,以及在具有大不平衡的转子在风扇转速下保持一定的运转能力。

　　然而这种变支承刚度的设计方法也带来一些问题。支承刚度的改变导致转子的低阶共振模态振型发生改变,低压转子会有明显的弯曲变形,高、低压转轴之间可能会发生碰摩,增大了低压转轴断轴的风险;风扇转轴弯曲变形会对风扇后 2♯ 支点(滚珠轴承)产生弯矩载荷,弯矩载荷会引起轴承严重不协调变形,同时对支承结构产生一定破坏。为了保证风扇转子 2♯ 支点滚珠轴承的安全性,通过降低轴承对转子的约束强度,来解决 1♯ 支点变支承刚度所产生的问题。

　　为降低 2♯ 支点的约束刚度,可以采用增加轴承间隙的办法,但这样做会对发动机的风车状态产生一定影响,2♯ 轴承对转子的约束刚度下降,增大了转子在风车状态的振动。

　　从上述分析过程中可知,针对风扇叶片丢失情况,瞬态安全设计与稳态安全设计存在一定的矛盾:瞬态情况下要求轴承及支承结构降低对转子的约束强度,稳态情况下要求提高轴承及支承结构对转子的约束强度来降低风车状态下的振动。

　　为了解决上述矛盾问题,分别从约束释放和缓冲阻尼两种角度给出以下几种支承结构设计方案。

1. 约束释放设计

　　约束释放设计包括两种:轴向约束释放方案和径向约束释放方案。

　　轴向约束释放方案下风扇转子轴承—支承结构布局如图 5-50 所示,位于轴心线上的风扇转子由滚棒轴承(1♯ 支点轴承)和滚珠轴承(2♯ 支点轴承)支承。1♯ 滚棒轴承的轴承外环通过锥壳与发动机静子承力结构连接,当 1♯ 支点位置处的载荷超出许用值时,锥壳 3 发生局部断裂,以实现 1♯ 支点支承刚度的突变。

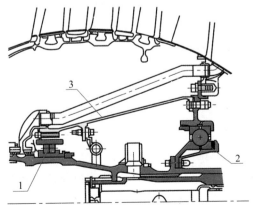

图 5-50　风扇转子轴承-支承结构布局示意图(轴向约束释放方案)

2♯支点的滚珠轴承为止推轴承,对转子具有轴向约束作用,由外环、内环滚子和保持架组成。轴承外环固定在支承结构上,轴承内环向前伸出形成锥壳,并通过螺栓连接固定在转子安装凸边上。

　　图5-51为轴承装置的截面图,主要包括滚动体、保持架、轴承外环、轴承内环及其延伸锥壳。

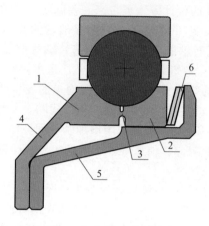

图5-51　刚度时变支承结构

　　轴承内环包括前半环1和后半环2,其通过连接环3连接。该连接环在几何结构上可以是连续的,也可以是不连续的,以允许轴承润滑。由于两个半环之间为刚性连接,轴承内环形成一个整体。连杆环构成轴承内环的薄弱区域。

　　前半环径向向内延伸,形成延伸锥壳4,并终止于法兰,通过螺栓连接将其固定到旋转轴的法兰,如图5-50所示。

　　轴承安装结构包括保持环5。该保持环由四部分组成:安装法兰、锥壳轴颈、支承安装环、轴向约束法兰。轴承安装结构还包括一个弹性构件6。

　　在正常情况下,轴承内环的两个半环彼此连接,滚动体在轴承内环滚动。发生极限载荷情况时,例如风扇叶片断裂、丢失,将会产生巨大的横向冲击载荷。在这种情况下,假设设置1♯轴承处支承结构已经释放约束。这种释放约束会破坏旋转轴的旋转状态,旋转轴发生弯曲变形。2♯轴承在承受相当大的径向载荷、弯曲载荷的同时进行运转,会导致2♯轴承产生严重不协调变形。

　　当2♯轴承产生严重不协调变形或所承受的弯矩载荷大于预定值时,连接环3在拉力下断开,两个半环彼此分离。前半环被固定在旋转轴上,后半环轴向向后移动,同时由保持环5提供支承,后半环与保持环之间具有径向间隙。这种轴向位移是有限的,轴向约束凸缘能够对后半环进行轴向限位。插入的弹性构件6用于阻碍后半环向轴向约束法兰移动。当施加在轴承上的载荷降低时,弹性构件推动后半环向前移动,从而可以确保风车阶段转子能够稳定运转。在这个示例中,弹性构件由两个弹簧垫圈组成。

当前后半环已经分离,后半环 2 不能相对于保持环 5 自由旋转。2 号轴承设置有旋转约束结构,如图 5-52 所示。该旋转约束结构包括位于保持环 5 径向向外的凹槽 6,以及后半环 2 的突齿 7。凹槽与突齿相啮合,凹槽的尺寸设计应允许两个半环 1、2 分离之后,后半环 2 能够轴向移动。

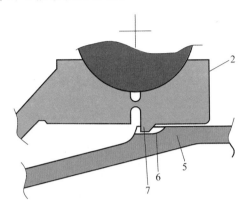

图 5-52　旋转约束结构

两个半环分离使 2 号轴承释放角向约束,两个半环之间的轴向间隙增大,进而增加 2 号轴承的径向间隙,并因此补偿由弯矩载荷引起的严重不协调变形。径向间隙的增加可以限制传递到附近静子支承结构的弯矩,同时降低了高低压转子碰摩事故的发生。

风车状态下,轴承上的载荷降低到一定程度,弹性元件 6 发挥作用,弹性元件推动后半环向前移动,两个半环的轴向间隙减小,轴承径向间隙随之减小,轴承对转子的约束作用增强,降低了风车状态下转子的振动。

径向释放约束方案风扇转子-支承结构设计如图 5-53 所示。风扇转子位于轴心线上,并带有风扇叶片,环形风扇机匣具有包容性。

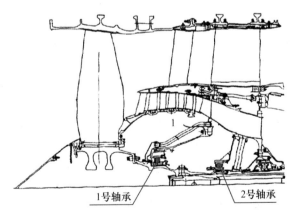

1号轴承　2号轴承

图 5-53　风扇转子轴承-支承结构布局示意图(径向约束释放方案)

低压转子前端有两个轴承,其中前端为滚棒轴承(1♯轴承),位于风扇后,滚珠轴承(2♯轴承)位于1♯支点后。滚棒轴承外环由支承结构固定,支承结构与发动机的中介承力框架通过保护短螺栓连接1。这些保护螺栓1组成了低压转子第一个约束释放结构系统:当低压转子的不平衡载荷超过预设定的阈值时,保护螺栓1断裂,从而断开低压转子和中介承力框架机匣的连接。

　　同样,滚珠轴承由后端的支承框架支承固定,支承框架通过螺栓与涡轮发动机的中介承力框架机匣相连。

　　如图5-54所示,轴承的轴承内环安装位置靠近低压转轴,轴承外环与支承框架相连,轴承内外环确定了滚珠的转动轨道。轴承外环与支承框架通过螺母轴向压紧。

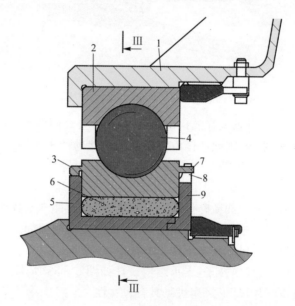

图5-54　正常工作状态的滚珠轴承-支承结构

　　轴承内环安装在内环支座5上。内环支座与低压转轴为过盈配合,并且通过螺母轴向压紧。内环支座5设计为分半结构,前挡板为5,后挡板为9。

　　为了将扭矩从低压转轴传向轴承内环,轴承内环向后伸出一圈凸耳7,与内环支座后挡板末端上的齿8配合传扭。

　　2号轴承内环向前伸出结构3,作为保护轴颈,实现轴承内环与内环支座前挡板的定心。不平衡载荷未超过预设定的阈值时,保护轴颈使轴承内环与内环支座定心。保护轴颈内侧设计有一个凹槽,形成薄弱区,当不平衡载荷超过预设定的阈值时,凹槽处断裂,从而释放轴承内环与内环支座之间的径向约束。预设定的阈值应该满足下列要求:一旦2号轴承阈值确定,当1号轴承-支承结构约束释放后,2号轴承的保护轴径应相继断开。

对图 5-54 中的轴承沿Ⅲ-Ⅲ方向做剖视图,可见轴承内环 3 与内环支座 5 之间沿周向设计有一圈密封的缓冲体 6,缓冲体内部为特殊的非均质结构。缓冲体轴向与前后挡板接触,径向与内环支座的底座以及轴承内环接触。此外,这些缓冲体不间断地覆盖了整个内环支座的环形腔,如图 5-55 所示。

这些内部含有非均质结构的缓冲体是密封的。非均质结构由多孔的毛细血管固体基体和与该基体疏离的液体组成,特性有:包裹毛细血管基体的液体不能自发地渗入与之疏离的基体毛细血管网络或气孔,只有当非均质结构上作用有合适大小的压力才会存在渗入过程。压力的阈值确定,应保证液体渗入非均质基体毛细血管网络的过程是已知并且可控的。设计时应保证:在连接轴承内环与内环支座的保护轴颈断裂后,缓冲体内的非均质结构立刻承载。

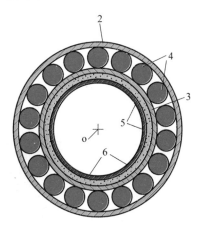

图 5-55　2 号轴承横向剖面图

当一个作用在转轴上的不平衡载荷对应在旋转坐标系下的静力未超过预设定的阈值时,静力全部通过这些密封缓冲体传出,缓冲体在这个过程中体积不会发生变形。而当作用在转轴上的不平衡载荷对应的静力超过预设定的阈值时,轴承内环与内环支座之间的约束释放,轴承内环与内环支座之间能发生相对运动。在不平衡载荷作用下,轴承内环与内环支座之间的径向相对运动会压缩缓冲体。当不平衡载荷激励产生的静力超过预设定的阈值时,缓冲体的压缩会使液体渗入非均质结构的固体基体中的毛细血管网络(整个渗入过程是瞬发的,并且是等温的)。因此,缓冲体的体积迅速下降,从而增大了低压转轴和轴承内环之间的间隙,如图 5-56 所示。这在一定程度上释放了 2 号轴承与转子之间的径向约束,降低传递到轴承及支承结构的载荷。

当发动机处于风车状态时,作用在轴承上的载荷降低,缓冲体迅速膨胀,轴承内环与转子轴之间的径向间隙减小,2 号轴承对转子的约束作用增强,降低了风车状态下转子的振动。

2. 缓冲阻尼设计

本小节针对 2♯支点(滚珠轴承)采取支承结构缓冲阻尼设计,并仿真验证转子系统在该设计下对降低支点载荷的有效性。

航空发动机低压转子为典型的高速柔性转子,具有局部振动和整体振动特征。当风扇叶片飞失时,产生的不平衡载荷会对 2♯支点产生显著影响。此外,2♯支点的支承刚度对转子系统临界转速具有重要影响,可通过减小该支点支承刚度调整转

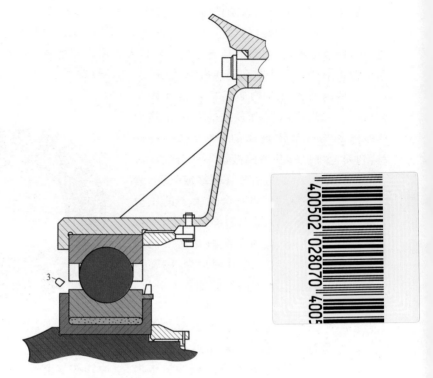

图 5-56   横向冲击载荷状态的轴承-支承安全销断裂释放能量

子的临界转速。因此,针对低压转子 2♯ 支点滚珠轴承,设计具有抗冲击隔振性能的
"内环缓冲"轴承-支承结构,如图 5-57 所示。

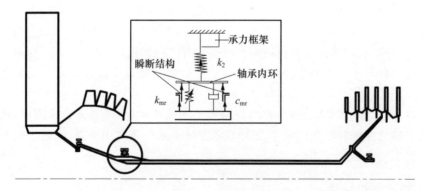

图 5-57   "内环缓冲"轴承-支承结构设计方案

　　滚珠轴承安装于风扇轴段的轴承安装座上,轴承内环与安装座间填充有周向分
布的金属橡胶。正常工作状态下,轴承与轴承座通过定位结构和瞬断结构相互固定,
保证轴承可以支承转子正常运转并承受一定的转子负荷;叶片飞失等极限载荷状态
下,作用在转轴上巨大的冲击载荷超过瞬断结构设定的阈值,瞬断结构剪切破坏,轴

承内环和转轴之间失去定位约束,在径向产生相对位移,挤压金属橡胶;金属橡胶在径向上设计有较小的刚度,在转轴和轴承相对运动中挤压变形,起到缓冲、隔振、抗冲击和吸收振动能量的作用,降低了极限载荷状态下转子剧烈振动对支承结构安全性的影响。瞬断结构破坏失效,释放了轴承和轴承座间的位移约束,金属橡胶在轴承内环与转轴间起到"内环缓冲"作用,同时也降低了该支点的刚度,是一种支承结构变刚度设计。

根据上述支承结构安全性设计策略,建立缓冲阻尼支承结构力学模型,如图 5 – 58 所示,将轴承的力学特性简化为线性弹簧 k_2 和阻尼 c_2,将金属橡胶的力学特性简化为非线性弹簧 k_{mr} 和阻尼 c_{mr}。

力学原理如下:

如图 5 – 59(a)所示,正常工作状态,瞬断结构起到转子定心作用;转子的径向载荷通过瞬断结构传递到轴承,再由轴承传递到承力框架;转子的轴向力则由环腔结构传递到轴承内环,再由轴承外环传递到承力框架。

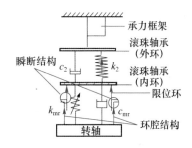

图 5 – 58 轴承–支承结构模型

如图 5 – 59(b)所示,在突加不平衡激励下,瞬断结构断裂,支点传力方式改变,转子的径向力通过金属橡胶传递到轴承内环,再由轴承外环传递到承力框架。轴承内环在环腔中径向移动挤压金属橡胶,起到缓冲隔振的作用。金属橡胶在初始状态刚度较低,2♯支点支承系统的刚度由金属橡胶起主导作用,随金属橡胶挤压变形,刚度逐渐增加,H 表示金属橡胶的挤压极限。

如图 5 – 59(c)所示,当金属橡胶达到挤压极限 H 时,轴承–支承结构的传力方式再次改变。金属橡胶无法再被压缩,转子的径向力一部分通过金属橡胶传到轴承内环,另一部分通过限位环结构传到轴承外环,再由轴承外环传到承力框架。此时 2♯ 支点支承系统的刚度主要由轴承–承力框架刚度 k_2 起主导作用。

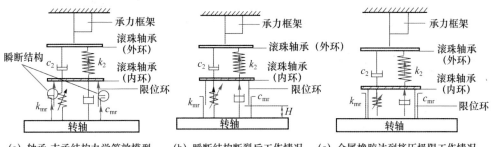

(a) 轴承–支承结构力学等效模型　　(b) 瞬断结构断裂后工作情况　　(c) 金属橡胶达到挤压极限工作情况

图 5 – 59 缓冲阻尼结构力学过程

基于上述缓冲阻尼支承结构力学模型,得到缓冲阻尼力学模型支承刚度随转子

幅值变化情况。如图 5-60 所示,瞬断结构断裂后,缓冲阻尼支承结构生效:

1) 在线性低刚度 k_1 区,主要由金属橡胶构件提供转子的径向约束,金属橡胶中金属丝之间的相互作用提供一定的阻尼隔振作用,有利于降低支点动载荷,达到缓冲隔振目的。

2) 当转子支点幅值超过线性低刚度极限位移 a,金属橡胶构件的径向刚度呈现出非线性变化,此时转子该支点处的径向约束强度随挠度逐渐增大,有利于限制转子振幅,避免转静子碰摩等情况的发生。

3) 转子支点幅值超过线性高刚度 k_2 极限位移 b,金属橡胶被完全压缩,金属丝之间无法产生相对运动,失去了阻尼效果,由轴承-承力框架为转子支点处提供较大的径向约束强度,防止转子振幅进一步增大。

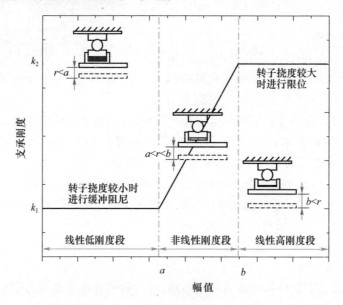

图 5-60 缓冲阻尼力学模型支承刚度随转子幅值变化

根据上述缓冲阻尼支承结构的刚度随支点幅值变化过程,得到支点动载荷在 x 方向的数学表达式为

$$f(x,\dot{x},r)=\eta(\tilde{k}(x,r)+\tilde{c}(\dot{x}))\qquad(5-16)$$

式中,r 为支点幅值,$r=x^2+y^2$,x,y 表示支点在 x 方向、y 方向的位移。η 为阶跃函数,$\eta=\begin{cases}0 & k_2r\leqslant a\\1 & k_2r>a\end{cases}$,$a$ 表示瞬断阈值,k_2 表示 2# 支点支承刚度。$\tilde{k}(x,r)$ 为支点载荷刚度成分,

$$\tilde{k}(x,r)=\begin{cases} k_{\text{low}}x & 0\leqslant r\leqslant a \\[2mm] \dfrac{x}{r}\left[k_{\text{low}}r+(k_2-k_{\text{low}})\dfrac{(r-a)^2}{2(b-a)}\right] & a<r<b \\[3mm] \dfrac{x}{r}\left[k_{\text{low}}r+(k_2-k_{\text{low}})\dfrac{(b-a)}{2}+(k_2-k_{\text{low}})(r-b)\right] & b\leqslant r \end{cases}$$

a 表示线性低刚度位移极限，b 表示线性高刚度位移极限。$\tilde{c}(x)$ 为支点载荷阻尼成分，$\tilde{c}(\dot{x})=c_{\text{mr}}\dot{x}$，$c_{\text{mr}}$ 为金属橡胶阻尼。

下面对采用支承结构缓冲阻尼设计后转子系统在叶片丢失下的振动响应特性进行仿真计算。

设定支承结构的关键参数为 $a=0.1\text{ mm}$，$b=1\text{ mm}$，$k_2=$ 原系统支承刚度，$k_1=k_2\times0.1$，$c_{\text{mr}}=2.1\times10^4\text{ Ns/m}$。

当发生叶片飞失时，得到不考虑转静子碰摩下转子系统的响应特性。如图 5-61所示，(a)为采用支承结构缓冲设计支点动载荷随时间变化，(b)为采用支承结构缓冲设计风扇轮盘幅值随时间变化。

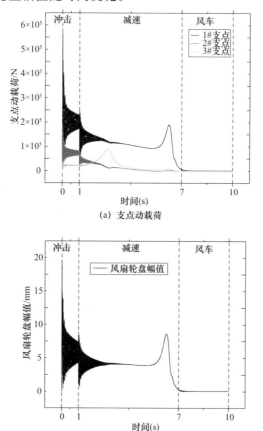

(a) 支点动载荷

(b) 风扇轮盘幅值

图 5-61　支承结构缓冲设计转子系统响应特性

对比图 5-43，计算结果表明，当 2♯ 支点采用支承结构缓冲设计，临界转速点处的支点动载荷明显减小，临界转速点处的风扇幅值明显减小。原因在于，一方面，2♯ 支点整体刚度较低，转子系统的临界转速降低，临界转速点处的支点动载荷降低；另一方面，支承结构的阻尼特性，有助于吸收转子振动所产生的能量，进一步减小经过临界转速时的动载荷。

通过上述计算分析可知：

1）对于具有定位功能的滚珠轴承支承结构的安全设计，需要考虑其定位功能不能被破坏。

2）采用轴承内环缓冲阻尼结构，可以通过支点径向约束的释放，通过转轴的变形，将振动能量分别给其他支点和转轴的弯曲，从而减小滚珠轴的动载荷。

3）滚珠轴承的动载荷变化涉及转子质量分布和模态振动等多方面的交互影响，在工程设计中需要根据具体结构进行多参数优化。

第 6 章
碰摩激励下转子系统振动特性

航空发动机使用过程中,无论是由于外部载荷激励还是转静子变形引起的间隙不协调,均会产生转子与静子之间的碰摩,对转子系统的振动特性及安全性会产生较大的影响。

　　从转子动力学方面分析,碰摩对航空发动机转子,尤其是高柔性转子系统安全性的影响包括三个方面:一是对转子的横向位移产生约束作用,使转子系统的刚度特性具有时变特征,并导致转子系统共振转速改变,甚至发生参数失稳;二是对转子产生径向和切向摩擦载荷,导致转子发生非同步进动,甚至反向涡动失稳;三是对转子产生扭转冲击力矩,使转子发生扭转振动并可与弯曲振动发生耦合,甚至发生弯-扭耦合振动失稳。本章将分别从这三个方面入手,对高速柔性转子系统发生碰摩时的振动特性进行理论分析及仿真计算。

6.1　非光滑约束下转子系统模态特性与稳定性分析

　　当转子振幅超过转静件之间的间隙时,叶片与机匣发生碰摩,进而对转子横向位移产生附加约束作用。由于碰摩形式的不同,静子对转子产生的附加约束的类型也有所不同:当转子发生持续的剐蹭性碰摩(全周碰摩)时,转静件持续相互作用,转子受到稳定的约束效应;而当转子与静子发生间歇碰摩时,由于转静子重复的接触-分离运动,转子受到的约束作用随转子接触-分离运动而具有时变特征,该种约束作用随转子振动幅值变化具有突变、阶跃特征,其导数是不连续的。基于数学中对非光滑的定义,将这种由碰摩产生的约束称为非光滑约束,含非光滑约束的转子称为非光滑约束转子。

　　现代高涵道比涡扇发动机低压转子具有转轴细长及悬臂支承的特点,转子弯曲/扭转刚度弱。当风扇叶片与机匣发生碰摩时,非光滑约束对转子振动特性的影响很大:碰摩接触时,非光滑约束会改变转子瞬时刚度,进而改变转子模态频率和模态振型;同时,还可能引起转子运动状态的不稳定,使转子发生失稳。为了实现转子系统的安全性设计,有必要对非光滑约束转子系统的模态特性和稳定性进行分析。

需要注意的是,由于非光滑约束转子系统具有强非线性特征,基于线性模态理论的传统分析方法不再适用。类比线性模态,Rosenberg 等人发展了非线性模态理论。而为了分析非线性模态,需要采用非线性模态求解的谐波平衡法——将非线性振动方程的位移和系统的非线性力展开为傅里叶级数形式,并通过相同阶次的谐波平衡,获得以位移的傅里叶系数为未知量的非线性代数方程组,即将非线性微分方程转化为非线性代数方程,而后通过数值迭代或优化方法进行求解,最终得到系统的解。

因此,本节将以线性模态为对比,介绍非线性模态理论,阐述用于非光滑约束转子系统模态特性分析的谐波平衡法;建立简化的非光滑约束转子系统力学模型,分析非光滑约束转子系统的模态特性和稳定性,并探究关键结构参数对转子系统稳定性的影响规律。

6.1.1　非线性模态求解的谐波平衡法

1. 线性模态和非线性模态

线性系统固有模态(简称线性模态)是线性结构动力学的核心理论。分析线性系统的固有模态,对于了解线性系统自身的刚度质量特性、构造系统在外激励作用下的振动响应具有重要意义。

线性系统无阻尼自由度振动方程为

$$\boldsymbol{M}\ddot{\boldsymbol{u}}(t)+\boldsymbol{K}\boldsymbol{u}(t)=\boldsymbol{0} \tag{6-1}$$

对于该系统,通常关心其同步振动。该同步振动的特点是:系统各个自由度以相同的频率和初始相位振动,同时达到极值,同时为零,这种振动被称为系统的固有振动或主振动。主振动的频率称为固有频率,各个自由度坐标之比称为固有振型、主振型或主模态。可以证明,若系统为正定系统,即质量矩阵正定,刚度矩阵正定或半正定,则主振动为简谐振动。于是,主振动可设为

$$\begin{cases} \boldsymbol{u}(t)=\boldsymbol{\phi}\sin(\omega t+\varphi) \\ \boldsymbol{\phi}=[\phi_1,\phi_2,\cdots,\phi_n]^{\mathrm{T}} \end{cases} \tag{6-2}$$

式(6-2)代入式(6-1)中,得到的齐次代数方程组为

$$(\boldsymbol{K}-\omega^2\boldsymbol{M})\boldsymbol{\phi}=\boldsymbol{0} \tag{6-3}$$

方程组存在非零解 $\boldsymbol{\phi}$ 的充要条件是系数行列式为 0,于是得到特征值方程为

$$|\boldsymbol{K}-\omega^2\boldsymbol{M}|=0 \tag{6-4}$$

解特征值方程可以得到 n 个特征值 ω^2 以及与 ω^2 对应的特征向量 $\boldsymbol{\phi}$。将特征值升序排列,第 i 个特征值 ω_i^2 的算术平方根称为第 i 阶固有频率,$\boldsymbol{\phi}_i$ 为其第 i 阶主振型,理论上 $\boldsymbol{\phi}$ 可以有无穷多取值,但其所代表的系统振动形态是不变的,通常对 $\boldsymbol{\phi}$ 进

行质量归一或振型归一。从式(6-3)和式(6-4)中可以看出,主模态仅取决于系统的质量、刚度矩阵等物理参数,而与系统的初始状态、外界的激励力等无关。

类比线性模态,Rosenberg 于 1959 年首次提出非线性模态(NNM)概念,将非线性模态应用于非线性系统的振动特性分析中。

非线性模态定义为:所有质点都做同一周期(但不必为简谐)的振动,且同时达到平衡位置和最大位移位置。与之相对应的是,线性模态中定义所有质点均做简谐振动($x_i = a_i \mathrm{e}^{i\omega t}$),由此可以看出非线性模态是在线性系统固有模态之上的一种扩展。

对于任意的无阻尼非线性动力系统,可用如下所示的动力学方程表示(方程中忽略了阻尼)

$$M\ddot{x}(t) + Kx(t) + f_{\mathrm{nl}}(x(t), \dot{x}(t)) = \mathbf{0} \tag{6-5}$$

式中,M,K 分别为质量矩阵和刚度矩阵,x,$\dot{x}$ 和 $\ddot{x}$ 分别为位移、速度和加速度,f_{nl} 为非线性力。

将以上动力学方程写成如下等效形式:

$$\ddot{x}_i + f_i(x_i, \dot{x}_i) = 0 \quad (i = 1, 2, \cdots) \tag{6-6}$$

根据 Rosenberg 关于非线性模态定义,所有质点位移 x_i 都可用任一点的位置(设为 x_0,但该点不为振动系统的节点)确定,即

$$x_i = X_k(x_0) \tag{6-7}$$

式中,x_0 为基准自由度模态振动,X_k 描述了其他自由度模态位移与基准自由度的约束关系,为系统的第 k 阶模态,当其为线性函数时,称为相似模态,否则为非相似模态。

Shaw 和 Pierre 推广了非线性模态定义:非线性模态为系统相空间中二维不变流形上的运动。所谓不变流形是系统相空间中的一类特殊的曲面或者曲线,在其上出发的运动始终保持在该流形上而与时间无关。其本质是将 Rosenberg 关于非线性模态定义从位形空间中扩展到状态空间中。

为了更直观地理解线性模态概念和非线性模态概念,以两自由度系统进行阐述。如图 6-1 所示,两个质量块质量均为 1,分别采用刚度为 1 的弹簧与地面连接,并且两个质量块之间也通过刚度为 1 的弹簧连接;另外,左端质量块与地面之间还连接一非线性弹簧。

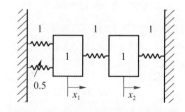

图 6-1　两自由度非线性振动系统

上述系统方程可写为

$$\begin{cases} \ddot{x}_1 + (2x_1 - x_2) + 0.5x_1^3 = 0 \\ \ddot{x}_2 + (2x_2 - x_1) = 0 \end{cases} \qquad (6-8)$$

式中,$0.5x_1^3$ 为系统的非线性项,当其消失时,方程退化为线性方程,即

$$\begin{cases} \ddot{x}_1 + (2x_1 - x_2) = 0 \\ \ddot{x}_2 + (2x_2 - x_1) = 0 \end{cases} \qquad (6-9)$$

该线性方程即为与以上非线性系统相对应的线性系统。

根据线性理论,该线性系统的线性模态求解过程为:假设系统模态解为 $x_i = a_i \mathrm{e}^{\mathrm{i}\omega_i t}$, $i=1,2$;模态解代入方程,解得 $[a_1, a_2]^{\mathrm{T}}$ 为系统模态振型,ω 为系统模态频率。

线性系统模态振动解如图 6-2 所示。可以看出:在第一阶模态振动下,质量块 1 和质量块 2 振动幅值和相位相同;而在第二阶模态振动下,质量块 1 和质量块 2 振动幅值相同,相位则相反。对应的模态振型如图 6-3 所示。

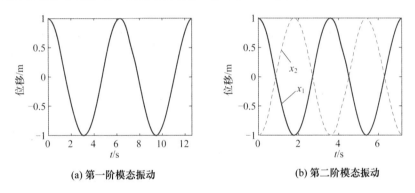

(a) 第一阶模态振动　　　　　　　　　(b) 第二阶模态振动

图 6-2　线性系统模态振动

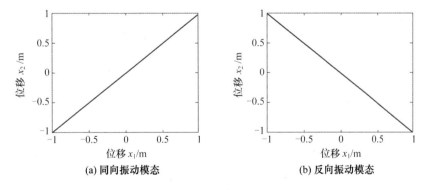

(a) 同向振动模态　　　　　　　　　(b) 反向振动模态

图 6-3　线性系统模态振型

非线性模态即为求解系统自治方程的周期振动解(线性模态为求线性系统的简谐振动解),求解方法有摄动法、多尺度法、不变流形以及数值解法等,此处不讲求解

方法,仅给出求解结果。

图6-4所示为某一振动能量下的系统的非线性模态振动。可以看出,此时非线性系统模态振动仍为周期振动,但并非简谐振动;质量块1和质量块2的振动频率仍然相同,但振动幅值和振动相位关系存在明显差别。系统的两阶模态振型,如图6-5所示。可以看出,此时系统的模态振型为曲线,根据上述定义,该模态为非相似模态。

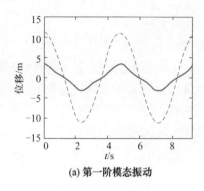
(a) 第一阶模态振动

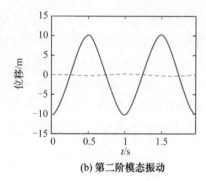
(b) 第二阶模态振动

图6-4　非线性系统的模态振动

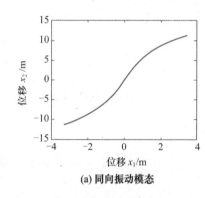
(a) 同向振动模态

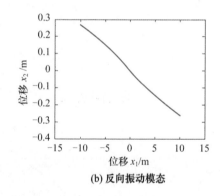
(b) 反向振动模态

图6-5　非线性系统模态振型

2. 频域中的特征值问题

离散时不变自治系统的动力学方程为

$$M\ddot{u}(t)+D\dot{u}(t)+Ku(t)+g(u(t),\dot{u}(t))=0 \tag{6-10}$$

式中,M,D,K为系统的质量、阻尼和刚度矩阵;质量矩阵和刚度矩阵通常为对称、正定矩阵;阻尼矩阵,在转子系统中通常包含系统的阻尼和转子的陀螺矩阵两部分,不具有正定性。g为非线性力向量。

类比线性系统复模态,Malte Krack 等提出了复非线性模态概念,定义动力学方程的特征值为

$$\lambda = -\xi\omega_0 + i\omega_0 \sqrt{1-\xi^2} \tag{6-11}$$

其中，ω_0 为特征频率，ξ 为模态阻尼比。为了方便推导，令 $\beta = \xi\omega_0$，$\omega = \omega_0 \sqrt{1-\xi^2}$，则 $\lambda = -\beta + i\omega$。此处假设模态阻尼比是与频率无关的，当系统为保守系统时，$\beta = 0$，因此上述假设也适用于保守系统。

根据非线性模态定义，非线性模态具有周期运动特性，故可以展开成傅里叶级数形式，但由于系统存在阻尼，需引入慢变的衰减项 $e^{-k\beta t}$，则非线性模态运动表示为

$$\boldsymbol{u}(t) = \boldsymbol{A}_0 + \sum_{k=1}^{l} e^{-k\beta t}(\boldsymbol{B}_k \cos k\omega t + \boldsymbol{A}_k \sin k\omega t) \tag{6-12}$$

该非线性模态运动的基频即为 $\lambda = -\beta + i\omega$。若忽略静力项并仅保留 $k=1$ 项，上述解便退化为线性阻尼系统的指数解假设；若系统为保守系统，即不存在阻尼耗散，则慢变衰减项 $e^{-k\beta t}$ 为 1，上述解便与传统谐波平衡法中解的假设一致。

非线性力项为系统位移和速度的函数，因此也可以展开为傅里叶形式，即

$$\boldsymbol{g}(\boldsymbol{u}(t), \dot{\boldsymbol{u}}(t)) = \boldsymbol{P}_0 + \sum_{k=1}^{l} e^{-k\beta t}(\boldsymbol{Q}_k \cos k\omega t + \boldsymbol{P}_k \sin k\omega t) \tag{6-13}$$

将式(6-11)～式(6-13)代入到式(6-10)中，并分别令方程的 $e^{-k\beta t} \sin k\omega t$ 和 $e^{-k\beta t} \cos k\omega t$ 等于 0，整理得到

$$\begin{cases} [k^2(\beta^2-\omega^2)\boldsymbol{M} - k\beta\boldsymbol{D} + \boldsymbol{K}]\boldsymbol{A}_k + (2k^2\beta\omega\boldsymbol{M} - k\omega\boldsymbol{D})\boldsymbol{B}_k + \boldsymbol{P}_k = 0 \\ [k^2(\beta^2-\omega^2)\boldsymbol{M} - k\beta\boldsymbol{D} + \boldsymbol{K}]\boldsymbol{B}_k + (k\omega\boldsymbol{D} - 2k^2\beta\omega\boldsymbol{M})\boldsymbol{A}_k + \boldsymbol{Q}_k = 0 \end{cases} \quad k=1,\cdots,l \tag{6-14}$$

$$\boldsymbol{K}\boldsymbol{A}_0 + \boldsymbol{P}_0 = 0 \tag{6-15}$$

对于式(6-14)，进一步整理可得

$$\begin{bmatrix} k^2(\beta^2-\omega^2)\boldsymbol{M} - k\beta\boldsymbol{D} + \boldsymbol{K} & 2k^2\beta\omega\boldsymbol{M} - k\omega\boldsymbol{D} \\ k\omega\boldsymbol{D} - 2k^2\beta\omega\boldsymbol{M} & k^2(\beta^2-\omega^2)\boldsymbol{M} - k\beta\boldsymbol{D} + \boldsymbol{K} \end{bmatrix} \begin{bmatrix} \boldsymbol{A}_k \\ \boldsymbol{B}_k \end{bmatrix} + \begin{bmatrix} \boldsymbol{P}_k \\ \boldsymbol{Q}_k \end{bmatrix} = 0 \quad k=1,\cdots,l \tag{6-16}$$

将各个阶次的平衡方程进行组装，可得

$$\begin{bmatrix} \boldsymbol{K} & & & & & \\ & \boldsymbol{\Lambda}_1 & & & & \\ & & \ddots & & & \\ & & & \boldsymbol{\Lambda}_k & & \\ & & & & \ddots & \\ & & & & & \boldsymbol{\Lambda}_l \end{bmatrix} \begin{bmatrix} \boldsymbol{A}_0 \\ \boldsymbol{Z}_1 \\ \vdots \\ \boldsymbol{Z}_k \\ \vdots \\ \boldsymbol{Z}_l \end{bmatrix} + \begin{bmatrix} \boldsymbol{P}_0 \\ \boldsymbol{\Theta}_1 \\ \vdots \\ \boldsymbol{\Theta}_k \\ \vdots \\ \boldsymbol{\Theta}_l \end{bmatrix} = 0 \tag{6-17}$$

其中，$\boldsymbol{\Lambda}_k = \begin{bmatrix} k^2(\beta^2-\omega^2)\boldsymbol{M} - k\beta\boldsymbol{D} + \boldsymbol{K} & 2k^2\beta\omega\boldsymbol{M} - k\omega\boldsymbol{D} \\ k\omega\boldsymbol{D} - 2k^2\beta\omega\boldsymbol{M} & k^2(\beta^2-\omega^2)\boldsymbol{M} - k\beta\boldsymbol{D} + \boldsymbol{K} \end{bmatrix}$，$\boldsymbol{Z}_k = \begin{bmatrix} \boldsymbol{A}_k \\ \boldsymbol{B}_k \end{bmatrix}$，

$\boldsymbol{\Theta}_k = \begin{bmatrix} \boldsymbol{P}_k \\ \boldsymbol{Q}_k \end{bmatrix}$，$l$ 为谐波系数总数，对于含 N 个自由度的系统，上述方程维数为 $(2l+1)N$。

式(6-17)中,向量 $\boldsymbol{b}=[\boldsymbol{P}_0,\boldsymbol{\Theta}_1,\cdots,\boldsymbol{\Theta}_l]^{\mathrm{T}}$ 通常为向量 $\boldsymbol{Z}=[\boldsymbol{A}_0,\boldsymbol{Z}_1,\cdots,\boldsymbol{Z}_l]^{\mathrm{T}}$ 的隐式函数,将式(6-17)记为

$$\boldsymbol{H}(\boldsymbol{Z},\omega,\beta)=\boldsymbol{\Lambda}(\omega,\beta)\boldsymbol{Z}+\boldsymbol{b}(\boldsymbol{Z},\omega)=\boldsymbol{0} \qquad (6-18)$$

这是一个非线性方程组,其中,

$$\boldsymbol{\Lambda}=\begin{bmatrix} \boldsymbol{K} & & & & & \\ & \boldsymbol{\Lambda}_1 & & & & \\ & & \ddots & & & \\ & & & \boldsymbol{\Lambda}_k & & \\ & & & & \ddots & \\ & & & & & \boldsymbol{\Lambda}_l \end{bmatrix} \qquad (6-19)$$

3. 数值求解

要求解非线性代数方程组式(6-18),必须要解决两个问题:一是非线性力的傅里叶系数 $\boldsymbol{b}(\boldsymbol{Z},\omega)$ 与位移的傅里叶系数 $\boldsymbol{Z}$ 在频域中无显式关系,仅在时域中非线性力可以显式表达为位移的函数,因此首先建立频域中非线性力和位移的关系;二是不同于传统谐波平衡法,此处系统特征值也是未知量,故非线性代数方程的数量比未知数的数量少两个,非线性代数方程实际上是静不定方程。

下面首先介绍两个问题的解决方案,在此基础上给出非线性代数方程组的求解方法。

(1) 时频变换技术

通常,$e^{-\beta\omega t}$ 在一个周期内衰减较小,故在一个周期内可以忽略其影响,位移和非线性力表达式简化为

$$\begin{cases} \hat{\boldsymbol{u}}(t)=\boldsymbol{A}_0+\sum_{k=1}^{l}(\boldsymbol{B}_k\cos k\omega t+\boldsymbol{A}_k\sin k\omega t) \\ \boldsymbol{g}(\hat{\boldsymbol{u}}(t),\dot{\hat{\boldsymbol{u}}}(t))=\boldsymbol{P}_0+\sum_{k=1}^{l}(\boldsymbol{Q}_k\cos k\omega t+\boldsymbol{P}_k\sin k\omega t) \end{cases} \qquad (6-20)$$

针对式(6-20),采用时频变换技术获得 $\boldsymbol{b}(\boldsymbol{Z},\omega)$ 和 $\boldsymbol{Z}$ 关系,可表示为

$$[\boldsymbol{A}_0\ \boldsymbol{A}_1\ \boldsymbol{B}_1\cdots\boldsymbol{A}_l\ \boldsymbol{B}_l]\xrightarrow{\text{IFFT}}\hat{\boldsymbol{u}}(t)\Rightarrow\boldsymbol{g}(\hat{\boldsymbol{u}}(t),\dot{\hat{\boldsymbol{u}}}(t))\xrightarrow{\text{FFT}}[\boldsymbol{P}_0\ \boldsymbol{P}_1\ \boldsymbol{Q}_1\cdots\boldsymbol{P}_l\ \boldsymbol{Q}_l] \qquad (6-21)$$

首先,根据位移的各项谐波系数,通过快速傅里叶逆变换确定位移的时域表达;而后,根据时域中非线性外力与位移间的显式关系,获得时域中的非线性力;最后,根据非线性力时域曲线,通过快速傅里叶变换,便可以得到非线性外力项的各项谐波系数。

在以上求解过程中,由于采用了 FFT 和 IFFT 技术,计算效率相比传统的傅里叶系数获取方法得以大幅提升。

（2）模态归一化

为使非线性代数方程组变为静定方程组，借鉴线性模态的归一化思想，建立非线性模态的归一化方法。令系统某一自由度的一阶傅里叶系数等于某一给定的数值，即

$$\boldsymbol{Z}_1^m = \begin{bmatrix} A_1^m \\ B_1^m \end{bmatrix} = \begin{bmatrix} a^* \\ b^* \end{bmatrix} \tag{6-22}$$

式中，$\boldsymbol{Z}_1^m$ 为非线性系统第 m 个自由度的第一阶傅里叶系数，$[a^*, b^*]^{\mathrm{T}}$ 为提前给定的数值。

理论上，可以选取系统的任一自由度进行归一化，而 $[a^*, b^*]^{\mathrm{T}}$ 取不同值时，系统振幅或能量是不同的。由于非线性模态的能量相关性，所求得的模态特征值和模态向量也是不相同的，故 $[a^*, b^*]^{\mathrm{T}}$ 需要根据所关心的能量范围合理选取。

式（6-22）的归一化方法本质上是对系统某一自由度进行幅值归一化和相位归一化。归一化幅值为 $\sqrt{a^{*2}+b^{*2}}$，归一化相位为 $\arctan b^*/a^*$。值得说明的是，在转子系统中，相位值选取不同并不影响转子模态频率。例如，关心碰摩转子系统幅值为 1 mm 时的模态特性，则对任意的 $[a^*, b^*]^{\mathrm{T}}$，满足 $\sqrt{a^{*2}+b^{*2}}=1$ 均符合要求。

将式（6-22）补充入原代数方程组中，则新的代数方程组变为静定方程组，可以通过数值迭代法求解。

（3）求解流程

根据式（6-18）和式（6-22），得到新的非线性代数方程组，为叙述方便，记为

$$\boldsymbol{F}(\boldsymbol{X}) = \boldsymbol{0} \tag{6-23}$$

式中，$\boldsymbol{X} = [\boldsymbol{Z}^{\mathrm{T}}, \beta, \omega]^{\mathrm{T}}$，$\boldsymbol{F}(\boldsymbol{X}) = \begin{cases} \boldsymbol{\Lambda}(\omega, \beta)\boldsymbol{Z} + \boldsymbol{b}(\boldsymbol{Z}) \\ [A_1^m, B_1^m]^{\mathrm{T}} - [a^*, b^*]^{\mathrm{T}} \end{cases}$。

据此，对非线性系统非线性模态的求解转化为对上述非线性代数方程组的求解。本文采用牛顿迭代法求解，迭代格式为

$$\boldsymbol{X}^{(k+1)} = \boldsymbol{X}^{(k)} - \boldsymbol{F}'(\boldsymbol{X}^{(k)})^{-1}\boldsymbol{F}(\boldsymbol{X}^{(k)}) \tag{6-24}$$

$\boldsymbol{F}'(\boldsymbol{X}^{(k)})$ 为向量函数的 Jacobi 矩阵。Jacobi 矩阵计算公式为

$$\boldsymbol{F}'(\boldsymbol{X}) = \begin{bmatrix} \boldsymbol{J}_{11} & \boldsymbol{J}_{12} \\ \boldsymbol{J}_{21} & \boldsymbol{J}_{22} \end{bmatrix} \tag{6-25}$$

式中，$\boldsymbol{J}_{11}$ 为 $(2N+1)l \times (2N+1)l$ 的方阵，$\boldsymbol{J}_{12}$ 为 $(2N+1)l \times 2$ 的矩阵，$\boldsymbol{J}_{21}$ 为 $2 \times (2N+1)l$ 的矩阵，$\boldsymbol{J}_{22}$ 为 2×2 的方阵。各个矩阵的计算公式分别为

$$\boldsymbol{J}_{11} = \boldsymbol{\Lambda}(\omega, \beta) + \boldsymbol{b}'(\boldsymbol{Z}) \tag{6-26}$$

$$\boldsymbol{J}_{12} = [\boldsymbol{E}_\beta \boldsymbol{Z} \quad \boldsymbol{E}_\omega \boldsymbol{Z} + \partial\boldsymbol{b}/\partial\omega] \tag{6-27}$$

$$
\boldsymbol{J}_{21}=\begin{bmatrix} \overbrace{0,\cdots,1,\cdots 0}^{m+N},0,0,\cdots,0 \\ \underbrace{0,\cdots,0,\cdots 1}_{m+2N},0,0,\cdots,0 \end{bmatrix}_{2\times(2N+1)l} \tag{6-28}
$$

$$
\boldsymbol{J}_{22}=\begin{bmatrix} 0,0 \\ 0,0 \end{bmatrix} \tag{6-29}
$$

由于 $\boldsymbol{b}(\boldsymbol{Z},\omega)$ 与 $\boldsymbol{Z},\omega$ 之间的函数关系不能显式表达,因此,对于 $\boldsymbol{b}'(\boldsymbol{Z})$,$\partial\boldsymbol{b}/\partial\omega$ 的计算采用差分形式。另外,还需要根据计算过程获得特定的 $\boldsymbol{Z},\omega$ 下的 $\boldsymbol{b}$。在式(6-27)中,矩阵 $\boldsymbol{E}_{\beta}$ 和 $\boldsymbol{E}_{\omega}$ 分别为

$$
\begin{cases} \boldsymbol{E}_{\beta}=\begin{bmatrix} [0]_{N\times N} \\ & \widetilde{\boldsymbol{\Lambda}}_{1}^{\beta} \\ & & \ddots \\ & & & \widetilde{\boldsymbol{\Lambda}}_{k}^{\beta} \\ & & & & \widetilde{\boldsymbol{\Lambda}}_{l}^{\beta} \end{bmatrix} \\ \widetilde{\boldsymbol{\Lambda}}_{k}^{\beta}=\begin{bmatrix} 2k^{2}\beta\boldsymbol{M}-k\boldsymbol{D} & 2k^{2}\omega\boldsymbol{M} \\ -2k^{2}\omega\boldsymbol{M} & 2k^{2}\beta\boldsymbol{M}-k\boldsymbol{D} \end{bmatrix} \end{cases} \tag{6-30}
$$

$$
\begin{cases} \boldsymbol{E}_{\omega}=\begin{bmatrix} [0]_{N\times N} \\ & \widetilde{\boldsymbol{\Lambda}}_{1}^{\omega} \\ & & \ddots \\ & & & \widetilde{\boldsymbol{\Lambda}}_{k}^{\omega} \\ & & & & \widetilde{\boldsymbol{\Lambda}}_{l}^{\omega} \end{bmatrix} \\ \widetilde{\boldsymbol{\Lambda}}_{k}^{\omega}=\begin{bmatrix} -2k^{2}\omega\boldsymbol{M} & 2k^{2}\beta\boldsymbol{M}-k\boldsymbol{D} \\ k\boldsymbol{D}-2k^{2}\beta\boldsymbol{M} & -2k^{2}\omega\boldsymbol{M} \end{bmatrix} \end{cases} \tag{6-31}
$$

以上给出了非线性代数方程组 Jacobi 矩阵的解析形式,避免了全部采用差分方式来近似获取 Jacobi 矩阵,将会使求解效率得到大幅提升。另外,牛顿迭代法为局部收敛算法,初值的选取对于迭代过程的收敛极为重要,建议采用非线性系统相对应的线性系统线性模态作为初值。

综上所述,给出非线性系统非线性模态的计算流程:

1) 选取归一化自由度 m,并根据实际分析需求,给定归一化数值 $[a^{*},b^{*}]^{\mathrm{T}}$;

2) 忽略非线性系统的非线性力,得到与该非线性系统对应的线性系统,求解线性系统特征值和特征向量,作为非线性代数方程求解的 $\boldsymbol{X}^{(0)}$;

3) 基于式(6-24)进行迭代求解,求解过程中,非线性力的傅里叶系数采用时频变换技术获得;非线性方程组的 Jacobi 矩阵根据式(6-25)～式(6-31)确定。

获得非线性模态后,其稳定性判据为

$$\mathrm{Re}(\lambda) = -\beta \leqslant 0 \tag{6-32}$$

如果特征值实部为正,非线性模态不稳定;若特征值实部为负,非线性模态稳定。

6.1.2　转子系统模态特性和稳定性分析

1. 动力学模型

在 Jeffcott 转子模型基础上,考虑转静子碰摩产生的非光滑约束作用,建立转子碰摩的物理模型,如图 6-6 所示。转子由质量忽略不计的轴段和跨中圆盘组成,轴中间位置刚度为 k,圆盘质量为 m,质量偏心距为 e,转子转速为 $\overline{\omega}$;静子为弹性支承的无质量刚性环,其支承刚度为 k_c,刚性环与转子表面接触时的摩擦系数为 μ;转子与静子之间的初始间隙为 r_0。

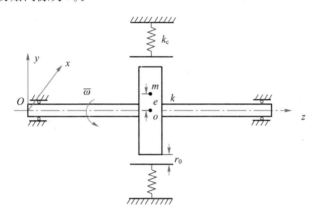

图 6-6　Jeffcott 转子碰摩的物理模型

注意:尽管该模型较为简单,但能涵盖转子的基本特性,同时也能反映碰摩的本质特征,因而在碰摩转子的理论研究中得到广泛应用。

建立动力学方程,即

$$\begin{cases} m\ddot{x} + c\dot{x} + kx + H(r-r_0)k_\mathrm{c}\left(1-\dfrac{r_0}{r}\right)(x - \mathrm{sign}(v_\mathrm{rel})\mu y) = me\overline{\omega}^2\cos\overline{\omega}t \\[2mm] m\ddot{y} + c\dot{y} + ky + H(r-r_0)k_\mathrm{c}\left(1-\dfrac{r_0}{r}\right)(\mathrm{sign}(v_\mathrm{rel})\mu x + y) = me\overline{\omega}^2\sin\overline{\omega}t \end{cases}$$

$$\tag{6-33}$$

式中,x 和 y 分别为转子水平和竖直方向位移,v_rel 为转子和静子接触点处相对速度,且 $v_\mathrm{rel} = \omega_\mathrm{w} r + \overline{\omega} r_\mathrm{disk}$,$\omega_\mathrm{w}$ 为转子转动角速度,r_disk 为圆盘半径;$H(\cdot)$ 为 Heaviside 函数,$\mathrm{sign}(\cdot)$ 为符号函数,分别表示为

$$H(x) = \begin{cases} 0 & x \leqslant 0 \\ 1 & x > 0 \end{cases} \tag{6-34}$$

$$\text{sign}(x)=\begin{cases} -1 & x<0 \\ 0 & x=0 \\ 1 & x>0 \end{cases} \qquad (6-35)$$

可以看出,当转子振动幅值小于间隙时,转静子未发生接触;一旦振幅超过间隙,转子与静子碰摩接触,在碰摩点处静子对转子产生附加约束作用,如图 6-7 所示。

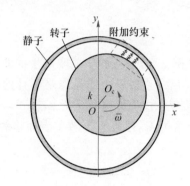

图 6-7　碰摩的附加约束作用

为了便于分析,对方程进行无量纲化,即

$$\begin{cases} X''+2\xi X'+\gamma X+H(R-R_0)\left(1-\dfrac{R_0}{R}\right)(X-\text{sign}(V_{\text{rel}})\mu Y)=\omega^2\cos\omega\tau \\ Y''+2\xi Y'+\gamma Y+H(R-R_0)\left(1-\dfrac{R_0}{R}\right)(Y+\text{sign}(V_{\text{rel}})\mu X)=\omega^2\sin\omega\tau \end{cases}$$

$$(6-36)$$

式中,各个无量纲变量定义为

$$X=\frac{x}{e},\ Y=\frac{y}{e},\ R=\frac{r}{e},\ R_0=\frac{r_0}{e},\ \omega_2=\sqrt{\frac{k_c}{m}},\ 2\xi=\frac{c}{\sqrt{k_c m}},\ \omega=\frac{\omega_2}{},\ \gamma=\frac{k}{k_c}$$

$$R=\sqrt{X^2+Y^2},\ \tau=\omega_2 t,\ V_{\text{rel}}=\omega R_{\text{disk}}+R\omega_n,\ R_{\text{disk}}=\frac{r_{\text{disk}}}{e},\ \omega_n=\frac{\omega_w}{\omega_2}$$

其中,ω 为无量纲的转速,ω_n 为无量纲的固有频率。新的无量纲时间尺度为 τ,□′表示变量关于 τ 的微分。

2. 模态振动特性

基于上文建立的非线性模态求解方法和非光滑约束转子系统动力学模型,对非光滑约束转子的模态特性进行求解分析,包括其模态运动轨迹与频域特征,以及关键参数对模态特性的影响规律。

给定计算参数为:$\xi=0.05$,$\gamma=0.1$,$R_0=1.05$,$\mu=0.15$,$R_{\text{disk}}=20R_0$,$\omega=0.1$,计算时谐波项数 $k=2$。在该参数下,未碰摩时的线性转子系统模态圆频率为 0.316 2。

(1) 运动轨迹

首先,计算非光滑约束转子的模态运动轨迹。在不同幅值下,转子系统的模态运动轨迹特征相似,因此以模态幅值等于 4 为例,给出计算结果,如图 6-8 所示。同时,表 6-1 给出了计算得到正、反进动模态向量的各阶谐波系数;为了描述方便,表中以复数形式给出了计算结果。

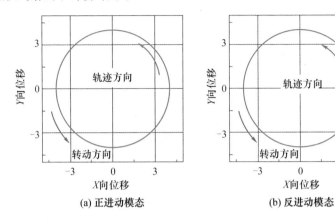

(a) 正进动模态　　　　　　　　　　(b) 反进动模态

图 6-8　模态幅值为 4 时,非光滑约束转子模态运动轨迹

表 6-1　非光滑约束转子模态向量的谐波系数

自由度	正进动模态		反进动模态	
	一阶谐波项 U_{+1}	二阶谐波项 U_{+2}	一阶谐波项 U_{-1}	二阶谐波项 U_{-2}
X	$0+4i$	$(-2.9-4i)\times10^{-6}$	$0+4i$	$(0.3-3.8i)\times10^{-6}$
Y	$4+0i$	$(-4+2.9)\times10^{-6}$	$4+0i$	$(-3.8-0.3i)\times10^{-6}$

图 6-8 和表 6-1 计算结果表明:

1) 不同于一般振动系统,转子系统模态运动为平面运动,具有两个进动方向,即正进动和反进动。正、反进动模态运动轨迹均为圆形。

2) 根据表 6-1 中的计算结果,转子正、反进动的二阶谐波项系数远小于一阶谐波项系数,表明转子模态运动的频域中主要为基频,高次谐波项可忽略不计。因此,在对碰摩转子进行非线性模态分析时,仅保留 $k=1$ 的谐波项即可满足精度要求。

(2) 频域特征

取不同的转子幅值,计算得到相应的正、反进动模态频率,结果如图 6-9 所示。图中横坐标为转子幅值,纵坐标为正、反进动模态角频率。由于此处的幅值并非转子真实振动幅值,而是模态归一化时提前给定的假设值,因此将其称为模态幅值。

结果表明:

1) 任一幅值下,转子正、反进动模态频率值始终相同,仅符号相反,其中正值表示正进动,负值表示反进动。这表明非光滑约束作用对正、反进动模态频率的影响是相同的。

2) 幅值小于间隙 R_0 时,转静子未发生碰摩。这时转子正、反进动模态频率随幅

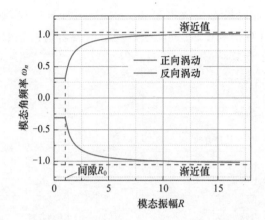

图 6-9　非光滑约束转子系统模态圆频率随模态幅值变化曲线

值增加不发生改变,模态频率值始终等于无碰摩时线性转子系统的模态频率。

3)幅值高于间隙 R_0 时,转静子接触碰摩。此时转子正、反进动模态频率值随幅值增加而增加,但增加速率逐渐减小,最终模态频率值趋于某一极限值。转子模态频率增加的原因在于受到碰摩产生的非光滑约束影响,转子系统刚度增加。

下面将证明非光滑约束转子模态频率最大值近似等于转静子耦合线性系统的模态频率。由于在任一幅值下,转子正、反进动模态频率值相等,因此只需讨论正进动模态。

转子正进动时,碰摩点处相对速度 $V_{\text{rel}} = \omega R_{\text{disk}} + \omega_n R > 0$,得到

$$\begin{cases} X'' + 2\xi X' + \gamma X + \left(1 - \dfrac{R_0}{R}\right)(X - \mu Y) = 0 \\ Y'' + 2\xi Y' + \gamma Y + \left(1 - \dfrac{R_0}{R}\right)(Y + \mu X) = 0 \end{cases} \qquad (6\text{-}37)$$

令 $W = X + jY$,将方程转化为复数形式

$$W'' + 2\xi W' + \gamma W + \left(1 - \frac{R_0}{|W|}\right)(1 + j\mu)W = 0 \qquad (6\text{-}38)$$

上文分析表明,转子模态运动中仅包含基频成分,不含高次谐波项,故式(6-12)所示的解可简化为

$$W = H e^{\lambda t} \qquad (6\text{-}39)$$

其中,H 为非负实数,$|W| = H$,$\lambda = -\beta + j\omega_n$。将式(6-39)代入式(6-38)中,并令方程的实部和虚部分别为 0,则可得

$$\begin{cases} \beta^2 - \omega_n^2 - 2\xi\beta + \gamma + \left(1 - \dfrac{R_0}{H}\right) = 0 \\ 2\beta\omega_n - 2\xi\omega_n - \mu\left(1 - \dfrac{R_0}{H}\right) = 0 \end{cases} \qquad (6\text{-}40)$$

在幅值无穷大时,模态频率取到最大值,即 $H \gg R_0$,代入到式(6-38)得

$$\begin{cases} \beta^2 - \omega_n^2 - 2\xi\beta + \gamma + 1 = 0 \\ 2\beta\omega_n - 2\xi\omega_n - \mu = 0 \end{cases} \tag{6-41}$$

式中,消去阻尼项 β,得到 ω_n 的一元四次方程为

$$\omega_n^4 + (\xi^2 - \gamma - 1)\omega_n^2 - \frac{\mu^2}{4} = 0 \tag{6-42}$$

解式(6-42),得到 ω_n 的四个根,即

$$\omega_{n1,n2} = \pm\sqrt{\frac{(\gamma + 1 - \xi^2) + \sqrt{(\gamma + 1 - \xi^2)^2 + \mu^2}}{2}} \tag{6-43}$$

$$\omega_{n3,n4} = \pm i\sqrt{\frac{\sqrt{(\gamma + 1 - \xi^2)^2 + \mu^2} - (\gamma + 1 - \xi^2)}{2}} \tag{6-44}$$

由于此处推导的为正进动模态频率最大值,因此负数 ω_{n2}、虚数 ω_{n3} 和 ω_{n4} 均没有意义,仅正数 ω_{n1} 是真实解。根据式(6-43),模态频率最大值取决于转静件刚度比 γ,摩擦系数 μ 以及系统阻尼比 ξ。

尽管以上推导获得了模态频率最大值的精确解,但该结论很难扩展到更为复杂的工程转子中,原因在于该精确解的物理意义并不清晰。通常,系统阻尼比 ξ 量级为 $10^{-3} \sim 10^{-2}$,转静件接触点摩擦系数近似为 $0.05 \sim 0.3$。在这种情况下,ξ^2 和 μ^2 相比 $\gamma + 1$ 和 $(\gamma + 1)^2$ 的数值小 $1 \sim 2$ 个数量级,因此式(6-43)中可以忽略摩擦系数 μ 和系统阻尼比 ξ 的影响,于是可以得到模态频率的近似最大值为 $\tilde{\omega}_{n,\max} = \sqrt{\gamma + 1}$。可以看出,该值也是转静子耦合线性系统的模态频率值。

采用前面计算所用参数进行验证,模态频率近似解 $\tilde{\omega}_{n,\max} = \sqrt{\gamma + 1}$ 为 1.049,这与图 6-9 中的模态频率渐进值基本吻合,同时基于式(6-43)得到的模态频率最大值的精确值为 1.05,近似解与精确解相差很小,表明可以用转静子耦合线性系统的模态频率值作为非光滑约束转子模态频率的最大值。

以上结论对于计算实际中的复杂转子在非光滑约束下的模态频率具有重要的工程意义。一方面,实际工程中转子受到的激励复杂,很难准确计算得到转子的振幅,这种情况下得到非光滑约束转子的模态频率区间更具有实际意义;另一方面,区间边界值仅需要利用传统线性模态理论计算无碰摩线性转子和转静子耦合线性系统模态频率,因此无须像非线性模态求解那样进行大量迭代计算,计算效率更高。

（3）关键参数的影响规律

可能对非光滑约束转子模态频率产生影响的关键参数包括摩擦系数 μ、阻尼比 ξ、转速 ω 和转静件刚度比 γ,其中转静件刚度比表示转子刚度与静子刚度之比,假设静子刚度不变,则转静件刚度比越大,转子刚性越高。下面利用上述建立的模态求解方法,计算得到不同参数下的模态频率结果,计算中的其他参数值与前面计算相同,计算结果如图 6-10 所示。由于任一幅值下正、反进动模态频率值均相等,故此处仅

给出了反进动模态频率结果。

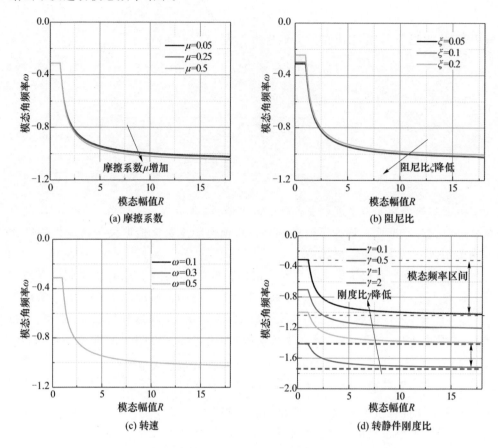

图 6-10　关键参数对非光滑约束转子反进动模态频率的影响

根据图中结果,可以得到以下结论:

1) 随着摩擦系数增加或系统阻尼比减小,非光滑约束转子模态频率略有增加,但变化很小。这说明非光滑约束转子模态频率受摩擦系数和阻尼比的影响很小。

2) 不同转速下非光滑约束转子模态频率相等,因此图 6-10(c)中仅看到一条曲线。这表明,不同转速下非光滑约束对转子产生的附加刚度相同,即非光滑约束作用的强弱不受转速影响。需要指出的是,工程中的转子系统由于陀螺效应的存在,转速会对转子模态频率产生影响。

3) 转静件刚度比是影响非光滑约束转子模态频率的关键参数。根据图 6-10(d)中结果,随着转静件刚度比减小,非光滑约束转子模态频率值也减小,但模态频率区间显著增加。原因可以解释为:假设静子刚度不变,随转静件刚度比降低,转子刚度减小,导致转子受到的附加约束刚度作用增强。这也表明转子柔性越高,受到非光滑约束作用的影响愈加显著,转子模态频率变化越大。另外,在不同刚度比下模态频率曲线的渐进值与 $\sqrt{\gamma+1}$ 近似相等。

3. 稳定性特征

根据稳定性判据,转子模态阻尼(模态特征值实部的相反数)决定着相应的模态运动的稳定性。下面将通过提取正、反进动模态的阻尼,获得模态阻尼曲线,以此为基础对转子模态稳定性特征进行分析。

(1) 模态阻尼曲线

计算得到转子正、反进动模态阻尼随转子幅值变化曲线如图 6-11 所示。

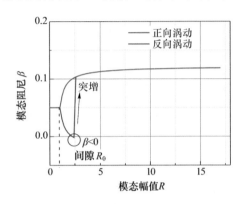

图 6-11 非光滑约束转子模态阻尼随模态振幅变化曲线

图中结果表明:转子幅值小于间隙 R_0 时,转静件未发生碰摩,此时正、反进动模态阻尼等于未碰摩时线性转子系统的阻尼 0.05;当转子幅值超过间隙时,转静子发生碰摩,受到碰摩接触点处的摩擦作用,正、反进动模态阻尼发生改变,但模态阻尼变化规律有所不同,具体而言:

1) 正进动模态阻尼随幅值增加而增加,且始终大于 0,表明转子正进动模态始终稳定。

2) 反进动模态阻尼随幅值增加,先降低而后突增至某一较高的正值,此后随转子幅值增加而增加。在模态阻尼随幅值下降过程中,存在着某一幅值区间范围,在该区间范围内,模态阻尼小于 0,此时转子反进动涡动模态不稳定。因此,某些参数下反进动模态可能失稳。

转子正、反进动模态阻尼变化规律及模态稳定性可以从摩擦力做功角度解释:

1) 如图 6-12(a) 所示,对于转子正进动模态,碰摩点处相对速度 V_{rel} 始终大于 0,摩擦力方向与转子进动方向始终相反,故摩擦力对正进动模态始终做负功,即耗散转子系统的能量,导致其模态阻尼增加。同时,由于摩擦力耗散转子振动能量,转子幅值随时间是衰减的,故正进动模态始终稳定。

2) 对于转子反进动模态,碰摩点处相对运动速度 $V_{rel} = \omega R_{disk} - |\omega_n| R$ 取决于反

进动频率值 $|\omega_n|$ 及涡动幅值 R。如图 6-12(b) 所示，幅值较小时，V_{rel} 大于 0，摩擦力方向与自转方向相反，与进动方向相同，这时摩擦力对反进动模态做正功，增加转子系统能量，相当于降低了转子阻尼耗散能力，故模态阻尼降低。随着幅值增加，摩擦力增加，摩擦力做功亦增加，当摩擦力输入能量高于转子自身的阻尼耗散时，模态阻尼为负，此时转子反进动模态失稳。随着幅值进一步增加，如图 6-12(c) 所示，当 $|\omega_n|R > \omega R_{disk}$ 时，V_{rel} 小于 0，摩擦力方向改变，与进动方向相反，这时类似于正进动模态情形，摩擦力对反进动模态做负功，故模态阻尼高于系统初始阻尼，且随着幅值增加而增加。根据以上分析可知，模态阻尼突跳点即对应着摩擦力方向改变的临界值，满足 $V_{rel} = \omega R_{disk} - |\omega_n|R = 0$。

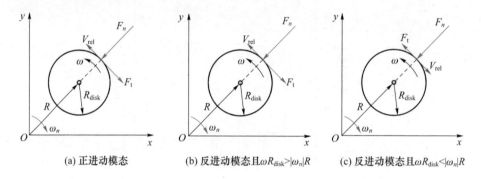

(a) 正进动模态　　　(b) 反进动模态且 $\omega R_{disk} > |\omega_n|R$　　　(c) 反进动模态且 $\omega R_{disk} < |\omega_n|R$

图 6-12　正、反进动模态下速度及摩擦力示意图

(2) 关键参数的影响规律

下面分析摩擦系数、转速等关键参数对转子模态阻尼的影响。由于某些参数下反进动模态可能失稳，因此重点分析反进动模态阻尼变化规律。不同参数下转子反进动模态阻尼随转子幅值变化曲线如图 6-13 所示。图中，存在着模态阻尼随幅值下降的区域，称为区域"A"；将模态阻尼幅值增加的区域称为区域"B"。

1) 随摩擦系数增加或系统阻尼比降低，区域 A 中任一幅值下的模态阻尼值下降，而区域 B 中任一幅值下的模态阻尼增加。此外，模态阻尼突跳点对应的幅值不随摩擦系数/系统阻尼比的变化而发生变化，同时区域 A 的幅值范围也基本不发生改变。原因在于，模态阻尼突跳点取决于接触点相对速度，即突跳点和区域 A 的幅值范围仅与 ω、R_{disk} 和 $|\omega_n|$ 相关。

2) 随转速增加，模态阻尼为负的幅值区间范围逐渐扩大，说明随转速增加，反进动模态稳定性变差。这是由于碰摩点处的相对切向速度与转子转速密切相关，转子转速越高，相对切向速度 $V_{rel} = \omega R_{disk} - |\omega_n|R$ 大于 0 的幅值范围越大，因此模态阻尼为负的幅值区间也越大。

3) 随转静件刚度比增加，转子模态阻尼值为负的幅值区间或区域 A（模态阻尼减小区域）对应的幅值区间逐渐变小。转子幅值超过模态阻尼突跳点对应的幅值后，

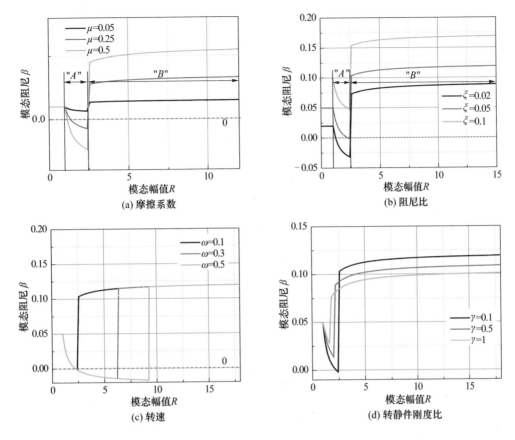

图 6－13　关键参数对非光滑约束转子反进动模态阻尼的影响

模态阻尼随刚度比增加逐渐减小。原因是静子刚度不变的情况下,刚度比增加,则转子刚性增加,使得静子产生的约束作用降低,同时切向摩擦作用也随之减小,故摩擦力做功减小,摩擦力做正功的转速范围相对降底,模态阻尼降低。

|6.2　转子系统反向涡动及稳定性 |

转静件碰摩时,接触点处产生的径向冲击载荷和切向载荷具有宽频冲击特性和强非线性,致使转子具有复杂的运动状态和响应特征,如亚谐波、超谐波响应,全周碰摩、局部碰摩以及干摩擦反向涡动等。其中,干摩擦反向涡动(简称为反向涡动)最具破坏性。这是由于干摩擦效应引起了转子反向涡动,切向摩擦力不断向转子横向振动输入能量,使转子内产生大幅高频交变应力,导致疲劳断裂。因此,有必要对碰摩激励下转子系统复杂的振动响应进行分析,了解反向涡动的产生过程及物理机理。

发动机在遭遇类似叶片丢失等故障后,转子系统突受大不平衡激励,将产生较大的横向变形,叶片与机匣会发生严重碰摩,巨大的摩擦作用力极可能导致转子振幅和振动能量不断增加,发生反向涡动失稳而迅速破坏。为了避免这一现象,需要建立碰摩转子系统反向涡动的预测方法。

本节将分析碰摩激励下转子系统的振动响应特性,从能量的角度分析转子系统反向涡动失稳的机理,并建立较为通用有效的反向涡动预测方法。

6.2.1 碰摩激励下转子系统振动响应

1. 升降速响应

碰摩激励下转子系统具有复杂的动力学行为,在某些参数下甚至可能同时具有多种运动形式。这里采用 6.1.2 中建立的动力学模型,并采用数值积分方法,数值仿真碰摩转子在升/降速过程中的振动响应,对转子系统在碰摩激励下的响应进行初步分析。

给定计算参数如下: $\xi = 0.05$, $\gamma = 0.04$, $R_0 = 1.05$, $\mu = 0.2$, $R_{disk} = 20R_0$, 转子转速范围 $\omega = 0 \sim 1.2$。分别仿真升速过程和降速过程中的振动响应,结果如图 6-14 和图 6-15 所示。其中,图 6-14 为升/降速过程中的转子幅值变化图,红线为升速过程,蓝线为降速过程;图 6-15 分别为升/降速过程中转子振动响应随转速变化的分岔图,根据分岔图可以判定特定转速下转子的运动形式,并根据分岔图结果将转子典型运动形式的转速边界标于图 6-14 中。在数值计算过程中,每一转速点均计算足够长时间以确保转子响应达到稳态,但计算中未考虑转速变化所带来的其他额外激励,即计算中仅考虑了不平衡力和碰摩力。

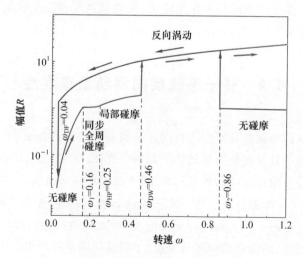

图 6-14　转子幅值-转速图

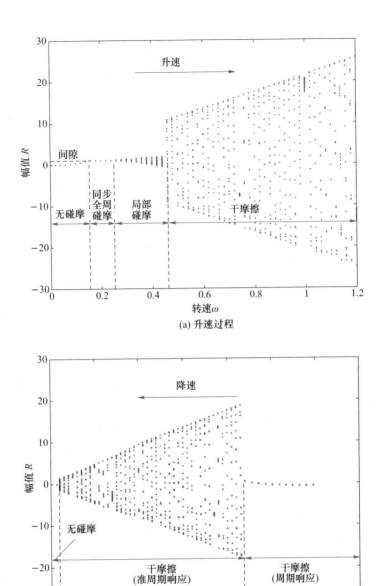

图 6-15 转子振动响应分岔图

根据图中结果可以得出：

1) 升速过程中,转子碰摩响应变化序列为:无碰摩→同步全周碰摩→局部碰摩→反向涡动。转速小于 0.16 时,转子振幅小于间隙,转静件未发生碰摩;当转速高过该值时,转静件发生碰摩,但在不同转速下具有不同的碰摩形式,转速 0.16～0.25

范围,转子处于同步全周碰摩状态;转速 0.25~0.46 时,转子处于局部碰摩状态;转速超过 0.46 时,转子发生反向涡动。

2)降速过程中,转子碰摩响应变化序列为:无碰摩→反向涡动→无碰摩。转速高于 0.86 时,转子振幅小于间隙,转静件未碰摩;当转速降低到 0.86 以下,转子发生反向涡动,并且在极宽的转速范围内转子一直处于反向涡动,直到转速降低至 0.04 时,转子运动形式才变为无碰摩运动。

3)存在着多个转速范围,该范围内转子具有多种运动形式。例如,转速 0.16~0.25 范围内,转子同时存在着同步全周碰摩和反向涡动两种运动形式;转速 0.25~0.46 范围,转子同时存在局部碰摩和反向涡动。在这些转速范围内,转子实际处于哪一种运动形式取决于外激励载荷及初始条件。

2. 典型运动状态下转子振动响应特征

仿真结果表明,转子运动形式主要包括无碰摩、同步全周碰摩、局部碰摩和反向涡动,提取不同运动状态下转子轴心轨迹和频域响应,如图 6-16 所示。图中转速点分别选取为:0.1、0.24、0.35、0.44 和 0.45。

根据图中结果可以得出以下结论:

1)转速 0.1 时,转子振幅小于间隙,转子表现为不平衡激励下的强迫振动,轴心轨迹为圆,频域中仅含转速频率成分。

2)转速 0.24 时,轴心轨迹结果表明转子振幅超过间隙,转子发生同步全周碰摩。同步全周碰摩状态下,转子轨迹特征为圆,频域中仅含转速频率成分,这与无碰摩运动的响应特征相同,表明同步全周碰摩下转子响应也由不平衡力主导。

3)转速 0.35 和 0.44 时,转子与静子发生局部碰摩。局部碰摩状态下,转子与静子不断地碰撞-反弹-分离,轴心轨迹呈"花瓣形";频域结果表明,响应中含转速频率 $f_{转速}$、超谐波频率 f_{sup},以及组合频率 f_{1a} 和 f_{1b}。对比各频率成分幅值可知,转速频率 $f_{转速}$、超谐波频率 f_{sup} 对应的幅值远高于其他频率成分,局部碰摩下转子运动主要由这两个频率成分决定。同时还可以看出,随转速增加,转子局部碰摩愈加严重,超谐波频率 f_{sup} 的幅值不断增加,并在转速 0.44 时超过了转速频率成分对应的幅值。

4)转速 0.45 时,转子发生了反向涡动。反向涡动状态下,转子振幅远高于间隙,转子与静子发生持续的接触碰摩,并以高于转速的某一频率进行涡动,涡动方向与转子自转方向相反,频域响应中以某一超谐波频率为主,该频率即为转子反向涡动频率,且此时转子转速频率成分相比该频率成分很小,可以忽略。反向涡动实际上为一种自激振动,此时转子处于较高幅值,转子轴系内具有高幅、高频交变应力,短时间内便会发生破坏。

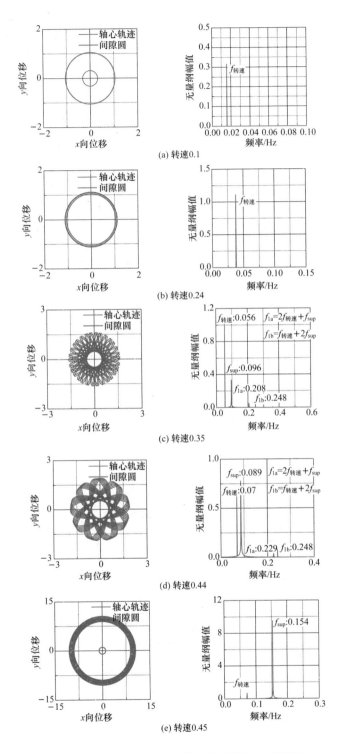

图 6 - 16　不同转速下转子轴心轨迹及相应频域图

通过上述分析,局部碰摩和反向涡动状态下,转子振动响应受碰摩力影响显著,存在着某一个明显的超谐波频率成分。提取不同转速下该谐波频率成分幅值,结果如图 6-17 所示。图中红色点为数值计算结果,蓝色线为根据离散数据点拟合结果。结果表明:局部碰摩状态下,随转速增加,该谐波频率成分幅值呈现非线性下降,值从 0.137 降至 0.087;转速超过 0.44 时,转子由局部碰摩变为反向涡动,同时谐波频率成分幅值突增;此后随转速增加,谐波频率成分幅值略有增加,但变化较小,约为 0.156。

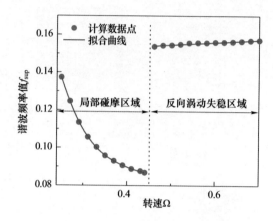

图 6-17　局部碰摩和反向涡动失稳运动的谐波成分幅值随转速的变化规律

　　通过带通滤波器,得到该谐波频率对应的轨迹。由于局部碰摩和反向涡动下谐波频率对应的轨迹特征相似,因此仅以转速 0.44 为例给出了结果,如图 6-18 所示。

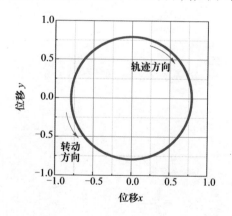

图 6-18　谐波频率 f_{sup} 对应的转子运动轨迹(转速 0.44)

　　结果表明:该谐波成分对应轨迹的运动方向与转子自转方向相反,即谐波频率成分对应的转子运动形式为反向涡动。

6.2.2　反向涡动失稳机理

上文分析指出,局部碰摩和反向涡动响应中的超谐波频率成分对应的轨迹为反向涡动轨迹,其可能与转子反进动模态存在关联。下面对该问题进行探讨,并据此揭示由局部碰摩引起的转子反向涡动机理。

碰摩转子的非线性模态分析结果表明,系统模态频率和模态阻尼具有能量相关性,不同能量下转子系统的模态频率和模态阻尼亦不相同。为了获得转子在典型运动状态下的模态特性,首先需要获得该运动状态所具有的能量。转静子碰摩系统的机械能表达式为

$$E=\frac{1}{2}m(\dot{x}^2+\dot{y}^2)+\frac{1}{2}k(x^2+y^2)+H(r-r_0)\frac{1}{2}k_c\left(\sqrt{x^2+y^2}-r_0\right)^2 \quad (6-45)$$

式中,$\frac{1}{2}k(x^2+y^2)$为转子本身的势能,$\frac{1}{2}m(\dot{x}^2+\dot{y}^2)$为动能;$\frac{1}{2}k_c\left(\sqrt{x^2+y^2}-r_0\right)^2$为碰摩时静子储存的势能。

计算局部碰摩(转速0.40)和反向涡动(0.45)时转子系统机械能随时间的变化规律如图6-19所示。结果表明:局部碰摩和反向涡动下转子机械能在某一范围内波动,机械能变化区间分别为[0.3462,0.4426]和[77.24,92.26],且具有周期变化特征;不同时刻转子机械能并不相同。碰摩转子机械能周期变化的原因为:转子系统初始阻尼耗散的振动能量与摩擦力输入的能量达到动态平衡;以图6-19(b)为例,当振动能量达到最小值77时,摩擦力输入的振动能量超过转子阻尼耗散,这时转子机械能将增加,直到机械能达到最大值,此时转子初始阻尼耗散的能量超过摩擦力输入能量,或者是转速初始阻尼和摩擦力同时耗散转子能量,这时转子机械能将降低,直到再次达到机械能最小值。此后将重复上述过程。

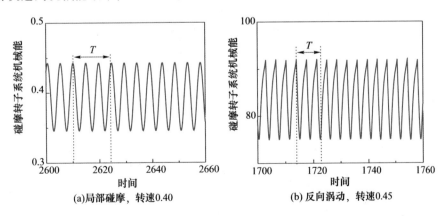

图 6-19　典型碰摩状态下转子机械能随时间变化曲线

图6-20所示为基于谐波平衡法获得的转子反进动模态频率和模态阻尼曲线,横坐标为机械能。在转速0.35、0.44和0.45时,转子模态频率曲线重合,而不同转

速下模态阻尼曲线则存着一定差别。

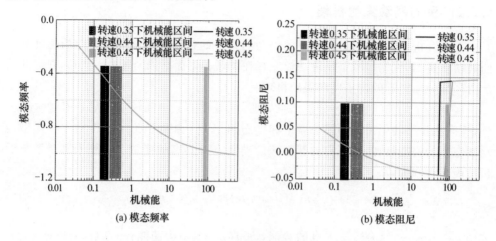

(a) 模态频率　　　　　　　　　　(b) 模态阻尼

图 6 - 20　不同转速下转子模态特性

　　模态频率和模态阻尼曲线给出了不同机械能下转子的模态频率和模态阻尼。在特定运动状态下,碰摩转子所具有的机械能是特定的,故转子模态频率和模态阻尼也能确定。根据数值仿真得到的转子不同转速下运动形式,然后基于式(6-15)计算得到对应运动形式下碰摩转子机械能区间,并采用色条带形式绘制于图 6-20 中。色条带宽度为相应转速下转子的机械能区间,色条带与模态频率/模态阻尼曲线的重合区域即为该转速下碰摩转子的模态频率和模态阻尼。根据图 6-16 和式(6-15),得到不同转速下转子响应的谐波频率成分值和该响应下系统机械能区间,结合图 6-20 中色条带与模态频率/模态阻尼曲线的重合区域获得不同转速下转子的模态频率和模态阻尼,将它们共同列于表 6-2 中。

表 6 - 2　不同转速下转子响应特征及对应能量下的模态特性

转　速	不平衡下转子响应		转子模态特性	
	机械能区间	谐波角频率	模态角频率	模态阻尼
0.35	$[0.1436, 0.2268]$	0.6020	$[0.3965, 0.4668]$	$[0.0124, 0.1433]$
0.44	$[0.2727, 0.5310]$	0.5456	$[0.4795, 0.5829]$	$[0, 0.0098]$
0.45	$[77.239, 92.255]$	0.96766	$[0.9650, 0.9677]$	$[-0.0449, 0.064]$

　　可归纳得到以下结论:

　　1) 随转速增加,转子系统机械能增加,转子模态频率值也逐渐增加。对比不同转速下转子响应谐波频率以及转子的模态频率,转速较小(如转速 0.35)时,谐波频率与模态频率值相差较大,说明该谐波频率成分并非反进动模态;随转速增加,谐波频率与模态频率值逐渐接近,当转速为 0.44 乃至 0.45 时,谐波频率值位于模态频率值区间内,说明此时响应中的谐波频率成分即为转子反进动模态,换言之该转速下转子反进动模态被激起。同时,从响应频域成分图(图 6-16)可以看出,该谐波频率成分显著高于转速频率成分,表明这时的转子响应将主要受该反进动模态影响,表现为反向涡动。

2）转子模态阻尼随转速增加逐渐减小,当转速达到 0.44 时,模态阻尼最小值为 0,表明此时转子反进动模态处于临界稳定状态。由于该转速下的转子响应由反进动模态控制,因此响应的稳定性也将取决于该反进动模态。这种情况下,转子系统若受到小扰动,例如转速波动至 0.45,则反进动模态阻尼将会变为负值,即反进动模态失稳,导致转子振动响应不断发散,发散过程中,转子机械能进一步增加,反进动模态阻尼进一步降低,转子稳定性进一步变差,响应继续发散,直到机械能达到模态阻尼曲线突跳点处,转子达到临界稳定状态;此时若响应继续增加,则由于模态阻尼为正,使得转子振动能量耗散,转子能量重新回到该突跳点处。在模态阻尼突跳点处,转子具有极高的振动能量,幅值远高于间隙,并且涡动反向与转速方向相反,即形成了反向涡动极限环。以上便是转子反向涡动的失稳机理。数值仿真得到的转速 0.45 时反向涡动的机械能区间恰好对应于模态阻尼突跳点,与上述推测吻合。

采用数值仿真方法对上述分析进行验证。数值仿真转子转速从 0.44 缓慢加速到 0.45 时运动轨迹的变化过程如图 6-21 所示。可以看出,在转速为 0.44 时,转子处于稳定的局部碰摩状态;此时转速缓慢增加,转子振动响应逐渐发散,即图 6-21 中的过渡阶段;转速稳定于 0.45 时,转子振动响应最终也稳定在某一较高的幅值下,此时形成了反向涡动极限环。

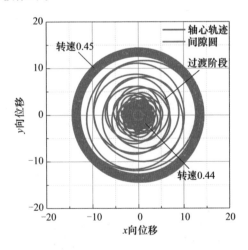

图 6-21　局部碰摩到反向涡动失稳的过渡过程

碰摩转子振动响应与反进动模态之间的关系,以及转子反向涡动的失稳机理可总结为:随转速增加,转子局部碰摩逐渐加剧,摩擦增加导致反进动模态被激起,并逐渐成为局部碰摩响应的主导,同时反进动模态阻尼随着局部碰摩加剧变小,并在某一转速下为负值,导致转子碰摩响应失稳,转子振幅不断增加,系统机械能也不断增加,直到反进动模态阻尼重新变为正值,此时将形成转子反向涡动极限环,最终产生了幅值相对稳定的反向涡动。

6.2.3　反向涡动存在边界预测方法

当转子具有大的横向振动响应时,转子与静子的碰摩可能会激起转子反向涡动。

反向涡动的产生过程如下:在某一转速下,当转子不稳定的反进动模态被激起后,转子响应幅值会不断发散,直到模态阻尼突跳点处,模态阻尼为正,转子幅值不再增加,于是产生了稳定的反向涡动。结合6.1.2中的结论"随转速增加,反进动模态稳定性变差",可以推测:存在着一个转速边界点,当转速低于该值时,转子无论受到何种激励或扰动,反向涡动均不存在,即反向涡动的存在边界。

根据上文分析,当转子存在不稳定的反进动模态时,只要其被激起,转子便会产生反向涡动。而不稳定的反进动模态对应于转子系统反进动模态的模态阻尼为负的情况。因此,推测得出:转子反向涡动存在边界对应着转子反进动模态阻尼曲线最小值恰好为0的转速点。

首先进行定性分析。选取与3.1节相同的计算参数,计算得到不同转速下碰摩转子模态阻尼随幅值变化曲线,结果如图6-22所示。分转速0.02、0.2和0.04三种情况讨论:

1) 转速0.02时,任一幅值下转子反进动模态阻尼均大于0。这种情况下,即使反进动模态被激起,也会随时间衰减,因此转子不会产生反向涡动。

2) 转速0.2时,这种情况下存在着模态阻尼$\beta<0$的幅值区域。根据6.2.2节所述,当不稳定的反进动模态被激起时,转子能在模态阻尼突跳点处产生稳定的反向涡动。

3) 转速0.04时,模态阻尼的最小值恰好为0。这时若转子转速若受到扰动略高于0.04,则模态阻尼曲线中便存在模态阻尼为0的区域,类似于情况2,稳定的反向涡动便可以产生;若转速受到扰动略低于0.04,则模态阻尼始终大于0,类似于情况1,反向涡动始终不会发生。

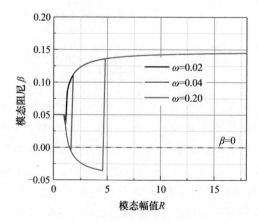

图6-22　不同转速下转子反进动模态阻尼曲线

根据以上分析,模态阻尼曲线中,模态阻尼最小值恰好为 0 时对应的转速点即为反向涡动存在边界的转速点。

　　进一步采用数值仿真验证上述结论,分别给定 $\gamma=0.5$、$\gamma=1$ 和 $\gamma=2$,计算不同刚度比下碰摩转子的模态特性,获得反进动模态阻尼最小值恰为 0 的转速点,结果如图 6-23 和表 6-3 所示。同时数值仿真不同刚度比下转子随转速变化时的振动响应。为了确保任一转速下转子若存在发生反向涡动运动的能力时该反向涡动能被激起,计算任一转速下转子振动响应时,都进行多组初始条件和激励载荷下的仿真结果,结果如图 6-23 所示。而后提取数值仿真得到的反向涡动边界,列于表 6-3 内。

　　结果表明:

　　1) 不同刚度比下,模态阻尼最小值为 0 的临界转速点基本与数值仿真得到的反向涡动发生临界转速点吻合,表明上述分析的正确性;

　　2) 随着刚度比增加,转子反向涡动发生的临界转速值随之增加。

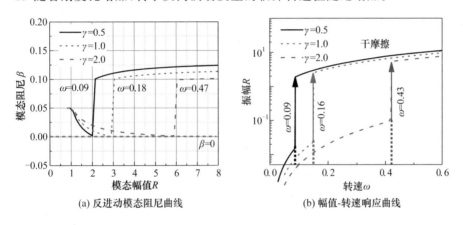

(a) 反进动模态阻尼曲线　　　　　(b) 幅值-转速响应曲线

图 6-23　不同刚度比下转子系统反进动模态阻尼曲线及幅值转速曲线

表 6-3　模态阻尼最小值为 0 的转速点与反向涡动发生的临界转速点对比

参数	模态阻尼最小值为 0 的转速点	反向涡动发生的临界转速点
刚度比 0.5	0.09	0.09
刚度比 1	0.18	0.16
刚度比 2	0.47	0.43

　　基于所提出反向涡动响应存在边界的预测方法,分析摩擦系数对反向涡动存在边界的影响。不同摩擦系数下转子反进动模态阻尼曲线如图 6-24 所示,图中仅给出了模态阻尼最小值恰好为 0 的转速点对应的模态阻尼曲线。

　　图中结果表明:随着摩擦系数增加,模态阻尼最小值为 0 的转速点降低,说明摩擦系数越高,反向涡动响应存在的边界转速点越低,转子能够发生反向涡动的转速范围愈宽广。

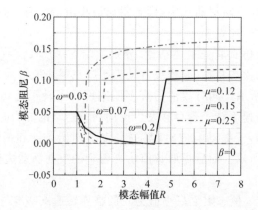

图 6-24 不同摩擦系数下转子反进动模态阻尼曲线

6.3 转子系统弯扭耦合振动及稳定性

对于现代航空发动机转子系统,尤其是低压转子系统,由于转子结构具有大长径比、悬臂支承,使得其弯曲刚度和扭转刚度较弱,且质量和转动惯量轴向分布极不均匀,在最大工作转速以下存在多阶弯曲模态和扭转模态;当弯曲模态频率和扭转模态频率较为接近,即可发生弯曲-扭转耦合振动。此外,低压转子系统载荷工况复杂且严酷,可能遭遇叶片丢失等极限恶劣工况,此时高速柔性转子系统将存在巨大的不平衡量,并与机匣发生严重碰摩,这可使转子振动特性发生较大变化,也会导致转子系统发生弯曲-扭转耦合振动。因此,在航空发动机柔性转子动力学分析中需要关注弯扭耦合的影响,有必要针对转子弯扭耦合的产生机理进行分析。

在工程实际中,转子系统的不平衡载荷、碰摩激励载荷及扭转激励载荷是共同存在的,且扭转振动和弯曲振动相互耦合,转子振动响应极为复杂。但是,不平衡量和碰摩产生的载荷特征有所差别,导致其对转子动力学特性的影响也不相同,因而所需关注的力学问题亦不相同。

本节将分析转子弯扭耦合的产生机理,建立不平衡转子在碰摩载荷下的弯扭耦合动力学模型,并分别探讨不平衡激励和碰摩激励下转子系统的弯扭耦合振动特性。

6.3.1 转子弯扭耦合产生机理

1. 不平衡影响

图 6-25 所示为不平衡转子弯扭耦合振动示意图。在转动过程中,不平衡力使转子发生横向弯曲振动;同时转子横向振动也会产生惯性力,惯性力作用于质心位

置,偏心距的存在使得该惯性力对转子形心产生惯性力矩,影响转子的扭转振动。

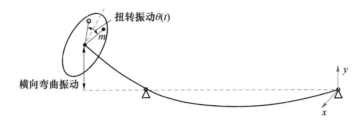

图 6 - 25　不平衡转子横向弯曲和扭转振动示意图

图 6 - 26 所示为转子在运动过程中,不平衡量产生的激励在横向弯曲和扭转方向的交互作用示意图。图 6 - 26(a)为不平衡转子扭转振动对横向弯曲振动影响的示意图。当转子以匀角速度转动时,不平衡量仅产生径向力 $F_n = m\varepsilon\omega^2$,该径向力 F_n 作用下转子做同步正进动,而当转子存在扭转振动 $\varphi(t)$ 时,转子转速发生波动,使得转子质心位置的径向力 F_n 由 $m\varepsilon\omega^2$ 变为 $m\varepsilon(\omega+\dot{\varphi}(t))^2$,并产生一个切向力 $F_t = m\varepsilon\ddot{\varphi}(t)$,径向力和切向力的数值均与转子扭转振动有关,因此转子横向振动受到了扭转振动的影响。

图 6 - 26(b)为不平衡转子横向弯曲振动对扭转振动影响的示意图。当转子发生横向弯曲振动时,转子质心位置产生惯性力,其在水平和竖直方向的分量为 $m\ddot{X}$ 和 $m\ddot{Y}$。由于转子偏心距 ε 的存在,该惯性力对转子形心产生一个惯性力矩,分别为 $M_x = m\ddot{X}\varepsilon\cos(\varphi(t))$ 和 $M_y = m\ddot{Y}\varepsilon\sin(\varphi(t))$。当转子做非同步正进动时,$M_x$ 和 M_y 之和不为 0,其值与转子横向振动幅值和频率有关。受该扭转激励影响,转子扭转振动会发生变化,因此转子扭转振动也受到了横向弯曲振动的影响。在某些情况下,转子弯曲和扭转振动幅值通过该种作用机理相互影响,甚至能导致转子弯扭耦合振动失稳。

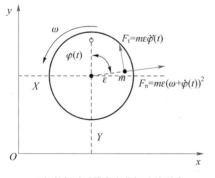

(a) 扭转振动对横向弯曲振动的影响

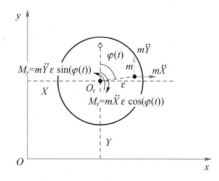

(b) 横向弯曲振动对扭转振动的影响

图 6 - 26　不平衡转子横向弯曲和扭转振动相互作用力学模型

以上分析表明,无论是扭转振动产生的作用力,还是横向弯曲振动对转子形心产生的扭转力矩,均与转子偏心距有关。当偏心距为 0 时,作用力和扭转力矩均为 0,即横向弯曲振动和扭转子振动互不影响。由此可知,不平衡量(或偏心距)是转子横向弯曲振动和扭转振动发生耦合的必要条件之一。

除偏心距外,横向弯曲和扭转振动的耦合程度还取决于转子振动的大小和转子本身的固有特性。从转子扭转振动产生的切向力和径向力表达式来看,该作用力的频率和峰值与扭转振动的频率和峰值密切相关。当扭转振动幅值较小、振动频率较低或者与转子横向弯曲模态频率相距较远时,其对转子的横向弯曲振动的影响有限,不会对转子横向弯曲振动产生显著影响。类似地,对于转子横向弯曲振动产生的扭转力矩,也与转子横向弯曲振动幅值和频率有关,仅当横向弯曲振动频率接近转子扭转固有频率,并且横向弯曲振动幅值足够大时,才会对扭转振动产生显著影响。

2. 碰摩激励影响

碰摩是引起转子横向弯曲振动和扭转振动的另一个重要因素。图 6-27 为碰摩对转子横向弯曲振动和扭转振动影响的示意图。当转子与静子发生碰摩时,在接触点处静子对转子施加一个径向力 F_{rn} 和切向力 F_{rt},径向力幅值大小为转子横向弯曲振动位移 X 和 Y、转静间隙 R_0 以及碰摩刚度等变量的函数。切向力与径向力一般符合库伦摩擦定律,即 $F_{rt} = \mu F_{rn}$,切向力的方向取决于接触点处转子的切向速度,一般与转子自转方向相反。作用于转静子接触位置的碰摩径向力和切向力将会改变转子的横向弯曲振动,包括振动幅值和进动速度;另一方面,接触点处碰摩切向力将会对转子形心产生一个扭转力矩,扭转力矩大小为接触点到形心之间的距离 R 与切向力的乘积,即 $M_r = F_{rt}R$,该扭转力矩将会激起转子的扭转振动。

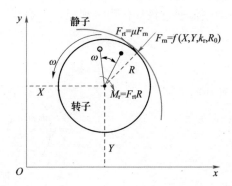

图 6-27 碰摩对转子横向弯曲和扭转振动的影响

需要说明的是,碰摩虽然对转子产生横向激励和扭转激励,但其本身并不会引起转子横向弯曲振动和扭转振动的相互耦合,这体现在动力学方程中就是,横向弯曲自由度和扭转自由度之间不存在由碰摩产生的交叉项,只需要对碰摩激励下的横向弯曲振动和扭转振动分别关注即可。上文已经对碰摩转子的横向弯曲振动进行了研究，下文将对碰摩转子的扭转振动特性进行探讨。

6.3.2　转子弯扭耦合动力学分析模型

不平衡转子在碰摩作用下的弯扭耦合动力学分析模型如图 6 - 28 所示。该模型在 6.2 节模型基础上引入扭转自由度。转子系统质量为 m，横向振动阻尼和扭转振动阻尼分布为 c 和 c_r，弯曲刚度和扭转刚度分别为 k 和 k_r，质量偏心距为 e，转子转速为 Ω。

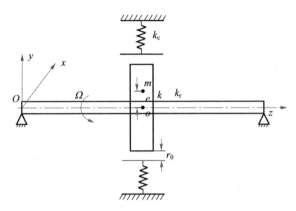

图 6 - 28　不平衡转子碰摩作用下弯扭耦合振动分析模型

同时考虑转子的横向振动和扭转振动，假设转子在某时刻的运动状态如图 6 - 29 所示，转子横向变形为 x 和 y，扭转变形为 θ。基于拉格朗日方程建立转子弯扭耦合的动力学方程，转子质心位置的坐标为

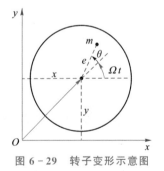

$$\begin{cases} x_c = x + e\cos(\Omega t + \theta) \\ y_c = y + e\sin(\Omega t + \theta) \end{cases} \quad (6-46)$$

图 6 - 29　转子变形示意图

转子的动能、势能及耗散能分别为

$$
\begin{aligned}
T &= \frac{1}{2}m(\dot{x}_c^2 + \dot{y}_c^2) + \frac{1}{2}J_p(\Omega + \dot{\theta})^2 \\
&= \frac{1}{2}m(\dot{x} - e(\Omega + \dot{\theta})\sin(\Omega t + \theta))^2 + \\
&\quad \frac{1}{2}m(\dot{y} + e(\Omega + \dot{\theta})\cos(\Omega t + \theta))^2 + \frac{1}{2}J_p(\Omega + \dot{\theta})^2
\end{aligned} \quad (6-47)
$$

$$U = \frac{1}{2}kx^2 + \frac{1}{2}ky^2 + \frac{1}{2}k_r\theta^2 \quad (6-48)$$

$$\overline{R} = \frac{1}{2}c(\dot{x}^2 + \dot{y}^2) + \frac{1}{2}c_r\dot{\theta}^2 \quad (6-49)$$

基于经典拉格朗日方程

$$\frac{\mathrm{d}}{\mathrm{d}t}\left(\frac{\partial T}{\partial \dot{\boldsymbol{q}}}\right)-\frac{\partial T}{\partial \boldsymbol{q}}+\frac{\partial U}{\partial \boldsymbol{q}}+\frac{\partial \overline{R}}{\partial \dot{\boldsymbol{q}}}=\boldsymbol{Q} \qquad (6-50)$$

其中，$\boldsymbol{q}$ 为广义坐标且 $\boldsymbol{q}=[x,y,\theta]^{\mathrm{T}}$，$\boldsymbol{Q}$ 为非保守外力向量，此处为碰摩力向量。

将式(6-46)~式(6-49)代入到式(6-50)中，得到不平衡转子弯扭耦合振动方程为

$$\begin{cases} m\,\ddot{x}-me\,\ddot{\theta}\sin(\Omega t+\theta)+c\,\dot{x}+kx=me\,(\Omega+\dot{\theta})^2\cos(\Omega t+\theta)+F_{rx} \\ m\ddot{y}+me\,\ddot{\theta}\cos(\Omega t+\theta)+c\dot{y}+ky=me\,(\Omega+\dot{\theta})^2\sin(\Omega t+\theta)+F_{ry} \\ (J_{\mathrm{p}}+me^2)\,\ddot{\theta}-me\,\ddot{x}\sin(\Omega t+\theta)+m\ddot{e}y\cos(\Omega t+\theta)+c_r\,\dot{\theta}+k_r\theta=M_{\mathrm{t}} \end{cases} \qquad (6-51)$$

式中，J_{p} 为不考虑不平衡时轮盘的转动惯量，$J_{\mathrm{p}}'=J_{\mathrm{p}}+me^2$ 为存在不平衡时转子轮盘绕轴心的转动惯量。F_{rx} 和 F_{ry} 为碰摩力在 x 轴和 y 轴的分量，M_{t} 为碰摩法向力对盘心形成的力矩，碰摩力采用经典线弹性碰摩力模型，碰摩力和力矩的表达式为

$$\begin{cases} F_{rx}=H(r-r_0)k_c\left(1-\dfrac{r_0}{r}\right)(-x+\mathrm{sign}(v_{\mathrm{rel}})\mu y) \\ F_{ry}=H(r-r_0)k_c\left(1-\dfrac{r_0}{r}\right)(-\mathrm{sign}(v_{\mathrm{rel}})\mu x-y) \end{cases} \qquad (6-52)$$

$$\begin{cases} F_{\mathrm{n}}=H(r-r_0)k_c(r-r_0) \\ F_{\mathrm{t}}=\mathrm{sign}(v_{\mathrm{rel}})\mu F_{\mathrm{n}} \\ M_{\mathrm{t}}=-F_t\cdot r_{\mathrm{disk}} \end{cases} \qquad (6-53)$$

其中，当考虑扭转振动时，接触点切向速度修正为 $v_{\mathrm{rel}}=\omega_{\mathrm{b}}r+(\Omega+\dot{\theta})r_{\mathrm{disk}}$。

另外，从式(6-51)中还可以看出，不平衡量的存在使得转子横向自由度 x、y 和扭转自由度 θ 之间存在交叉项，导致转子横向弯曲振动和扭转振动之间存在耦合作用。

6.3.3 不平衡激励下转子弯扭耦合振动特性

这里仅考虑不平衡激励下转子弯扭耦合振动特性。通过数学上的方程线性化并引入 Floquet 理论和 Hill 分析方法，建立不平衡转子模态振动特性计算方法，并对不平衡转子的模态频率、稳定性和振型特征进行计算，最后与采用数值方法求解的不平衡转子弯扭耦合振动响应特征进行对比分析。

1. 分析方法

(1) 方程线性化

对于式(6-51)，忽略碰摩影响，得到不考虑碰摩时不平衡转子弯扭耦合振动方程为

$$\begin{cases} m\,\ddot{x} - me\,\ddot{\theta}\sin(\Omega t+\theta) + c\,\dot{x} + kx = me\,(\Omega+\dot{\theta})^2\cos(\Omega t+\theta) \\ m\ddot{y} + me\,\ddot{\theta}\cos(\Omega t+\theta) + c\dot{y} + ky = me\,(\Omega+\dot{\theta})^2\sin(\Omega t+\theta) \\ (J_{\mathrm{p}}+me^2)\ddot{\theta} - me\,\ddot{x}\sin(\Omega t+\theta) + m\ddot{e}y\cos(\Omega t+\theta) + c_{\mathrm{r}}\dot{\theta} + k_{\mathrm{r}}\theta = 0 \end{cases} \tag{6-54}$$

为简化分析，将上述非线性振动方程进行线性化。线性化过程中考虑

$$\begin{cases} \cos(\Omega t+\theta) = \cos\Omega t\cos\theta - \sin\Omega t\sin\theta \approx \cos\Omega t - \theta\sin\Omega t \\ \sin(\Omega t+\theta) = \sin\Omega t\cos\theta + \cos\Omega t\sin\theta \approx \sin\Omega t + \theta\cos\Omega t \end{cases} \tag{6-55}$$

将式(6-55)代入式(6-54)，并忽略未知量高次项和碰摩力项，得到不平衡转子的弯扭耦合线性化方程为

$$\begin{cases} m\,\ddot{x} - me\,\ddot{\theta}\sin\Omega t + c\,\dot{x} - 2me\Omega\dot{\theta}\cos\Omega t + kx + me\Omega^2\theta\sin\Omega t = me\Omega^2\cos\Omega t \\ m\ddot{y} + me\,\ddot{\theta}\cos\Omega t + c\dot{y} - 2me\Omega\dot{\theta}\sin\Omega t + ky - me\Omega^2\theta\cos\Omega t = me\Omega^2\sin\Omega t \\ (J_{\mathrm{p}}+me^2)\ddot{\theta} - me\,\ddot{x}\sin\Omega t + m\ddot{e}y\cos\Omega t + c_{\mathrm{r}}\dot{\theta} + k_{\mathrm{r}}\theta = 0 \end{cases}$$

$$\tag{6-56}$$

上述方程为含有周期时变系数的参数振动方程，写为矩阵形式

$$(\boldsymbol{M} + \boldsymbol{M}_{\mathrm{c}}\cos\Omega t + \boldsymbol{M}_{\mathrm{s}}\sin\Omega t)\ddot{\boldsymbol{q}} + (\boldsymbol{C} + \boldsymbol{C}_{\mathrm{c}}\cos\Omega t + \boldsymbol{C}_{\mathrm{s}}\sin\Omega t)\dot{\boldsymbol{q}} +$$
$$(\boldsymbol{K} + \boldsymbol{K}_{\mathrm{c}}\cos\Omega t + \boldsymbol{K}_{\mathrm{s}}\sin\Omega t)\boldsymbol{q} = \boldsymbol{Q} \tag{6-57}$$

式中，

$$\boldsymbol{M} = \begin{bmatrix} m & 0 & 0 \\ 0 & m & 0 \\ 0 & 0 & J_{\mathrm{p}}+me^2 \end{bmatrix}, \boldsymbol{M}_{\mathrm{c}} = \begin{bmatrix} 0 & 0 & 0 \\ 0 & 0 & me \\ 0 & me & 0 \end{bmatrix}, \boldsymbol{M}_{\mathrm{s}} = \begin{bmatrix} 0 & 0 & -me \\ 0 & 0 & 0 \\ -me & 0 & 0 \end{bmatrix},$$

$$\boldsymbol{C} = \begin{bmatrix} c & 0 & 0 \\ 0 & c & 0 \\ 0 & 0 & c_r \end{bmatrix}, \boldsymbol{C}_{\mathrm{c}} = \begin{bmatrix} 0 & 0 & -2me\Omega \\ 0 & 0 & 0 \\ 0 & 0 & 0 \end{bmatrix}, \boldsymbol{C}_{\mathrm{s}} = \begin{bmatrix} 0 & 0 & 0 \\ 0 & 0 & -2me\Omega \\ 0 & 0 & 0 \end{bmatrix}, \boldsymbol{K} = \begin{bmatrix} k & 0 & 0 \\ 0 & k & 0 \\ 0 & 0 & k_r \end{bmatrix},$$

$$\boldsymbol{K}_{\mathrm{c}} = \begin{bmatrix} 0 & 0 & 0 \\ 0 & 0 & -me\Omega^2 \\ 0 & 0 & 0 \end{bmatrix}, \boldsymbol{K}_{\mathrm{s}} = \begin{bmatrix} 0 & 0 & me\Omega^2 \\ 0 & 0 & 0 \\ 0 & 0 & 0 \end{bmatrix}, \boldsymbol{Q} = \begin{bmatrix} me\Omega^2\cos\Omega t \\ me\Omega^2\sin\Omega t \\ 0 \end{bmatrix}。$$

根据三角函数与复数指数的关系

$$\cos a = \frac{\mathrm{e}^{ia} + \mathrm{e}^{-ia}}{2}, \quad \sin a = -\frac{\mathrm{e}^{ia} + \mathrm{e}^{-ia}}{2}i$$

将方程(6-57)改写为

$$(\boldsymbol{M} + \boldsymbol{M}_{\mathrm{t}}\mathrm{e}^{i\Omega t} + \widetilde{\boldsymbol{M}}_{\mathrm{t}}\mathrm{e}^{-i\Omega t})\ddot{\boldsymbol{q}} + (\boldsymbol{C} + \boldsymbol{C}_{\mathrm{t}}\mathrm{e}^{i\Omega t} + \widetilde{\boldsymbol{C}}_{\mathrm{t}}\mathrm{e}^{-i\Omega t})\dot{\boldsymbol{q}} +$$
$$(\boldsymbol{K} + \boldsymbol{K}_{\mathrm{t}}\mathrm{e}^{i\Omega t} + \widetilde{\boldsymbol{K}}_{\mathrm{t}}\mathrm{e}^{-i\Omega t})\boldsymbol{q} = \boldsymbol{Q} \tag{6-58}$$

式中，$\boldsymbol{M}_{\mathrm{t}} = \dfrac{\boldsymbol{M}_{\mathrm{c}} - i\boldsymbol{M}_{\mathrm{s}}}{2}, \widetilde{\boldsymbol{M}}_{\mathrm{t}} = \dfrac{\boldsymbol{M}_{\mathrm{c}} + i\boldsymbol{M}_{\mathrm{s}}}{2}, \boldsymbol{C}_{\mathrm{t}} = \dfrac{\boldsymbol{C}_{\mathrm{c}} - i\boldsymbol{C}_{\mathrm{s}}}{2}, \widetilde{\boldsymbol{C}}_{\mathrm{t}} = \dfrac{\boldsymbol{C}_{\mathrm{c}} + i\boldsymbol{C}_{\mathrm{s}}}{2}, \boldsymbol{K}_{\mathrm{t}} = \dfrac{\boldsymbol{K}_{\mathrm{c}} - i\boldsymbol{K}_{\mathrm{s}}}{2},$

$$\widetilde{\boldsymbol{K}}_{\mathrm{t}} = \frac{\boldsymbol{K}_{\mathrm{c}} + \mathrm{i}\,\boldsymbol{K}_{\mathrm{s}}}{2}。$$

上述线性化方程中,忽略了未知量高阶项的影响。下面对线性化方程能否较为准确地反映不平衡转子原弯扭耦合方程的动力学特性进行验证。当不平衡转子转速接近扭转模态频率时,转子扭转振动响应可能较大,并对转子的弯曲振动响应产生较为显著的影响。因此,取扭转模态频率附近的转速作为计算转速点,分别基于原弯扭耦合振动方程、线性化弯扭耦合振动方程,以及不考虑弯扭耦合的振动方程计算对应转速点下的响应。

转子系统扭转模态角频率为 50 rad/s,计算转速点选取 30 rad/s,50 rad/s 和 70 rad/s,转子质量 $m=1$ kg,弯曲刚度 $k=10^4$ N/m,弯曲阻尼 $c=1$ kg/s,转动惯量 $J_{\mathrm{p}}=0.5$ kg·m²,扭转刚度 $k_{\mathrm{r}}=1\,250$ kg·m/s²,扭转阻尼 $c_{\mathrm{r}}=2\times10^{-4}$ kg·m/s,偏心距 $e=100$ mm。计算结果如图 6-30~图 6-32 所示。

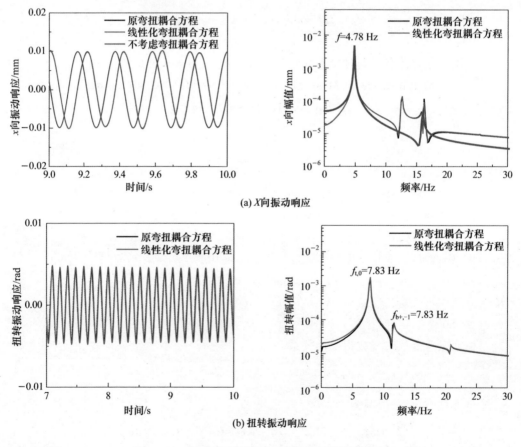

图 6-30　转速 30 rad/s 时不平衡转子的振动响应

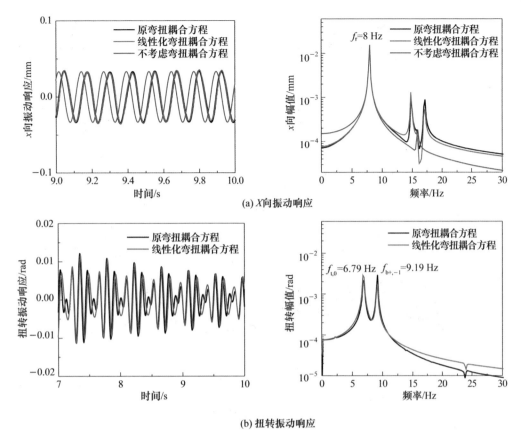

(a) *X*向振动响应

(b) 扭转振动响应

图 6 - 31　转速 50 rad/s 时不平衡转子的振动响应

图中计算结果表明:

1) 不同转速下不平衡转子弯曲振动响应近似为简谐振动曲线,频域响应包括转速频率和其他高次谐波频率,但转速频率成分的幅值远高于高次谐波频率成分;

2) 由不平衡量导致的弯扭耦合使得转子的扭转振动是以模态振动为主的自由强迫振动,响应频率成分中包含扭转模态的基础频率成分和正进动模态的-1 阶次频率成分;

3) 采用线性化弯扭耦合振动方程计算得到的转子时域响应与原弯扭耦合振动方程获得的时域响应和频域响应基本一致,只是在高转速时振动响应幅值略有偏差,说明线性化的弯扭耦合方程可以较准确地反映不平衡转子的振动特性;

4) 对于具有大不平衡柔性转子系统,在其动力学设计中需考虑弯曲和扭转振动的相互作用。

(2) Hill 行列式分析方法

为了分析系统的模态特性,忽略右端外力项,得到自由振动方程为

$$(\boldsymbol{M}+\boldsymbol{M}_t \mathrm{e}^{\mathrm{i}\Omega t}+\widetilde{\boldsymbol{M}}_t \mathrm{e}^{-\mathrm{i}\Omega t})\ddot{\boldsymbol{q}} + (\boldsymbol{C}+\boldsymbol{C}_t \mathrm{e}^{\mathrm{i}\Omega t}+\widetilde{\boldsymbol{C}}_t \mathrm{e}^{-\mathrm{i}\Omega t})\dot{\boldsymbol{q}} +$$

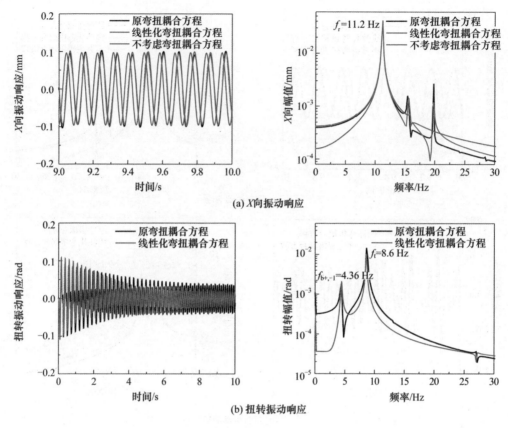

图 6 - 32 转速 70 rad/s 时不平衡转子的振动响应

$$(\boldsymbol{K}+\boldsymbol{K}_t \mathrm{e}^{\mathrm{i}\Omega t}+\widetilde{\boldsymbol{K}}_t \mathrm{e}^{-\mathrm{i}\Omega t})q=\boldsymbol{0} \tag{6-59}$$

上述方程为线性周期时变方程。根据 Floquet 理论,线性周期时变系统的解为

$$\begin{cases} q=\boldsymbol{\phi}\mathrm{e}^{\lambda t} \\ \boldsymbol{\phi}(t)=\boldsymbol{\phi}(t+T_k) \end{cases} \tag{6-60}$$

式中,λ 为系统的特征值,$\boldsymbol{\phi}$ 为系统的"类模态"向量,类模态向量类似于线性时不变系统的模态向量,但其具有周期时变性,且时变周期与方程中时变系数的周期相同,此处为 $T_k=2\pi/\Omega$。

由于 $\boldsymbol{\phi}$ 具有周期时变性,故可以进行傅里叶展开,即

$$\boldsymbol{\phi} = \sum_{j=-\infty}^{+\infty} \boldsymbol{I}_j \mathrm{e}^{j\mathrm{i}\Omega t} \tag{6-61}$$

式中,$\boldsymbol{I}_j$ 为类模态向量 $\boldsymbol{\phi}$ 的第 j 次傅里叶展开分量。将式(6-60)和式(6-61)代入方程(6-59)中得

$$(\boldsymbol{M} + \boldsymbol{M}_t e^{i\Omega t} + \widetilde{\boldsymbol{M}}_t e^{-i\Omega t}) \sum_{j=-\infty}^{+\infty} (-j^2\Omega^2 + 2\lambda j i\Omega + \lambda^2)\boldsymbol{I}_j e^{ji\Omega t} +$$

$$(\boldsymbol{C} + \boldsymbol{C}_t e^{i\Omega t} + \widetilde{\boldsymbol{C}}_t e^{-i\Omega t}) \sum_{j=-\infty}^{+\infty} (ji\Omega + \lambda)\boldsymbol{I}_j e^{ji\Omega t} + (\boldsymbol{K} + \boldsymbol{K}_t e^{i\Omega t} + \widetilde{\boldsymbol{K}}_t e^{-i\Omega t}) \sum_{j=-\infty}^{+\infty} \boldsymbol{I}_j e^{ji\Omega t}$$

$$= \boldsymbol{0}$$

$$(6-62)$$

令方程左右两边相同指数项的系数相等,则得到无穷多个代数方程构成的方程组,即

$$\begin{bmatrix} \ddots & \vdots & \vdots & \vdots & \vdots & \vdots & \iddots \\ \cdots & \boldsymbol{A}_{-2} & \boldsymbol{\Delta}_{-1} & 0 & 0 & 0 & \cdots \\ \cdots & \boldsymbol{\Delta}_{+1} & \boldsymbol{A}_{-1} & \boldsymbol{\Delta}_{-1} & 0 & 0 & \cdots \\ \cdots & 0 & \boldsymbol{\Delta}_{+1} & \boldsymbol{A}_0 & \boldsymbol{\Delta}_{-1} & 0 & \cdots \\ \cdots & 0 & 0 & \boldsymbol{\Delta}_{+1} & \boldsymbol{A}_{+1} & \boldsymbol{\Delta}_{-1} & \cdots \\ \cdots & 0 & 0 & 0 & \boldsymbol{\Delta}_{+1} & \boldsymbol{A}_{+2} & \cdots \\ \iddots & \vdots & \vdots & \vdots & \vdots & \vdots & \ddots \end{bmatrix} \begin{bmatrix} \vdots \\ \boldsymbol{I}_{-2} \\ \boldsymbol{I}_{-1} \\ \boldsymbol{I}_0 \\ \boldsymbol{I}_{+1} \\ \boldsymbol{I}_{+2} \\ \vdots \end{bmatrix} = \boldsymbol{0} \qquad (6-63)$$

式中,

$$\boldsymbol{A}_j = (-j^2\Omega^2 + 2\lambda j i\Omega + \lambda^2)\boldsymbol{M} + (ji\Omega + \lambda)\boldsymbol{C} + \boldsymbol{K}$$

$$= \lambda^2 \boldsymbol{M} + \lambda(2ji\Omega\boldsymbol{M} + \boldsymbol{C}) + (-j^2\Omega^2\boldsymbol{M} + ji\Omega\boldsymbol{C} + \boldsymbol{K})$$

$$\boldsymbol{\Delta}_{+1} = (-(j-1)^2\Omega^2 + 2\lambda(j-1)i\Omega + \lambda^2)\boldsymbol{M}_t + ((j-1)i\Omega + \lambda)\boldsymbol{C}_t + \boldsymbol{K}_t$$

$$= \lambda^2 \boldsymbol{M}_t + \lambda(2(j-1)i\Omega\boldsymbol{M}_t + \boldsymbol{C}_t) + (-(j-1)^2\Omega^2\boldsymbol{M}_t + (j-1)i\Omega\boldsymbol{C}_t + \boldsymbol{K}_t)$$

$$\boldsymbol{\Delta}_{-1} = (-(j+1)^2\Omega^2 + 2\lambda(j+1)i\Omega + \lambda^2)\widetilde{\boldsymbol{M}}_t + ((j+1)i\Omega + \lambda)\widetilde{\boldsymbol{C}}_t + \widetilde{\boldsymbol{K}}_t$$

$$= \lambda^2 \widetilde{\boldsymbol{M}}_t + \lambda(2(j+1)i\Omega\widetilde{\boldsymbol{M}}_t + \widetilde{\boldsymbol{C}}_t) + (-(j+1)^2\Omega^2\widetilde{\boldsymbol{M}}_t + (j+1)i\Omega\widetilde{\boldsymbol{C}}_t + \widetilde{\boldsymbol{K}}_t)$$

根据 Hill 无穷行列式的收敛定理,对类模态向量的幅值具有显著贡献的傅里叶展开阶次的数量是有限的,因此对方程(6-63)选取适当的截断阶次 j_{max},可以近似得到原时变周期系统的模态解。另外,根据式(6-63),类模态各个阶次的模态向量中,仅相邻阶次模态向量之间存在耦合关系。此时,若要保证类模态第 j 阶阶次模态向量的求解精度,截断阶次的最小取值为 $j_{max} = j+1$。

方程(6-63)可以进一步写成 Hill 特征值求解问题

$$(\lambda^2\hat{\boldsymbol{M}} + \lambda\hat{\boldsymbol{C}} + \hat{\boldsymbol{K}})\boldsymbol{\varphi} = \boldsymbol{0} \qquad (6-64)$$

式中,

$$\hat{M} = \begin{bmatrix} \ddots & \vdots & \vdots & \vdots & \\ \cdots & M & \widetilde{M}_t & 0 & \cdots \\ \cdots & M_t & M & \widetilde{M}_t & \cdots \\ \cdots & 0 & M_t & M & \cdots \\ & \vdots & \vdots & \vdots & \ddots \end{bmatrix}, \quad \hat{C} = \begin{bmatrix} \ddots & \vdots & \vdots & \vdots & \\ \cdots & C_{-1} & \overline{\widetilde{C}}_{t,-1} & 0 & \cdots \\ \cdots & \overline{C}_{t,0} & C_0 & \overline{\widetilde{C}}_{t,0} & \cdots \\ \cdots & 0 & \overline{C}_{t,1} & C_1 & \cdots \\ & \vdots & \vdots & \vdots & \ddots \end{bmatrix},$$

$$C_j = 2ji\Omega M + C,$$

$$\overline{C}_{t,j} = 2(j-1)i\Omega M_t + C_t,$$

$$\overline{\widetilde{C}}_{t,j} = 2(j+1)i\Omega \widetilde{M}_t + \widetilde{C}_t,$$

$$\hat{K} = \begin{bmatrix} \ddots & \vdots & \vdots & \vdots & \\ \cdots & K_{-1} & \overline{\widetilde{K}}_{t,-1} & 0 & \cdots \\ \cdots & \overline{K}_{t,0} & K_0 & \overline{\widetilde{K}}_{t,0} & \cdots \\ \cdots & 0 & \overline{K}_{t,1} & K_1 & \cdots \\ & \vdots & \vdots & \vdots & \ddots \end{bmatrix}, \begin{array}{l} K_j = -j^2\Omega^2 M + ji\Omega C + K \\ ,K_{t,j} = -(j-1)^2\Omega^2 M_t + (j-1)i\Omega C_t + K_t, \\ \overline{\widetilde{K}}_{t,j} = -(j+1)^2\Omega^2 \widetilde{M}_t + (j+1)i\Omega \widetilde{C}_t + \widetilde{K}_t \end{array}$$

$$\boldsymbol{\varphi} = \begin{bmatrix} \vdots \\ I_{-1} \\ I_0 \\ I_{+1} \\ \vdots \end{bmatrix}.$$

上述特征值问题转化到状态空间求解,形式为

$$A\boldsymbol{\Phi} = \lambda B\boldsymbol{\Phi} \tag{6-65}$$

式中,

$$A = \begin{bmatrix} -\hat{C} & -\hat{K} \\ \hat{K} & 0 \end{bmatrix}, \quad B = \begin{bmatrix} \hat{M} & 0 \\ 0 & \hat{K} \end{bmatrix}, \quad \boldsymbol{\Phi} = \begin{bmatrix} \lambda\boldsymbol{\varphi} \\ \boldsymbol{\varphi} \end{bmatrix}.$$

值得说明的是,根据式(6-65)获得的特征频率数量远高于相同维数的时不变线性系统。可以证明,基于 Hill 行列式法获得的特征频率按照频率簇的形式分布,即

$$\omega_{nj} = \omega_{n0} \pm j\Omega, \quad j = \cdots, -1, 0, 1, \cdots \tag{6-66}$$

式中,ω_{n0} 是系统第 n 阶类模态向量 $\boldsymbol{\phi}_n$ 的基础频率,称为第 n 阶主模态频率;ω_{nj} 为第 n 阶类模态向量 $\boldsymbol{\phi}_n$ 的第 j 阶傅里叶展开阶次模态向量对应的频率,称为第 j 阶阶次分量频率。阶次模态频率与主模态频率之差为系统时变频率的整数倍,由系统时变参数产生。另外,主模态频率与传统线性系统的模态频率相对应,在分析中需要重点关注。

对于任一阶模态,其稳定性条件为

$$\text{Re}(\lambda_{nj}) < 0, \quad \forall j \in \mathbf{Z} \tag{6-67}$$

如果类模态的所有阶次模态分量所对应的特征频率实部均小于 0,则该阶类模态稳定;否则,不稳定。实际研究发现,类模态不同阶次模态分量失稳,对系统稳定性的危害不同,实践中应重点关注低阶分量尤其是主模态频率对应的分量的稳定性。

2. 模态特性

对于如图 6-28 所示转子系统,选取计算参数如下:转子质量 $m=1\,\mathrm{kg}$,弯曲刚度 $k=10^4\,\mathrm{N/m}$,弯曲阻尼 $c=0\,\mathrm{kg/s}$,转动惯量 $J_\mathrm{p}=0.5\,\mathrm{kg\cdot m^2}$,扭转刚度 $k_\mathrm{r}=1250\,\mathrm{kg\cdot m/s^2}$,扭转阻尼 $c_\mathrm{r}=0\,\mathrm{kg\cdot m/s}$。分析不平衡量对转子弯扭耦合模态特性的影响,在下面分析中分别给定三组偏心距:$e=1\,\mathrm{mm}$、$e=20\,\mathrm{mm}$ 和 $e=100\,\mathrm{mm}$。第一组偏心距用于模拟常规不平衡,第二、三组偏心距用于模拟超大不平衡。

(1) 模态频率与振型

采用上面所述不平衡转子的模态特性计算方法,计算中选取截断阶次 $j_\mathrm{max}=2$,此时可保证基础频率和第一阶阶次分量频率的准确性。图 6-33 所示为不同偏心距下,转子系统模态频率随转速变化曲线。可以得出以下结论:

1) 由于不平衡使得转子系统动力学矩阵时变,导致转子系统模态频率具有多频特性,除了正、反进动模态和扭转模态的基础频率 $\omega_{n+,0}$、$\omega_{n-,0}$ 和 $\omega_{t,0}$ 外,还包括相应的阶次频率,即 $\omega_{n+,\pm1}$、$\omega_{n-,\pm1}$、$\omega_{t,\pm1}$。基础频率与阶次频率之差为转速频率。

2) 在不平衡量较小($e=1\,\mathrm{mm}$)时,转子系统正、反进动模态和扭转模态对应的基础频率随转速增加而基本不变,转子系统横向振动和扭转振动之间的耦合作用极小,可以忽略。

3) 随着偏心距增加,转子系统的正进动模态频率和扭转模态频率开始改变,主要体现在两个转速区域:一是在转速 470 r/min 附近,该区域存在着频率转向现象,包括转子正进动模态基础频率和扭转模态的 -1 阶阶次频率之间的频率转向,以及转子正进动模态的 -1 阶阶次频率和扭转模态的基础频率之间的频率转向;二是在 1400 r/min 附近,该区域存在着模态频率耦合现象,如图 6-33(b)和(c)所示,此时,转子反进动模态的基础频率与扭转模态的 -1 阶阶次频率始终相等,转子反进动模态的 -1 阶阶次频率与扭转模态的基础频率始终相等,并且转子偏心距越大,弯扭耦合作用越显著,单方面的考虑弯曲振动或扭转振动不能准确地获得转子的模态特性。

4) 在远离频率转向区和模态频率耦合区的转速范围内,转子正进动模态和扭转模态频率值与不考虑弯扭耦合作用时的模态频率值相差不大,说明当转子转速远离这两个区域时,正进动模态和扭转模态耦合较弱;仅在模态频率转向或模态频率耦合区域,模态频率值才会发生较大的改变,正进动模态与扭转模态之间存在着显著的耦合作用。对于转子反进动模态,不同不平衡量下反进动模态频率不发生改变,说明不平衡量不会引起转子反进动模态与扭转模态的耦合作用。

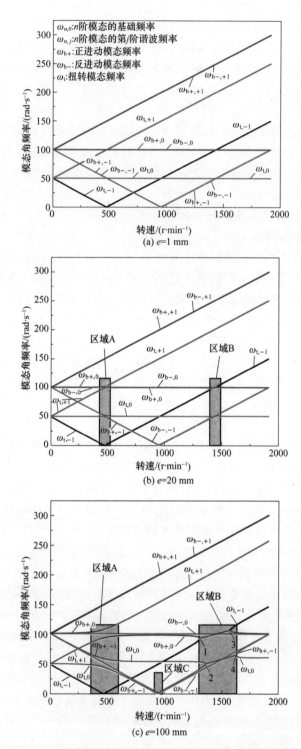

图 6-33　不同偏心距下转子系统模态频率随转速变化曲线

分析不平衡转子的模态振型特征。考核特定转速(以下分析中取 750 r/min)下,转子系统在不同不平衡量下的各阶模态振型,结果如图 6-34 所示,其中第一阶模态为转子扭转模态,第二阶和第三阶分别为转子正、反进动模态。图中模态振型为各阶次模态的基础频率对应的模态振型,各阶次模态的谐波频率对应的模态振型变化规律与基础频率对应的模态振型变化规律一致,因此没有给出。根据式(6-60),时变转子系统的振型向量是周期变化的,此处取振型向量的均值来表示各个自由度之间的振动大小关系。图中结果表明:

1) 在偏心距为 1mm 时,扭转模态下转子扭转位移极高,水平和竖直方向位移接近 0;而正、反进动模态下转子水平和竖直方向位移极高,扭转位移则几乎为 0。这表明偏心距较小时,转子弯曲和扭转振动耦合极弱。

2) 随着偏心距增加,转子扭转模态与正进动模态耦合影响明显,偏心距 100 mm 时,扭转模态中转子水平/竖直方向的振动也较高;而正进动模态中转子扭转振动也极为显著,其与水平/竖直方向的振动幅值几乎相等。

3) 对于转子反进动模态,不同偏心距下转子扭转位移均接近 0,表明反进动模态下,不平衡量不会引起转子的弯扭耦合作用。这与前面模态频率分析结果是一致的。

下面以 100 mm 偏心距下的模态特性为例,分析大偏心距下的频率转向区域、频率耦合区域的振型变化特征。图 6-35 给出了这两个区域内选取的转速点,分别为 300 r/min、450 r/min、600 r/min、1 200 r/min、1 500 r/min 和 1 800 r/min。另外,由于在反进动模态下转子弯曲和扭转振动不会发生耦合,因此图中仅给出了正进动模态频率和扭转模态频率曲线。

根据图 6-35(a),曲线①和曲线②之间存在频率转向,曲线③和曲线④之间存在频率转向。图 6-36 给出了频率转向时转子系统模态振型随转速变化曲线。根据模态频率值(包括阶次频率和基础频率)大小依次给出相应的模态振型,其中曲线④对应的频率值最大,曲线③和曲线②次之,曲线①对应的频率值最小。结合图 6-35(a)和图 6-36 结果,可以得出:

1)转速 300 r/min 时,曲线①对应振型为扭转振型,相应的模态频率为扭转模态的基础频率 $\omega_{t,0}$;曲线②对应振型为弯曲振动为主的耦合振型,相应的模态频率为正进动模态的 -1 阶阶次频率 $\omega_{b+,-1}$。对于曲线①,随着转速增加,相应振型由扭转振型向耦合振型过渡,且弯曲振动的相对幅值不断增加;当转速到 700 r/min 时,该阶振型转化为弯曲振动为主的耦合振型,同时曲线①对应的模态频率值随转速增加不断下降,且下降率逐渐增加;对于曲线②,随着转速增加,相应振型由弯曲振动为主的耦合振型过渡到扭转振型,同时曲线②对应的模态频率值随转速增加有所下降,且下降率逐渐减小。根据上述变化过程,可以得出转速从 300 r/min 增至 700 r/min 过程中,该转子系统正进动模态的 -1 阶阶次频率分量与扭转模态的基础频率发生了频率转向,同时还存在着弯曲振动为主的耦合振型与扭转振型之间的振型转换现象。

2)转速 300 r/min 时,曲线③对应振型为扭转振型,相应的模态频率为扭转模态

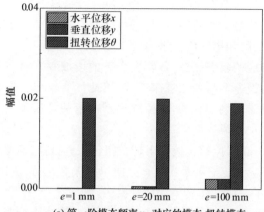

(a) 第一阶模态频率$\omega_{t,0}$对应的模态-扭转模态

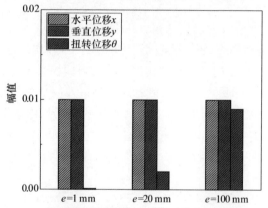

(b) 第二阶模态频率$\omega_{b+,0}$对应的模态-正进动模态

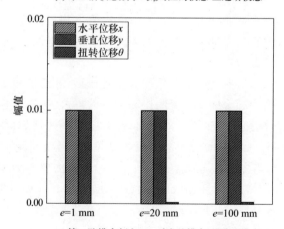

(c) 第二阶模态频率$\omega_{b-,0}$对应的模态-反进动模态

图 6 − 34   偏心距对转子各阶模态振型的影响(转速 750 r/min)

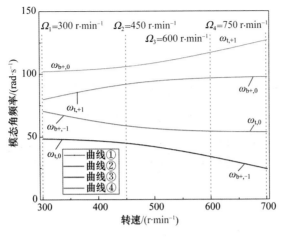

(a) 模态频率转向区

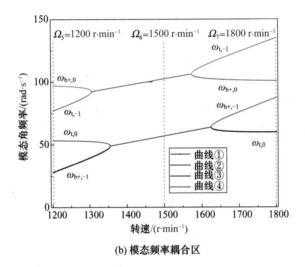

(b) 模态频率耦合区

图 6-35 转子模态频率随转速变化曲线(偏心距 100 mm)

的 +1 阶阶次频率 $\omega_{t,+1}$；曲线④对应振型为弯曲振动为主的耦合振型，相应的模态频率为正进动模态的基础频率 $\omega_{b+,0}$。类似于曲线①和曲线②，转速从 300 r/min 增加至 700 r/min 过程中，转子系统扭转模态的 +1 阶阶次频率与正进动模态的基础频率发生了频率转向，并同时伴随着弯曲振动为主的耦合振型与扭转振型之间的振型转换现象。

3) 进一步还可发现，任一转速下曲线①和曲线③对应的振型基本相同，原因在于这两个曲线对应的特征值和特征向量均属于同一阶次的模态，只是对应着该阶模态的傅里叶展开中不同的谐波分量。由于相同的原因，可以看到任一转速下曲线②和曲线④对应的振型基本一致。

图 6-35(b)所示为频率耦合区域内，转子系统模态振型随转速变化曲线。由曲

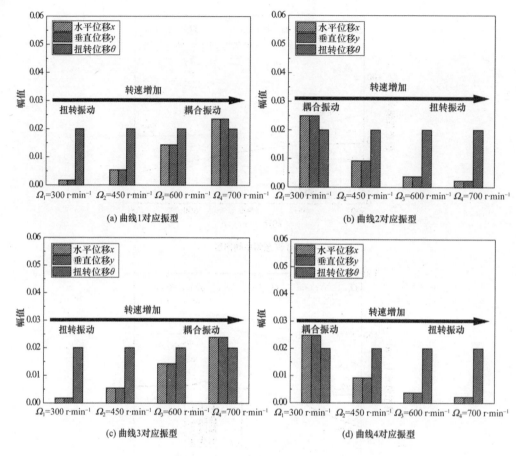

图 6-36　频率转向区内转子模态振型随转速变化(偏心距 100 mm)

线①到曲线④,对应的模态频率值是依次增加的。结合图 6-35(b)和图 6-37,可以得出:

1)转速 1 200 r/min 时,曲线①对应振型为弯曲振动为主的耦合振型,相应的模态频率为正进动模态的 -1 阶阶次频率 $\omega_{b+,-1}$;曲线②对应振型为扭转振型,相应的模态频率为扭转模态的基础频率 $\omega_{t,0}$。当转速增加到模态频率耦合区域时,正进动模态的 -1 阶阶次频率 $\omega_{b+,-1}$ 与扭转模态的基础频率 $\omega_{t,0}$ 值相等,同时对应的振型也一致,均为耦合振型,且扭转振动高于弯曲振动;当转速进一步增加至 1 800 r/min 时,曲线①对应振型变为扭转振型,曲线②对应振型则变为弯曲振动为主的耦合振型。

2)转速 1 200 r/min 时,曲线③对应振型为扭转振型,相应的模态频率为扭转模态的 $+1$ 阶阶次频率 $\omega_{t,+1}$;曲线④为弯曲振动为主的耦合振型,相应的模态频率为正进动模态的基础频率 $\omega_{b+,0}$。当转速增加至模态频率耦合区域时,频率值 $\omega_{t,+1}$ 和 $\omega_{b+,0}$ 相等,且对应的振型相同,均为扭转振动为主的耦合振型;当转速增加到 1 800 r/min 时,曲线③对应振型变为弯曲振动为主的耦合振型,而曲线④对应振型变为扭转振型。

3）在耦合点处（$\Omega_6 = 1\,500$ r/min），曲线①和曲线②（或曲线③和曲线④）对应的模态振型相同。这表明在模态频率耦合区域，不仅两阶模态的频率相同，同时振型也是相同的。这种情况下，两阶模态强烈耦合，将会导致转子系统的失稳。

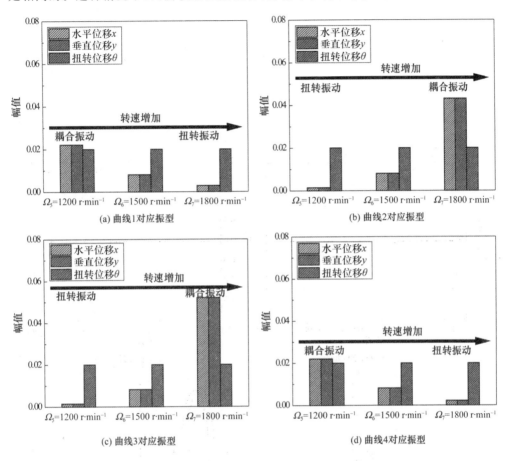

图 6-37　频率耦合区内转子模态振型随转速变化（偏心距 100 mm）

（2）稳定性分析

下面分析不平衡转子的稳定性特征。图 6-38 所示为不同偏心距下转子系统特征值实部随转速变化曲线，结果表明：

1）偏心距为 1 mm 时，转子系统特征值实部始终为 0，说明转子弯曲模态和扭转模态均是稳定的；

2）偏心距为 20 mm 时，在 1 400 r/min 左右出现一个失稳区域，称为区域 B，该区域内特征值实部大于 0；当偏心距增加至 100 mm 时，失稳区域 B 对应的转速范围显著增加，并且在 1 000 r/min 附近又出现了一个新的失稳区域，称为区域 C。以上结果表明，偏心距越高，转子系统越容易发生失稳，且失稳区域随着转速增加而显著增加。

3）对比图 6-35 中的模态频率结果和图 6-38 中的特征值实部结果，失稳区域

B 对应于转子阶次频率与基础频率的频率耦合区域:以偏心距 100 mm 为例,转速点1~转速点3的转速范围内,特征值实部大于0,同时该转速范围与扭转模态的−1阶阶次频率和正进动模态的基础频率的频率耦合区对应;转速点2~转速点4的转速范围内,特征值实部同样大于0,同时该转速范围与扭转模态的基础频率和正进动模态的−1阶阶次频率的频率耦合区对应,将这种阶次频率与基础频率发生频率耦合而产生的不稳定区域称为"主不稳定区"。

4)在失稳区域C,转子反进动模态的−1阶阶次频率始终为0,且其特征值实部始终大于0,这种由于转子模态的阶次分量失稳而产生的不稳定区域称为"次不稳定区"。通常,次不稳定区对转子危害较小,并且容易通过增加系统阻尼的方式消除。因此,实际工程中需要重点关注不平衡转子的主不稳定区。

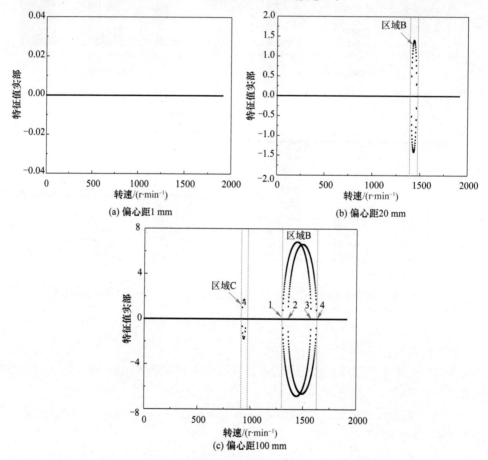

图 6−38　不同偏心距下转子系统特征值实部随转速变化曲线

（3）参数对模态特性的影响

对于以航空发动机为代表的旋转机械,调整转子支承刚度或者轴系刚度是优化转子系统动力学特性的重要手段之一。同时,增加系统的阻尼是降低转子系统过临界时振动幅值的最常见的方式。因此,下面将分析横向弯曲刚度和阻尼对不平衡转子模态特性的影响规律。计算中,偏心距 $e=100$ mm,除横向弯曲刚度和阻尼之外,其他参数与前一节的相同。

分别给定转子横向弯曲刚度值为 4 900 N/m 和 6 400 N/m,计算得到对应刚度值下转子模态频率,结果如图 6-39 所示。由于转子反进动模态和正进动模态的+1阶阶次频率与扭转模态不发生耦合,因此图中未给出对应的模态频率曲线。同时根据图 6-39 和图 6-33(c)结果,得到不同弯曲刚度下模态频率耦合区域和频率转向区域的转速范围,见表 6-4。

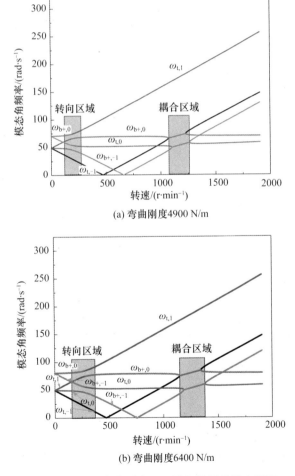

(a) 弯曲刚度4900 N/m

(b) 弯曲刚度6400 N/m

图 6-39　不同弯曲刚度下不平衡转子的模态频率

表 6-4　不同弯曲刚度下频率转向和模态频率耦合区域对应的转速范围

弯曲刚度/(N·m^{-1})	转速区间/(r·min^{-1})		组合频率值/(r·min^{-1})	
	频率转向区	模态频率耦合区	$\omega_{b+,0}-\omega_{t,0}$	$\omega_{b+,0}+\omega_{t,0}$
4 900	[110,260]	[1070,1260]	191	1146
6 400	[160,380]	[1150,1380]	287	1242
10 000	[330,610]	[1300,1623]	478	1 433

上述结果表明：

1) 随着横向弯曲刚度增加,频率转向和频率耦合区对应的转速区间范围不断扩大,同时发生频率转向和频率耦合的转速也有所增加。

2) 分别计算不考虑弯扭耦合时转子正进动模态频率($\overline{\omega}_{b+}$)和扭转模态频率($\overline{\omega}_{t}$),计算公式为 sqrt(k/m) 和 sqrt(k_r/Jp),并同时将正进动模态频率和扭转模态频率的组合频率值$|\overline{\omega}_{b+}-\overline{\omega}_{t}|$ 和 $|\overline{\omega}_{b+}+\overline{\omega}_{t}|$ 列于表 6-4 中。对比频率转向区/频率耦合区的转速范围与组合频率值$|\overline{\omega}_{b+}-\overline{\omega}_{t}|$ / $|\overline{\omega}_{b+}+\overline{\omega}_{t}|$ 可以发现,频率转向区所在的转速范围近似分布在以 $|\overline{\omega}_{b+}-\overline{\omega}_{t}|$ 为中心的某一区间内;频率耦合区所在的转速近似分布在以 $|\overline{\omega}_{b+}+\overline{\omega}_{t}|$ 为中心的某一区间内。因此,可以通过计算不考虑弯扭耦合时转子的模态频率来近似估计频率耦合区和频率转向区所在的转速。

图 6-40 所示为不同弯曲刚度下不平衡转子系统特征值的实部随转速的变化规律。根据图 6-40 和图 6-38(c),提取不平衡转子的不稳定区,结果见表 6-5。可以看出：随着弯曲刚度的降低,转子主不稳定区和次不稳定区开始的转速点均有所下降,表明弯曲刚度越低,转子发生失稳的转速区域越低;同时,主不稳定区和次不稳定区的转速范围随着弯曲刚度的降低而缩小,表明不平衡转子的稳定性随着弯曲刚度的降低而增加。并且,柔性转子相比于刚性转子更容易在低转速下发生失稳。

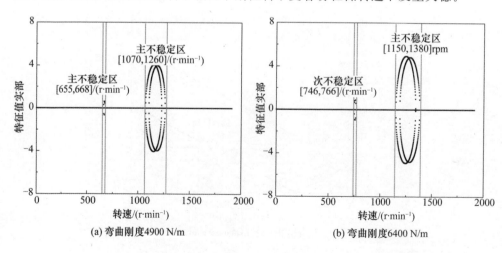

(a) 弯曲刚度4900 N/m　　　　(b) 弯曲刚度6400 N/m

图 6-40　不同弯曲刚度下不平衡转子系统的特征值实部随转速变化规律

表 6 − 5　不同弯曲刚度下不平衡转子的不稳定转速区域

弯曲刚度 /(N·m^{-1})	主不稳定区/(r·min^{-1})	次不稳定区/(r·min^{-1})
4900	[1070,1260]	[655,668]
6400	[1150,1380]	[746,766]
10000	[1300,1623]	[915,977]

下面分析弯曲振动阻尼对不平衡转子模态频率和稳定性的影响规律。给定弯曲振动阻尼系数 c 分别为 1 kg/s 和 10 kg/s,计算得到对应弯曲阻尼系数下的模态频率,结果如图 6 − 41 所示。计算表明:

1) 总体而言,弯曲阻尼系数 1 kg/s 和 10 kg/s 对应的各阶次模态频率值基本相等,表明弯曲振动阻尼系数对转子模态频率的影响很小;

2) 仅在模态频率耦合区域,弯曲振动阻尼系数对模态频率特征存在一定的影响,对比图 6 − 41(a)和(b),弯曲阻尼系数 10 kg/s 时的频率耦合区域内,转子正进动模态的 −1 阶阶次频率与扭转模态的基础频率、正进动模态的基础频率与扭转模态的 −1 阶阶次频率不再完全相等,表明随着弯曲阻尼系数增加,不平衡转子的频率耦合作用减弱。

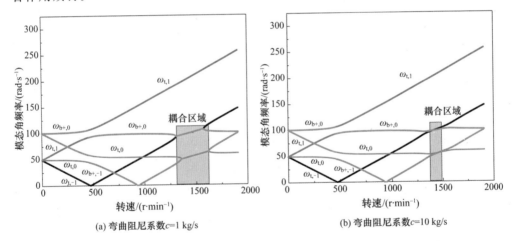

(a) 弯曲阻尼系数 c=1 kg/s　　　　　(b) 弯曲阻尼系数 c=10 kg/s

图 6 − 41　不同弯曲阻尼系数下不平衡转子的模态频率

图 6 − 42 所示为不同弯曲振动阻尼系数下不平衡转子特征值实部随转速变化曲线,计算结果表明:弯曲阻尼系数对不平衡转子特征值实部影响较为显著,随着弯曲阻尼系数增加,转子次不稳定区范围缩小甚至消失,但主不稳定区范围显著扩大,c = 1 kg/s 时主不稳定区域范围为[1255,1730]r/min,而 c = 10 kg/s 时转子在[1170,2000]r/min 转速范围内均不稳定。由于主失稳区通常对转子系统的正常运转危害更大,因此实际工程中增加转子系统的阻尼不利于增加转子系统的稳定性,反而会起到相反效果。表 6 − 6 为不同弯曲振动阻尼系数下不平衡转子的不稳定转速区域。

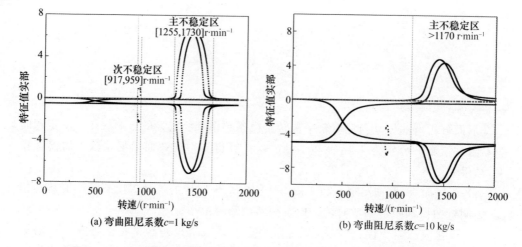

(a) 弯曲阻尼系数c=1 kg/s   (b) 弯曲阻尼系数c=10 kg/s

图 6 – 42   不同弯曲振动阻尼系数下不平衡转子特征值实部随转速变化规律

表 6 – 6   不同弯曲振动阻尼系数下不平衡转子的不稳定转速区域

弯曲振动阻尼系数/(kg·s^{-1})	主失稳区/(r·min^{-1})	次失稳区/(r·min^{-1})
0	[1300,1623]	[915,977]
1	[1255,1730]	[917,959]
10	[1170,2000]	——

3. 振动响应分析

以如图 6 – 28 所示转子系统进行不平衡转子振动响应特性计算分析，其中结构参数：$m=1$ kg，$k=10^4$ N/m，$c=1$ kg/s，$J_p=0.5$ kg·m^2，$k_r=1\,250$ kg·m/s^2，$c_r=2\times10^{-4}$ kg·m/s，$e=100$ mm。以上计算参数中，除横向阻尼和扭转阻尼外，其他参数均与前面章节相同，所给定的偏心距代表着大不平衡的状态，并且所给定的横向阻尼和扭转阻尼也跟实际旋转机械中的数值相近。由于原弯扭耦合振动方程未作任何近似，因此在下面的振动响应计算中均是基于原弯扭耦合振动方程，而并非线性化后的弯扭耦合振动方程。

对于以航空发动机为代表的旋转机械，其转子系统中扭转阻尼通常很小，扭转固有振动成分一旦被激起很难衰减，因此在分析扭转振动时需要重点考虑其瞬态响应。不同于扭转振动，工程设计时通常通过挤压油膜等方式增加转子系统的横向阻尼，横向阻尼的存在会使转子横向弯曲振动迅速衰减到稳态。另外，当转子遭遇到突加的大不平衡时，还通常伴随着巨大的冲击效应，转子横向模态振动也会被激起，并且对转子系统的运转影响也极为显著。因此，在分析横向弯曲振动时，需要同时关注其瞬态振动和稳态振动。

总而言之,在分析不平衡转子的振动响应时,需要同时关注扭转的瞬态振动、横向弯曲的瞬态振动和稳态振动。下文中,首先通过三维瀑布图分析弯扭耦合对转子频谱特性的影响规律,而后详细分析特定转速下不平衡转子的时频响应特征,并揭示不平衡转子模态特性与响应特性之间的相互影响机制。

(1)弯扭耦合对转子频谱特性的影响

首先分析弯扭耦合对转子横向弯曲振动的影响。对于不平衡转子,若不考虑弯扭耦合作用,可以获得不平衡转子的横向弯曲振动响应,如图 6-43 所示。在振动响应计算中,采用隐式 Newmark-β 方法进行计算,积分步长选为 5×10^{-6} s,积分时间选为 10 s,所选取的积分时间步长足够小,可以保证求解过程的收敛。获得转子时域响应后,选取后 5 s 的时域数据进行 FFT 变换获得转子的频域响应。在后面的计算中均采用以上所述的计算过程。

图 6-43 所示结果表明,转子频域响应中仅包含转速频率成分 f_{rotation},转速频率成分对应的幅值在转速 950 r/min 处达到最大,该转速等于转子系统横向振动的固有频率。

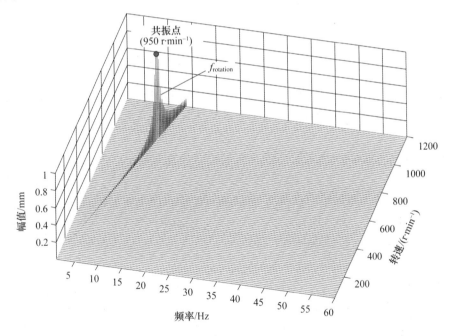

图 6-43 不考虑弯扭耦合时,不平衡转子横向弯曲振动响应的三维瀑布图

图 6-44 所示为考虑弯扭耦合时,不平衡转子横向弯曲振动响应的三维瀑布图。与图 6-43 结果对比,当考虑弯扭耦合时转子横向弯曲振动响应存在如下不同:

1)超临界转速区域出现了超谐波频率成分和亚谐波频率成分;

2)在超临界转速区域,随着转速增加,转速频率成分对应的幅值并非单调递减,而呈现非单调的变化规律,更清晰的对比结果见图 6-45。

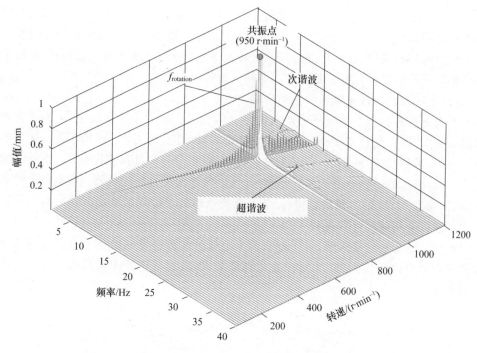

图6-44 考虑弯扭耦合时,不平衡转子横向弯曲振动响应的三维瀑布图

为深入了解弯扭耦合对转子横向振动的影响,将图6-44中的纵坐标改为对数坐标形式,对应的结果如图6-46所示。结果表明,由于弯扭耦合影响,转子横向振动中还存在着扭转模态的-1阶阶次模态频率$f_{t,-1}$和+1阶阶次模态频率$f_{t,+1}$、正进动模态的基础频率$f_{b+,0}$。这些模态频率的变化规律与上一节模态特性分析结果相似,即:对于模态频率$f_{t,-1}$,随着转速增加其值首先减小至0,而后开始增加;模态频率$f_{t,+1}$则随着转速的增加而增加,并且在三维瀑布图中还可明显看到其与模态频率$f_{b+,0}$在转速500 r/min附近存在着频率转向的现象。同时还可以发现,超临界转速区域下不平衡转子的频域响应更加复杂,说明在超临界转速区域弯扭耦合对转子的横向振动响应的影响更加显著。

对于转子扭转振动,若不考虑不平衡导致的弯扭耦合,由于扭转方向不存在任何激励,则转子的扭转振动不会被激起(见式(6-54))。考虑弯扭耦合时,不平衡转子的扭转振动响应如图6-47所示。图6-47(a)表明:亚临界转速下转子扭转振动响应很小,此时转子弯扭耦合较弱;随着转速增加,转子首先经过次不稳定区,此时转子正进动模态的-1阶阶次模态被激起,频域响应中能够清晰地观察到模态频率$f_{b+,-1}$(0 Hz),并且由于该区域下转子不稳定,该频率对应的幅值极高;在超临界转速区域,能观察到明显的扭转振动,扭转振动响应的频谱中主要包含扭转模态的基础频率$f_{t,0}$。另外,需要注意的是,扭转振动的频谱中不存在转速频率成分,这表明横向弯曲响应的同步振动成分不会通过不平衡与转子的扭转振动之间发生耦合。

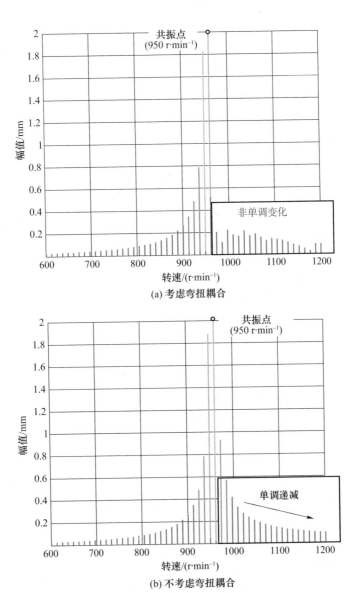

图 6 - 45　弯扭耦合对不平衡转子横向弯曲振动响应的转速频率幅值的影响

图 6 - 47(b)给出了对数坐标形式下,扭转振动响应的三维瀑布图。可以看出,扭转振动响应中存在着模态频率 $f_{t,0}$ 和 $f_{b+,-1}$,且两者之间存在着明显的频率转向现象。

(2)典型转速状态下转子的时频响应特征

下面选取频率转向区、次失稳区和主失稳区几个典型区域下的转速点,分析不平衡转子振动响应的时频特征。

选取频率转向区域附近或之内的转速点,分别为 300 r/min、480 r/min 和 670 r/min,得到这些转速点下的时频响应,如图 6 - 48 所示。图中结果表明:当不平衡激励施加

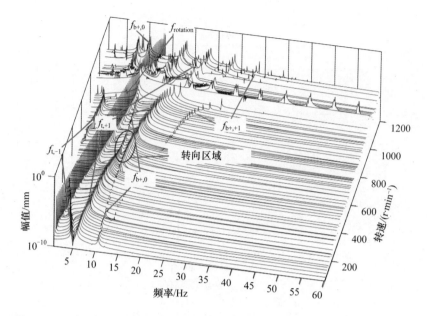

图 6 - 46 对数坐标形式下,不平衡转子横向振动的三维瀑布图(考虑弯扭耦合)

到转子时,强迫振动成分和模态振动成分都出现在转子横向振动响应中,模态振动成分主要为 $f_{b+,0}$ 和 $f_{t,+1}$。根据时域响应,模态振动随着时间逐渐衰减,因此模态频率对应的成分幅值也随时间逐渐减小直至消失。对于扭转振动,不平衡激励仅激起了模态振动成分,主要包括 $f_{b+,+1}$ 和 $f_{t,0}$。扭转振动也随着时间逐渐衰减,但不同转速下的衰减速率有所不同,频率转向区(480 r/min)内转子扭转振动的衰减速率明显高于频率转向区外转子扭转振动的衰减速率(300 r/min 和 670 r/min)。

次不稳定区域内不平衡转子振动响应如图 6 - 49 所示。对于横向振动,其幅值随时间推移逐渐增加,且主要的频率成分为转速频率成分 $f_{rotation}$。事实上,该转速点恰好对应于转子系统的共振转速点,其横向振动响应表现出共振的特征;当不平衡激励输入的能量等于系统阻尼耗散的能量时,转子横向振动最终趋于稳定。对于扭转振动,随时间推移其幅值不断增加,且扭转振动位移始终为负。扭转振动的频域结果表明其频率成分主要为 $f_{b+,-1}$(0 Hz)。根据前面模态分析,次不稳定区是由于正进动模态的 -1 阶阶次模态 $f_{b+,-1}$ 导致,由此可推断模态 $f_{b+,-1}$ 的失稳是导致扭转振动位移为负且幅值不断发散的根本原因。如前所述,通过增加转子横向阻尼可以消除次不稳定区,因此在该区域,通过增加转子的横向阻尼可以较为容易地降低转子扭转振幅。需要再次强调,次失稳区内转子横向振动和扭转振动发散的原因是不同的,前者是由于转子发生共振导致,后者则是由于阶次模态 $f_{b+,-1}$ 的失稳导致。

图 6 - 50 所示为超临界转速区域不平衡转子的振动响应。可以看出,该转速下转子横向弯曲振动和扭转振动与图 6 - 48 中结果较为相似,但此时瞬态响应的衰减速率显著低于亚临界转速区域。

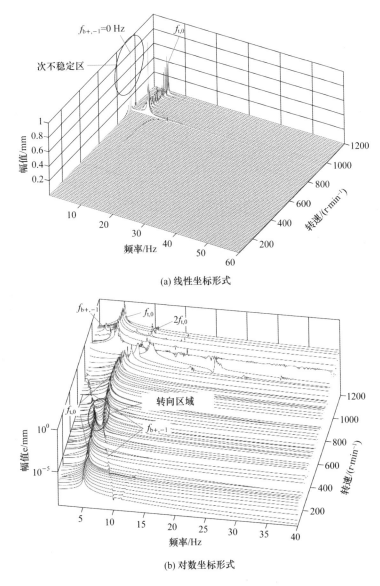

(a) 线性坐标形式

(b) 对数坐标形式

图 6 - 47　不平衡转子扭转振动响应的三维瀑布图

　　进一步增加转速,转子将会到达主失稳区,此时转子的振动响应如图 6 - 51 所示。可以看出,对于横向弯曲振动,在主失稳区内,随时间推移转子的横向振动和扭转振动幅值均不断发散。频域响应分析表明,转子横向弯曲振动中同时包含多个固有模态成分,如 $f_{t,-1}$ 和 $f_{t,+1}$,以及强迫振动成分 $f_{rotation}$。在这些频率成分中,$f_{t,-1}$ 对应的幅值最高,表明转子横向振动的发散可能是由于该模态的失稳引起。对于扭转振动,主要频率成分为 $f_{t,0}$,该频率成分对应的模态则可能是导致扭转振动响应发散的主要因素。

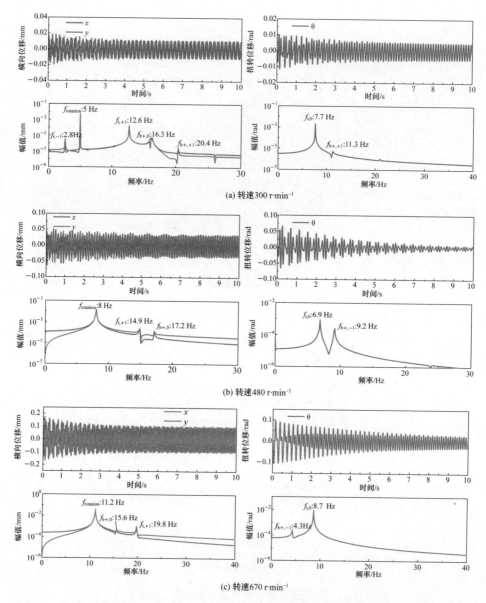

图 6-48　频率转向区附近不平衡转子的振动响应(左边图为横向振动,右边图为扭转振动)

　　为了分析上述频率成分随时间的变化规律,并对导致转子振动响应发散的原因有一个更为深入的认识,对图 6-51 中的时域响应进行小波变换,获得横向弯曲振动/扭转振动响应的频率成分随时间的变化规律,如图 6-52 和图 6-53 所示。由图 6-52 可以看出,$f_{t,-1}$ 对应的幅值随时间增加而不断增加,而其他频率对应的幅值则随时间逐渐衰减或者基本保持不变,这说明转子横向振动响应的发散是由模态 $f_{t,-1}$ 引起的,根据前面的模态分析可知,这种不稳定实质是由于模态 $f_{t,-1}$ 和 $f_{b+,0}$ 耦合导

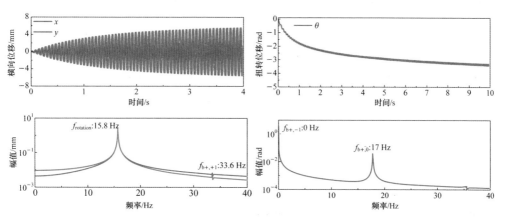

图 6 - 49 次失稳区不平衡转子的振动响应(左图横向振动,右图扭转振动)(转速 950 r/min)

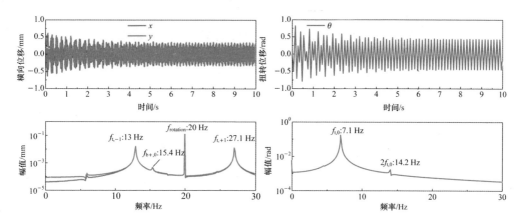

图 6 - 50 超临界转速区不平衡转子的振动响应(左图横向振动,右图扭转振动)(转速 1 200 r/min)

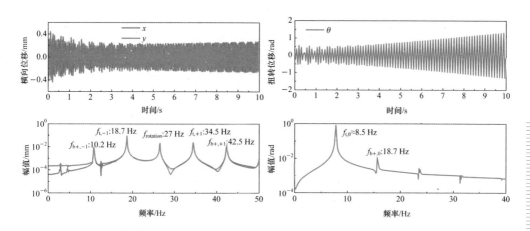

图 6 - 51 主失稳区不平衡转子的振动响应(左图横向振动,右图扭转振动)(转速 1 600 r/min)

致。类似地,由图 6-53 可以看出,扭转振动响应的发散是由于模态 $f_{t,0}$ 失稳导致。需要注意的是,这种不稳定很难通过增加系统阻尼消除,但根据上文模态分析,主失稳区域取决于转子横向固有频率和扭转固有频率之和,因此实际中可通过增加横向固有频率或扭转固有频率提高主失稳区转速范围,使转子工作转速远低于主失稳区,进而避免转子发生失稳。

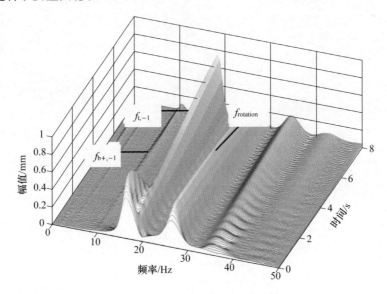

图 6-52 横向弯曲振动响应的小波变换图

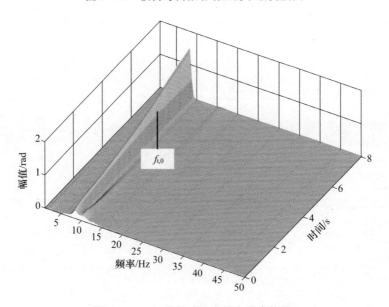

图 6-53 扭转振动响应的小波变换图

6.3.4　碰摩激励下转子扭转振动特性

参考上文对碰摩转子的振动响应分析,转子在发生碰摩时存在全周碰摩、局部碰摩和反向涡动三种典型碰摩形式。根据转子运动特征,对碰摩转子弯扭耦合振动方程进行降维,获得相应典型碰摩形式下转子扭转振动方程,并对方程进行理论或数值求解,获得不同碰摩状态下转子扭转振动特性。

1. 全周碰摩

全周碰摩状态下,转子所受摩擦力的方向与自转方向始终相反且数值保持不变,转子扭转振动位移保持恒定不变,即 $\ddot{\theta} = \dot{\theta} = 0$,则式(6 - 51)中转子横向振动的动力学方程可简化为

$$\begin{cases} m\ddot{x} + c\dot{x} + kx + k_c\left(1 - \dfrac{r_0}{r}\right)(x - \text{sign}(v_{\text{rel}})\mu y) = me\Omega^2\cos(\Omega t + \theta) \\ m\ddot{y} + c\dot{y} + ky + k_c\left(1 - \dfrac{r_0}{r}\right)(\text{sign}(v_{\text{rel}})\mu x + y) = me\Omega^2\sin(\Omega t + \theta) \end{cases} \tag{6 - 68}$$

求解转子横向振动,令 $q = x + \mathrm{i}y$, $|q| = \sqrt{x^2 + y^2}$,则式(6 - 68)可以转化为

$$m\ddot{q} + c\dot{q} + kq + k_c(1 + \mathrm{i}\mu)\left(1 - \dfrac{r_0}{|q|}\right)q = me\Omega^2 \mathrm{e}^{\mathrm{i}(\Omega t + \theta)} \tag{6 - 69}$$

在同步全周碰摩状态下,转子横向振动可以假设为 $q = B\mathrm{e}^{\mathrm{i}(\Omega t + \theta + \beta)}$,将其代入式(6 - 69),可以得到

$$B = \dfrac{r_0 k_c(a_1 + a_2\mu) \pm \sqrt{(me)^2\Omega^4(a_1^2 + a_2^2) - (r_0 k_c)^2(a_1\mu - a_2)^2}}{a_1^2 + a_2^2} \tag{6 - 70}$$

$$\beta = -\arctan\dfrac{Ba_2 - \mu k_c r_0}{Ba_1 - k_c r_0} \tag{6 - 71}$$

其中,$a_1 = k - m\Omega^2 + k_c$,$a_2 = c\Omega + \mu k_c$。定义系数 Δ 为

$$\Delta = (me)^2\Omega^4(a_1^2 + a_2^2) - (r_0 k_c)^2(a_1\mu - a_2)^2 \tag{6 - 72}$$

则可以推导出,当 $\Delta < 0$ 时,方程无解,对应参数满足

$$\dfrac{me\Omega^2}{r_0 k_c} < \dfrac{|a_1\mu - a_2|}{\sqrt{a_1^2 + a_2^2}} \tag{6 - 73}$$

当满足

$$\dfrac{|a_1\mu - a_2|}{\sqrt{a_1^2 + a_2^2}} < \dfrac{me\Omega^2}{r_0 k_c} < \sqrt{1 + \mu^2} \tag{6 - 74}$$

时,方程存在两个解。

当满足

$$\dfrac{|a_1\mu - a_2|}{\sqrt{a_1^2 + a_2^2}} = \dfrac{me\Omega^2}{r_0 k_c} \quad \text{或} \quad \dfrac{me\Omega^2}{r_0 k_c} \geqslant \sqrt{1 + \mu^2} \tag{6 - 75}$$

时,方程存在一个解。

获得全周碰摩时转子横向振动的解后,可以进一步求解全周碰摩下转子的扭转振动响应。不失一般性,通过选取合适的初始相位作为时间起始点,转子同步全周碰摩的横向运动可以记为 $q = Be^{i\Omega t}$,即

$$\begin{cases} x = B\cos\Omega t \\ y = B\sin\Omega t \end{cases} \tag{6-76}$$

另一方面,假设转子的扭转位移为小量,则可以得到

$$\sin(\Omega t + \theta) = \sin\theta\cos\Omega t + \cos\theta\sin\Omega t \tag{6-77}$$
$$\approx \theta\cos\Omega t + \sin\Omega t$$

$$\cos(\Omega t + \theta) = \cos\theta\cos\Omega t - \sin\theta\sin\Omega t \tag{6-78}$$
$$\approx \cos\Omega t - \theta\sin\Omega t$$

将式(6-76)~式(6-78)代入到式(6-51)中的扭转振动方程,此时可以得到

$$J'_p\ddot{\theta} + c_r\dot{\theta} + (k_r + me\Omega^2 B)\theta = -\mu k_c(B - r_0)r_{\text{disk}}\,\text{sign}(v_{\text{rel}}) \tag{6-79}$$

可以看出同步全周碰摩时,振动方程中刚度项由 k_r 增加至 $(k_r + me\Omega^2 B)$,这是由不平衡量引起,与碰摩力无关。这也表明,同步全周碰摩运动下,不平衡对于转子的扭转振动会产生一定的刚化作用。

转子接触点相对运动速度 $v_{\text{rel}} = \Omega(B + r_{\text{disk}}) + \dot{\theta}r_{\text{disk}} = v_{\text{w}} + \dot{\theta}r_{\text{disk}}$,在同步全周碰摩时,碰摩接触点相对速度 v_{rel} 始终大于 0,因此碰摩力矩为恒定值。此时,转子的扭转振动也为定值,故可以得到转子扭转振动为

$$\theta \equiv \theta_0 = \frac{-\mu k_c(B - r_0)r_{\text{disk}}}{k_r + me\Omega^2 B} \tag{6-80}$$

下面给定计算参数,对图6-28所示的转子系统进行数值仿真定量分析。计算参数选取:转子质量 $m = 1$ kg,转子弯曲刚度为 1.0×10^5 N/m,转子弯曲阻尼为 50 kg/s(对应阻尼比接近 0.1),轮盘半径 $r_{\text{disk}} = 50$ mm,间隙为 1 mm,不平衡量取 50 g·cm,碰摩刚度取 1×10^6 N/m,摩擦系数取 0.1。转动惯量 $J_p = 0.5$ kg·m²,扭转刚度 $k_r = 2.5\times10^4$ kg·m/s²,扭转阻尼如无特殊说明取 $c_r = 1$ kg·m/s。

基于式(6-51)的弯扭耦合振动方程,数值仿真得到转子横向弯曲振动响应和扭转振动响应,绘制转子横向弯曲振动响应随转速变化的分岔图,结果如图6-54所示。结果表明:当考虑弯扭耦合时,转子的碰摩振动响应包括无碰摩响应、全周碰摩响应、局部碰摩响应和反向涡动响应,这与仅考虑横向振动时的结果是一致的;随着转速增加,转子碰摩响应的变化序列为无碰摩→全周碰摩→局部碰摩→反向涡动。

下面通过数值仿真计算不同碰摩状态下转子的扭转振动响应,并根据前面理论分析对计算结果进行讨论。

给定计算转速 2 880 r/min,数值计算得到转子全周碰摩响应,结果如图6-55所示。可以看出:转子轴心轨迹为圆,转子振动幅值略高于转静间隙,频域响应中仅包含转速频率成分。

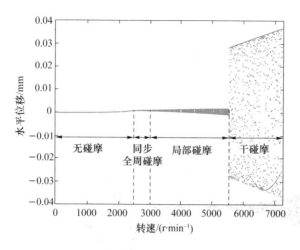

图 6-54　转子水平振动位移随转速变化的分岔图

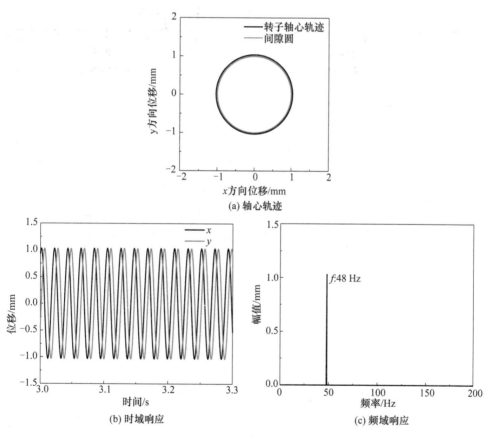

图 6-55　全周碰摩状态下转子横向振动响应

提取全周碰摩状态下转子扭转振动响应,如图 6-56 所示。结果表明:转子扭转振动响应以自身的扭转固有频率(35.8 Hz)作自由衰减振动,最终趋于某一定值,且该值为负;频域响应中包含较高的 0 频成分和一定的扭转固有频率成分。转子扭转变形为负的原因为:全周碰摩状态下转子振幅恒定,碰摩力恒定且摩擦力方向始终为负,对转子施加一恒定的扭矩,使转子发生恒定的扭转变形。总体而言,全周碰摩时,当转子振动响应达到稳态,转子产生恒定的负扭转变形,且由于此时碰摩力较小,扭转变形幅值也很小,对转子危害性也很小。

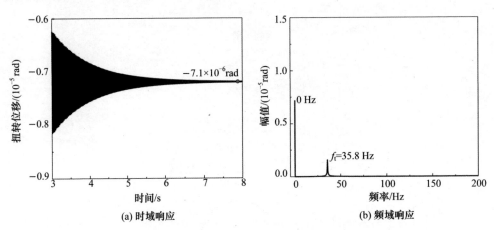

图 6-56　全周碰摩状态下转子扭转振动响应

表 6-7 给出了稳定状态下,转子全周碰摩响应的数值结果和理论结果对比。可以看出:理论得到的横向振幅与数值结果一致;同时理论解得的扭转振幅与数值结果也吻合较好,但也存在一定偏差,这是由于理论解推导时进行了一定的近似简化处理,如式(6-77)和式(6-78)所示。

表 6-7　全周碰摩状态下扭转振动响应的数值解与理论解对比

结果	横向振幅/(mm)	扭转幅值/(10^{-6}rad)
数值解	1.032	-7.1
理论解	1.032	-6.4

2. 局部碰摩

局部碰摩下,转子与静子发生周期或拟周期的"接触碰撞-反弹分离"运动,因此碰摩力及碰摩力矩也将发生周期或拟周期的变化。下面理论分析局部碰摩下转子的扭转振动特性。不失一般性,假设局部碰摩时转子水平方向和竖直方向的振动由转速频率成分和多个谐波频率成分组成,则

Dynamic Characteristics and Safety Design of Aero Gas Turbine Engine Rotor System

$$\begin{cases} x = B\cos \Omega t + \sum_{i=1}^{\infty} A_i \cos \omega_{ri}t \\ y = B\sin \Omega t + \sum_{i=1}^{\infty} A_i \sin \omega_{ri}t \end{cases} \tag{6-81}$$

式中，Ω 为转速，ω_{ri} 为各个谐波频率，且有 $\omega_{r1}<\omega_{r2}<\omega_{r3}<\cdots$。根据 6.1 节分析，局部碰摩状态下，转子高阶谐波频率成分远低于转速频率成分和第一阶谐波频率成分。忽略高阶谐波频率成分，则式(6-81)简化为

$$\begin{cases} x \approx B\cos \Omega t + A\cos \omega_r t \\ y \approx B\sin \Omega t + A\sin \omega_r t \end{cases} \tag{6-82}$$

其中，$A=A_1$，$\omega_r=\omega_{r1}$。此时转子涡动幅值为

$$\rho = \sqrt{x^2+y^2} = \rho_0 + \rho_1 \cos \omega_\rho t \tag{6-83}$$

其中，ρ_0，ρ_1 和 ω_ρ 均可根据式(6-82)得到，分别满足 $\rho_0=A^2+B^2$，$\rho_1=2AB$，$\omega_\rho=\omega_r-\Omega$。根据式(6-53)，可以得到作用于转子盘心的碰摩扭转力矩为

$$M_t = \begin{cases} 0 & \rho<r_0 \\ -\mu k_c(\rho-r_0) \cdot r_{disk} & \rho \geq r_0 \end{cases} \tag{6-84}$$

典型参数下的转子涡动幅值与碰摩力矩如图 6-57 所示。碰摩力矩可以写为

$$M_t = -F(\omega_\rho t)\mu k_c(\rho-r_0) \cdot r_{disk} \tag{6-85}$$

式中，$F(\omega_\rho t)$ 为随时间变化的单位矩形波函数，如图 6-58 所示。将其展开为傅里叶级数形式，即

$$\begin{aligned} F(\omega_\rho t) &= \frac{\omega_\rho(t_3-t_2)}{\omega_\rho(t_3-t_1)} + \frac{1}{\pi}\sum_{n=1}^{\infty} \frac{2}{n}\sin\frac{n\omega_\rho(t_2-t_1)}{2}\cos\frac{n\omega_\rho(2t-t_2+t_1)}{2} \\ &= \upsilon_{rlt} + \frac{1}{\pi}\sum_{n=1}^{\infty} \frac{1}{n}(\sin n\omega_\rho t - \sin n(\omega_\rho t - 2\pi\upsilon_{rlt})) \\ &= \upsilon_{rlt} + \sum_{n=1}^{\infty} d_n\sin(n\omega_\rho t + \varphi_n) \end{aligned} \tag{6-86}$$

式中，$\upsilon_{rlt}=(t_3-t_2)/t_3-t_1$ 为碰摩时间占比，$d_n=\sqrt{2-2\cos(2n\pi\upsilon_{rlt})}/(\pi n)$，$\omega_\rho(t_3-t_1)=2\pi$，$\tan\varphi_n=\sin(2n\pi\upsilon_{rlt})/(1-\cos(2n\pi\upsilon_{rlt}))$。

对于上述矩形波函数，若仅保留常数项和一次项，则其近似表达为

$$F(\omega_\rho t) \approx \upsilon_{rlt} + d_1\sin(\omega_\rho t + \varphi_1) \tag{6-87}$$

将式(6-83)、式(6-87)代入式(6-85)中，并进行适当变换，则碰摩扭转力矩表达式为

$$M_t \approx f_0 + f_1\sin(\omega_\rho t + \tilde{\varphi}_1) + f_2\sin(2\omega_\rho t + \tilde{\varphi}_2) \tag{6-88}$$

其中，$f_0 = -\mu k_c r_{disk}((\rho_0-r_0)\upsilon_{rlt} + \frac{1}{2}\rho_1 d_1\sin\varphi_1)$，$f_1 = -\mu k_c r_{disk}(\sqrt{(\rho_0-r_0)^2 d_1^2(\cos\varphi_1)^2 + ((\rho_0-r_0)d_1\sin\varphi_1+\rho_1\upsilon_{rlt})^2})$，$f_2 = -\frac{1}{2}\mu k_c r_{disk}\rho_1 d_1$。

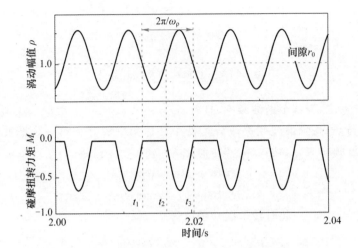

图 6-57 局部碰摩状态下转子涡动幅值与碰摩扭转力矩

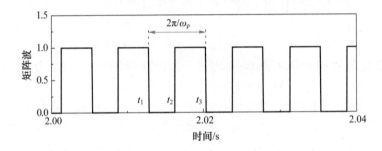

图 6-58 矩形波函数

式(6-88)表明,局部碰摩状态下,在仅考虑振动响应的常数项、一次谐波项和矩形波函数的常数项、一次谐波项的前提下,碰摩扭转力矩将对转子产生 0 频恒定力矩、ω_ρ 和 $2\omega_\rho$ 的简谐激励。

将式(6-82)和式(6-88)代入到式(6-51)的扭转振动方程,并经过数学变换,得到局部碰摩状态下转子扭转振动方程为

$$J_{\mathrm{p}}'\ddot{\theta} + c_{\mathrm{r}}\dot{\theta} + (k_{\mathrm{r}} + me\Omega^2 B + me\Omega^2 A\cos\omega_\rho t)\theta$$
$$= me\Omega^2 B + me\Omega^2 A\sin\omega_\rho t + f_0 + f_1\sin(\omega_\rho t + \tilde{\varphi}_1) + f_2\sin(2\omega_\rho t + \tilde{\varphi}_2)$$
$$(6-89)$$

式(6-89)表明,局部碰摩状态下转子扭转振动方程亦为参数振动方程,系统的参数激励频率为 $\omega_\rho(\omega_\rho = \omega_{\mathrm{r}} - \Omega)$,系统的外激励频率包括 0、$\omega_\rho$ 和 $2\omega_\rho$。理论上,扭转振动响应中将包含 ω_ρ 及其倍频,此时可以通过谐波平衡获得扭转振动响应,类似于反向涡动状态下的求解,此处不再赘述。

值得说明的是,局部碰摩状态下转子振动响应中的谐波频率 ω_{r} 的数值难以通过

理论推导获得。当局部碰摩较严重时,该谐波频率等于转子的反进动频率;而当局部碰摩轻微时,该谐波频率与转子系统参数不具有显式关系,故通过式(6-89)求解转子扭转振动响应的难点在于如何获得局部碰摩下转子的横向振动。尽管如此,式(6-89)对于局部碰摩状态下转子扭转振动响应的分析仍然具有重要意义:一是从理论上获得了局部碰摩状态下转子扭转振动响应特征;二是对于实际的工程结构,若能通过试验测点转子局部碰摩的横向振动响应,则可以用式(6-89)估算得到转子该局部碰摩状态下转子的扭转振动响应。

给定计算转速 4 000 r/min,数值计算得到转子局部碰摩响应,结果如图 6-59 所示。可以看出:局部碰摩状态下,转子发生重复的碰撞接触-反弹分离,每次碰撞轨迹不发生重合,形成图中所示的"环形"轨迹特征,时域响应呈现复杂的拟周期变化特征,频域响应中以转速频率成分 f 和碰摩激起的超谐波频率成分 f_r 为主,此外还包括转速频率 f 和超谐波频率成分 f_r 的组合频率成分 $2f + f_r$。

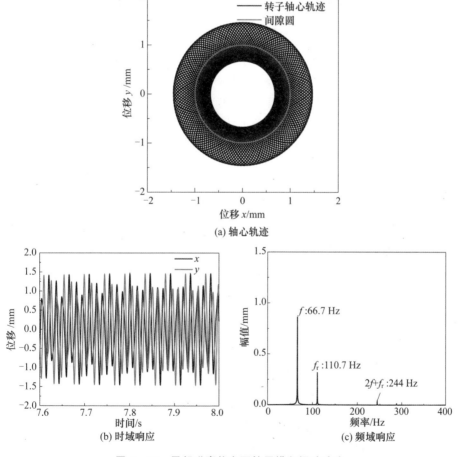

图 6-59　局部碰摩状态下转子横向振动响应

图 6-60 所示为局部碰摩状态下转子稳态扭转振动响应。结果表明:此时转子扭转振动近似为简谐振动,且平衡点为负值;频域响应中包含 0 频和 $f_p = 177.4$ Hz 的频率成分。

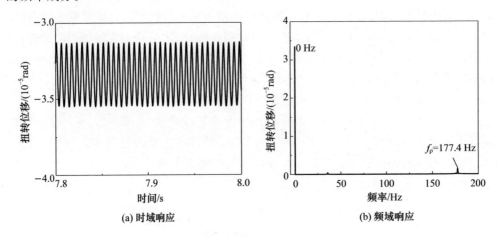

(a) 时域响应　　　　　　　　　　　　　(b) 频域响应

图 6-60　局部碰摩状态下转子扭转振动响应

根据前述理论,局部碰摩状态下转子将会具有一定的扭转变形,即扭转振动响应中将包含 0 频成分,该成分是由碰摩力傅里叶展开的常数项引起;此外扭转振动响应中还包括谐波成分,根据上述理论推导,该谐波成分为转子转速频率和碰摩谐波频率的组合频率。对于该局部碰摩状态,转子转速频率为 66.7 Hz,碰摩谐波频率成分为 110.7 Hz,并且图 6-59 中碰摩超谐波频率 f_r 对应转子运动为反进动,由此理论计算得出扭转振动响应的谐波频率为 $\mathrm{abs}(-f_r - f) = 177.4$ Hz,这与图中数值结果一致,证明了理论分析的正确性。

值得注意的是,扭转振动响应的谐波频率成分一方面由时变的碰摩力激起,时变碰摩力傅里叶展开中包含该转速频率与碰摩谐波频率的组合频率成分;另一方面也与转子不平衡量相关,由于不平衡量的存在,使得转子刚度项处存在着参数激励成分,该频率也为转速频率与碰摩谐波频率的组合频率。

3. 反向涡动

反向涡动是切向摩擦力激起的一种自激振动,该运动状态是转子系统以碰摩转子的反进动模态频率作反向涡动,且涡动幅值极高。反向涡动幅值可以由

$$A = -\Omega r_{\mathrm{disk}}/\omega_b \tag{6-90}$$

近似确定。

在反向涡动状态下,质量不平衡引起的转子振动远小于摩擦力引起的转子振动,转子运动形式由碰摩力主导,故忽略不平衡质量的影响,则转子横向运动的方程简化为

$$\begin{cases} m\,\ddot{x} + c\,\dot{x} + kx + k_c\left(1 - \dfrac{r_0}{r}\right)(x - \mathrm{sign}(v_{\mathrm{rel}})\mu y) = 0 \\ m\ddot{y} + c\dot{y} + ky + k_c\left(1 - \dfrac{r_0}{r}\right)(\mathrm{sign}(v_{\mathrm{rel}})\mu x + y) = 0 \end{cases} \tag{6-91}$$

仍然采用复数形式表示为

$$m\,\ddot{q} + c\dot{q} + kq + k_c\left(1 + \mathrm{i}\mu\,\mathrm{sign}(v_{\mathrm{rel}})\right)\left(1 - \dfrac{r_0}{|q|}\right)q = 0 \tag{6-92}$$

转子反向涡动的解假设为

$$q = A\mathrm{e}^{(\alpha + \mathrm{i}\omega_{\mathrm{b}})t} \tag{6-93}$$

将式(6-90)和式(6-93)代入式(6-92),并分离实部和虚部,得到

$$\begin{cases} m\alpha^2 - m\omega_{\mathrm{b}}^2 + c\alpha + k + k_c\left(1 + \dfrac{\omega_{\mathrm{b}} r_0}{\Omega r_{\mathrm{disk}}}\right) = 0 \\ 2m\alpha\omega_{\mathrm{b}} + c\omega_{\mathrm{b}} + \mu k_c\left(1 + \dfrac{\omega_{\mathrm{b}} r_0}{\Omega r_{\mathrm{disk}}}\right) = 0 \end{cases} \tag{6-94}$$

式中,当 $\alpha > 0$ 时,转子反向涡动可以发生;当 $\alpha < 0$ 时,反向涡动不存在,此时转子以其他碰摩形式运动。因此,$\alpha = 0$ 时对应着转子反向涡动存在的边界,这与前面建立的反向涡动边界预测方法本质上是一致的。根据式(6-94),求解得到转子反向涡动频率,代入到式(6-90)中便可求解得到转子反向涡动的幅值。

下面求解反向涡动时转子扭转振动。当转子处于稳定的反向涡动状态时,转子水平和竖直方向的运动可以记为

$$\begin{cases} x = A\cos\omega_{\mathrm{b}} t \\ y = A\sin\omega_{\mathrm{b}} t \end{cases} \tag{6-95}$$

将其代入到式(6-51)中的扭转振动方程中,并联立式(6-77)和式(6-78),得到

$$J_{\mathrm{p}}'\ddot{\theta} + c_{\mathrm{r}}\dot{\theta} + (k_{\mathrm{r}} + me\Omega^2 A\cos(\omega_{\mathrm{b}} - \Omega)t)\theta$$
$$= me\Omega^2 A\sin(\omega_{\mathrm{b}} - \Omega)t - \mu k_c(A - r_0)r_{\mathrm{disk}}\mathrm{sign}(v_{\mathrm{rel}}) \tag{6-96}$$

为了求解式(6-96),需要确定 $\mathrm{sign}(v_{\mathrm{rel}})$ 符号。

下面回顾反向涡动失稳产生的物理过程和物理机制:碰摩激起了转子的不稳定的反向涡动模态(反向涡动模态对应的模态阻尼小于0);此时转子振幅 r 不断增加,该过程中接触点相对运动速度 $v_{\mathrm{rel}} = \Omega r_{\mathrm{disk}} - |\omega_{\mathrm{b}}| r$ 随着振幅的增加逐渐减小,但仍然大于0,直到振幅增加至使接触切向速度 $v_{\mathrm{rel}} = \Omega r_{\mathrm{disk}} - |\omega_{\mathrm{b}}| r$ 恰好为0时,转子由不稳定状态过渡到临界稳定状态,此时模态阻尼为0,转子振幅不再发散而保持恒定;若转子由于扰动,使得振幅增加,则接触点切向速度 $v_{\mathrm{rel}} = \Omega r_{\mathrm{disk}} - |\omega_{\mathrm{b}}| r$ 将小于0,此时模态阻尼大于0,转子振幅将会衰减,直到 $v_{\mathrm{rel}} = \Omega r_{\mathrm{disk}} - |\omega_{\mathrm{b}}| r$ 再次为0,故此时转子产生稳定的反向涡动运动。

根据上述物理过程可知,在转子反向涡动形成过程中,接触点切向速度满足

$v_{\rm rel} \geqslant 0$，在不考虑外界扰动情况下，式中 $\mathrm{sign}(v_{\rm rel})$ 可以取为正值，故方程进一步简化为

$$J'_{\rm p}\ddot{\theta} + c_{\rm r}\dot{\theta} + (k_{\rm r} + me\Omega^2 A\cos(\omega_{\rm b}-\Omega)t)\theta$$
$$= me\Omega^2 A\sin(\omega_{\rm b}-\Omega)t - \mu k_{\rm c}(A-r_0)r_{\rm disk} \qquad (6-97)$$

令 $\omega_a = \omega_{\rm b} - \Omega$，则方程化为

$$J'_{\rm p}\ddot{\theta} + c_{\rm r}\dot{\theta} + (k_{\rm r} + me\Omega^2 A\cos\omega_a t)\theta$$
$$= me\Omega^2 A\sin\omega_a t - \mu k_{\rm c}(A-r_0)r_{\rm disk} \qquad (6-98)$$

式（6-98）表明，反向涡动状态下的转子扭转振动方程为具有时变刚度的参数振动方程，时变参数的变化频率为反向涡动频率和转速频率的组合频率。同时扭转振动方程受到激励频率为 ω_a 的简谐激励和恒定的碰摩扭转力矩，简谐激励的幅值与转子转速、不平衡量和反向涡动的幅值密切相关。

根据参数振动系统稳态响应的频谱特性，其稳态响应中包含外激励频率与参数激励频率的组合频率，而此处外激励频率与参数激励频率均为 ω_a，故系统频率响应中包含 ω_a 及其倍频成分。可假设扭转振动的解为

$$\theta = a_0 + \sum_{n=1}^{\infty}[a_n\sin(n\omega_a t) + b_n\cos(n\omega_a t)] \qquad (6-99)$$

通常响应中高次项相比基频成分可以忽略，仅保留常数项和一次项，则扭转振动解为

$$\theta \approx a_0 + a_1\sin\omega_a t + b_1\cos\omega_a t \qquad (6-100)$$

将式（6-100）代入方程（6-98）中，并令各个谐波项相等，则可得到

$$\begin{cases} k_{\rm r}a_0 + \dfrac{1}{2}me\Omega^2 Ab_1 = -\mu k_{\rm c}(A-r_0)r_{\rm disk} \\ -\omega_a^2 J'_{\rm p}a_1 - \omega_a c_{\rm r}b_1 + k_{\rm r}a_1 = me\Omega^2 A \\ -\omega_a^2 J'_{\rm p}b_1 + \omega_a c_{\rm r}a_1 + k_{\rm r}b_1 + me\Omega^2 Aa_0 = 0 \end{cases} \qquad (6-101)$$

整理为矩阵形式，则为

$$\boldsymbol{\Lambda Z} = \boldsymbol{P} \qquad (6-102)$$

其中，

$$\boldsymbol{\Lambda} = \begin{bmatrix} k_{\rm r} & 0 & \dfrac{1}{2}me\Omega^2 A \\ 0 & k_{\rm r}-\omega_a^2 J'_{\rm p} & -\omega_a c_{\rm r} \\ me\Omega^2 A & \omega_a c_{\rm r} & k_{\rm r}-\omega_a^2 J'_{\rm p} \end{bmatrix}, \quad \boldsymbol{Z} = \begin{bmatrix} a_0 \\ a_1 \\ b_1 \end{bmatrix}, \quad \boldsymbol{P} = \begin{bmatrix} -\mu k_{\rm c}(A-r_0)r_{\rm disk} \\ me\Omega^2 A \\ 0 \end{bmatrix}$$

于是解得相关谐波系数为

$$\boldsymbol{Z} = \boldsymbol{\Lambda}^{-1}\boldsymbol{P} \qquad (6-103)$$

给定转速 6 000 r/min，计算得到转子反向涡动响应，结果如图 6-61 所示。结果

表明:反向涡动状态下,转子轴心轨迹也近似为圆形,且振动幅值远高于转静间隙;频域响应中包含超谐波频率 f_r,该频率值为碰摩转子的反向涡动频率。

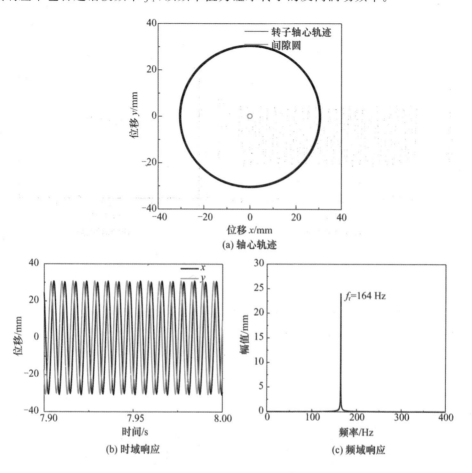

图 6-61　反向涡动状态下转子横向振动响应

反向涡动状态下转子的扭转振动响应如图 6-62 所示。结果表明:反向涡动状态下转子扭转振动响应同样近似为简谐振动,且此时转子具有较高的扭转变形;频域响应中包含较高的 0 频成分,以及某一较小的谐波频率 $f_p = 264\ \text{Hz}$ 成分。

与上一节局部碰摩状态下转子扭转振动响应对比可知,反向涡动状态下的扭转振动响应具有相似的变化规律,但该状态下扭转振动的均值成分及波动成分远高于局部碰摩。原因在于:反向涡动状态下转子振幅极高,碰摩力也极高,根据理论公式(6-101)可知,此时的扭转振动必然很高。另外,由该式还可以看出,反向涡动状态下碰摩力主要使转子发生较高的负扭转变形,即碰摩力的主要贡献在扭转振动的 0 频成分;而谐波频率成分 f_p 则是由于不平衡导致,它使得转子扭转振动方程中存在着参数激励项和外激励项,参数激励频率和外激励频率相等,均为反向涡动频率与转速频率的组合频率,该值为 $\mathrm{abs}(-f_r - f) = 264$ Hz,与图 6-62(b)数值结果相同;同时参数激励和外激励幅值与不平衡量和横向振动幅值相关,在反向涡动下,较高的横向振动幅值也引起了较高的扭转振动成分。

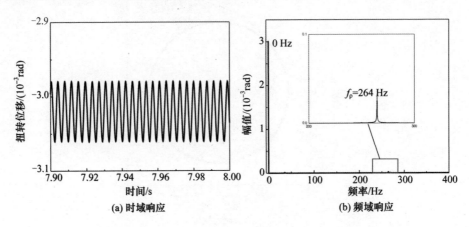

图 6-62 反向涡动状态下转子扭转振动响应

对于实际工程中的转子,当摩擦力足够大使得转子发生反向涡动时,转子振动响应在不断增加中,由于较高的横向振动和扭转振动,使得转子迅速发生破坏,因此实际工程中并不会观察到稳定的反向涡动运动。

第 7 章
极限载荷环境整机振动及安全性设计

航空发动机整机结构复杂,转子系统在不同工作环境、飞行姿态下受到气动载荷、热力载荷、惯性载荷和高频动态载荷等不同激励的综合作用。静子结构主要为薄壁壳体构件,容易在过载、机动飞行及飞机硬着陆等限制载荷状态下产生较大的变形。为保证发动机性能及安全性,在总体结构设计中应保证转-静件在极限载荷环境下变形的协调性,以避免严重的碰摩,甚至转-静件间抱轴、卡滞等结构安全性问题。对于极限载荷环境下整机结构变形协调性的控制,是航空发动机结构安全性设计的主要内容之一。

　　发动机整机结构变形协调性是指在过载、机动飞行及硬着陆状态下,受转-静件几何构形、刚度质量分布及受力状态等因素影响,发动机产生的转-静件变形及其相互关系。由于航空发动机各部件材料不同、构形各异,转-静件质量和刚度沿轴线分布具有很强的非均匀性。在惯性载荷作用下,各结构组件产生变形量不同,导致转-静件变形不协调,可能会引起碰摩,严重时发生转子抱轴。此外,转-静件变形不协调会对支点动载荷产生较大影响,甚至造成转子-支承结构破坏。

　　航空发动机整机结构系统的工作环境中主要存在两类载荷:一类是来自发动机内部高速旋转的转子系统的旋转激励载荷;另一类是随飞行器在过载、机动飞行及硬着陆等极限载荷状态下结构质量惯性所产生的载荷。前面对旋转激励下转子-支承结构系统的振动响应特性及安全性设计方法进行了介绍,本章将以整机结构为对象,分析在极限载荷激励下其力学行为变化规律。通过对典型高涵道比双转子涡扇发动机整机变形协调性和转子-支承结构系统耦合振动响应特性分析,阐明整机在工作状态下影响结构安全性的主要因素和设计策略。

7.1　整机结构力学行为及评估方法

　　本节的主要内容是对整机结构系统在过载、机动飞行及硬着陆等限制载荷状态下的力学行为进行分析，并建立变形协调性定量评估方法。

7.1.1　过载状态

发动机的过载是指发动机工作过程中由于加速或减速而受到的除重力之外的其他质量惯性负荷。过载状态引起转子系统和静子系统均在过载方向发生不同程度的变形，导致转-静件间隙变化，会引起发动机气动性能衰退，严重时可能引起转-静件之间的抱轴和卡滞。

发动机过载状态按照加速度方向可以分为横向过载和轴向过载。其中，横向过载主要发生在飞机硬着陆过程中，轴向过载主要发生在舰载机弹射起飞或者飞机加/减速过程中。

硬着陆过程产生横向过载的物理过程是：飞机硬着陆前，发动机具有初始向下的速度；飞机硬着陆与地面发生接触，在横向冲击载荷的作用下，发动机产生动态变化的加速度，在横向上受到变化的惯性载荷。这将产生两方面影响：1）转子系统和静子系统均产生横向的变形和位移，转-静件由于位移/变形不协调导致径向间隙发生变化；2）机匣为大直径壳体结构，由于安装节约束作用的不对称和非均匀性，引起机匣椭圆度变化，对转-静件间隙产生影响。

飞机硬着陆时，发动机横向惯性加速度的典型变化过程如图 7-1(b)所示，飞机硬着陆撞击地面瞬时，发动机横向惯性加速度突增，随后发生振荡，最终衰减并趋于稳定。惯性加速度的振荡变化范围和衰减时间随硬着陆强烈程度的不同而有所差异。

(a) 飞机硬着陆

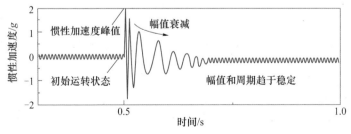

(b) 发动机横向惯性加速度变化

图 7-1　飞机硬着陆及发动机惯性加速度

舰载机弹射起飞或飞机突然加减速时,产生轴向过载的物理过程和力学效果为:发动机随飞机在轴向上产生惯性加速度,并受到惯性载荷作用,转子系统和静子系统相对安装节产生轴向的位移和变形。

航空发动机随飞行器的运动状态变化处于过载状态时,结构质量惯性载荷在每个瞬时可视为准静态载荷,惯性载荷大小与结构质量和加速度成正比,产生的变形与结构件的刚度特性和安装约束特性相关。因此,惯性载荷作用下各结构系统所产生的变形量和转-静件间隙变化量受结构系统质量和刚度分布的综合交互影响。

过载状态下的整机结构惯性载荷按照结构及其运动状态的不同可分为:静子结构系统惯性载荷和转子结构系统惯性载荷。其中,静子结构系统惯性载荷主要由所处位置与飞行器质心及主惯性轴的相对位置所确定,随静子结构的运动状态在一些条件下的差异而有所不同;转子结构系统惯性载荷需要考虑飞行器和转子之间运动关系的影响。过载状态下,发动机承受惯性载荷分布如图 7-2 所示。

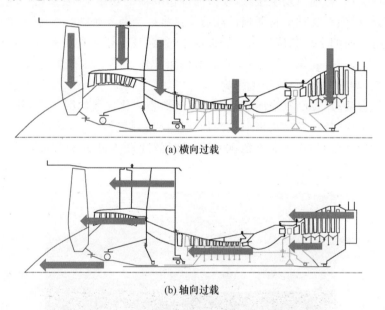

(a) 横向过载

(b) 轴向过载

图 7-2　发动机过载状态惯性载荷分布

发动机过载状态下,惯性载荷的力学效果主要表现为:1)转子系统和静子系统分别在惯性载荷方向上产生位移和变形;2)由于约束位置不在发动机质心的水平线上,轴向惯性载荷相对于安装节产生力矩,使整机相对于安装节发生摆动。

7.1.2　机动飞行状态

对于战斗机而言,机动飞行是重要的工作状态之一。对于装配高涵道比涡扇发动机的大型运输机和旅客机而言,虽然不是典型的工况,机动程度也不及战斗机严重,但仍需要对其进行安全性的考核。飞机机动飞行时,发动机转子上产生不可忽略的陀螺力矩,影响转子的运转状态,并以力矩的形式作用在转子支承结构上,在支点上产生巨大的支点动载荷,引起支承系统变形,严重时可导致轴承破坏。飞机的机动飞行包括滚转、俯仰和偏航,如图 7 - 3(a)所示。由于飞机机动飞行时角速度与转子旋转速度方向不一致,使得发动机转子上产生陀螺力矩,如图 7 - 3(b)所示。M_l 为低压转子上的陀螺力矩,M_h 为高压转子上的陀螺力矩。对高速旋转的转子而言,陀螺力矩是一种循环载荷,会降低转子系统的疲劳循环寿命,同时会在转子的支点上产生附加动载荷,以平衡陀螺力矩。

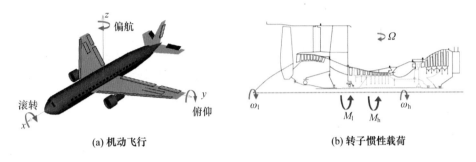

(a) 机动飞行　　　　　　　　**(b) 转子惯性载荷**

图 7 - 3　飞机机动飞行及转子惯性载荷

　　飞行器在机动飞行过程中,航空发动机整机结构主要受到两种惯性载荷:1)发动机整体在飞机机动转弯半径上受到的离心载荷作用;2)转子系统在高速旋转和机动角速度共同作用下产生的陀螺力矩作用。

　　离心载荷的力学特征比较简单,主要是背向回转中心的离心力分布作用在整机结构上,其大小为 $F = mr\Omega^2$,与飞机机动转弯半径以及机动角速度的平方成正比。力学效果是使安装节向旋转半径外侧方向发生变形。在实际机动飞行过程中,离心载荷相比于陀螺力矩载荷小得多,其力学作用效果往往可以忽略不计。

　　陀螺力矩载荷的力学特征主要是转子在陀螺力矩作用下发生弯曲变形,并在轴承上产生附加支点动载荷,动载荷通过轴承传递到承力系统上。陀螺力矩对转子的危害性影响主要表现在:1)陀螺力矩作用在轴承上的巨大的支点动载荷引起支承结构变形,严重时可造成轴承结构破坏;2)风扇/涡轮盘处集中了较大的惯性质量,转子轴颈刚度相对较弱,转子在陀螺力矩作用下可能产生整体弯曲变形或局部角变形,转-静件变形不协调引起间隙变化,导致发动机气动性能的下降,严重时可能引起转-静件刮蹭和碰摩,甚至产生抱轴。

7.1.3　变形协调性评估方法

　　发动机整机系统结构复杂,各部件质量分布、几何特征以及约束形式存在显著的差异,在过载、机动飞行状态的惯性载荷或陀螺力矩作用下,转子结构和静子结构均产生位移和变形。然而转-静件间的这种位移和变形往往是不协调的,引起转-静件间隙变化,显著影响发动机性能及安全性。因此,有必要提出一种评估方法,以定量评做航空发动机整机系统变形的协调性。

"结构效率"是在发动机结构设计中定量评估结构设计水平的综合参数指标体系,其本质是定量描述结构特征参数变化对结构力学性能的影响。其中,结构特征参数包括:结构几何特征参数和结构材料特征参数;结构力学性能包括结构的承载能力、抗变形能力和力学环境适应能力三方面内容。

结构的承载能力描述结构系统的强度特性和质量之间的关系,用于评估结构几何特征和材料性能对其承载能力的影响。对结构承载能力的优化的主要内容是,通过结构几何形状的优化和材料的合理选择,寻优结构在质量最小化情况下,达到最佳的应力分布状态。

结构的抗变形能力描述结构系统的刚度特性和质量之间的关系,反映了结构系统在极限载荷下的变形大小,对结构抗变形能力优化的过程是寻找使结构具有合理变形分布的最小结构质量的过程,即寻优最好的刚度特性,以达到控制间隙变化,满足变形协调,减少性能损失,确保发动机工作安全的目的。

结构的力学环境适应能力描述结构系统的力学特征与动态力学环境的关系,反映结构系统在多种复杂载荷(不平衡载荷及其他动载荷)作用的动力响应。通过提高结构的力学环境适应能力,使系统动力响应及相应的敏感度降至最小。

对于航空发动机整机系统变形协调性的评估方法是,基于结构效率的结构抗变形能力评估方法,对发动机转-静子结构在极限载荷环境下的变形及其相互影响进行安全性定量分析。

极限载荷状态(过载、机动飞行)对整机系统变形协调性的影响主要表现在以下两个方面:1)横向/轴向上,由于惯性载荷引起转-静件间隙的变化;2)周向上,由于约束不对称造成机匣结构变形不均匀。对于上述两个方面的影响可以分别定义间隙匹配系数和截面均匀系数进行定量评估。

1. 间隙匹配系数

间隙匹配系数反映了惯性载荷作用下,转-静件结构相对变形的协调能力,其定义为转-静件结构各个截面(径向/轴向)的最小间隙与最大间隙的比值,即

$$D_c = \frac{\xi_{min}}{\xi_{max}} \qquad (7-1)$$

式中,ξ_{min} 为截面的最小间隙;ξ_{max} 为截面的最大间隙。由转-静件初始间隙 ξ_0、转子弹性线变形 ξ_{rotor}、静子弹性线变形 ξ_{stator} 以及静子由于椭圆度变化引起的径向变形 ξ_e 可以确定间隙值 ξ,即

$$\xi = \xi_0 - (\xi_{rotor} + \xi_{stator} + \xi_e) \qquad (7-2)$$

间隙匹配系数的意义在于反映限制载荷状态产生的惯性载荷作用下,发动机转-静件关键位置间隙变化的协调程度。D_c 趋于 1 说明转-静件间隙变化小,变形协调性较好;D_c 趋于 0 说明转-静件间隙变化范围大,在危险截面处容易发生碰摩,产生

$\xi_{\min}$ 的位置即为容易发生碰摩的危险位置,在安全性设计中应予以重视。

2. 截面均匀系数

极限载荷状态下,由于载荷和约束的非均匀性,静子机匣在竖直和水平两个方向的变形不同,由圆形变形趋于椭圆,机匣截面变形的不均匀可引起转-静件间隙变化,周向上某些可能发生间隙闭合的区域是引起局部碰摩的危险位置,如图 7-4 所示。

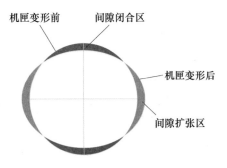

机匣变形前　间隙闭合区　机匣变形后　间隙扩张区

图 7-4　机匣截面变形不均匀

截面均匀系数反映了惯性载荷下机匣结构由于安装节约束不对称和非均匀引起的周向截面椭圆度的变化,定义为机匣截面上最小外径与最大外径的比值,即

$$D_r = \frac{d_{\min}}{d_{\max}} \tag{7-3}$$

截面均匀系数对于考察机匣结构在惯性载荷下的变形程度具有直观的描述。D_r 越小,说明机匣截面变形均匀性越差,椭圆度越大;D_r 趋于 1,说明机匣结构周向刚性较强,机匣近似为圆形,不易发生间隙闭合。为提高机匣的抗变形能力,在机匣外侧通常采用加强筋设计。

7.2　极限载荷状态整机系统变形协调性

对于现代高涵道比涡轮风扇发动机,为了追求高的气动效率和发动机性能,转-静件间隙不断缩小,对转-静件变形协调性和间隙控制提出了更高的要求,尤其是在过载和机动飞行等限制载荷状态下,更易发生转-静件间隙变化,引起剐蹭、碰摩,严重情况下会影响发动机的使用安全。本节针对上述问题,基于结构效率评估方法,对过载和机动飞行状态下整机系统的变形协调性进行分析讨论。

7.2.1　安全性要求

在飞机起飞、降落以及加速、减速过程中,发动机均受到惯性过载载荷作用。其中,典型过载状态主要有两类:飞机硬着陆以及舰载机弹射起飞。这两种工况下,巨大的惯性载荷作用在整机结构上,转-静件发生较大的变形,极易导致转-静件碰摩以及抱轴等危险故障。飞机硬着陆时,整机系统主要承受横向过载;舰载机起飞时,整机系统主要承受轴向过载。

《发动机结构完整性大纲》对发动机在过载状态下的安全性提出了要求:1)一般过载下,保证主安装节弹性和极限拉伸强度;硬着陆或单个连接点损坏情况下,安装节需保证发动机安全不脱落;2)地面吊装安装节在弹性限制载荷范围内无永久变形,在极限拉伸强度载荷范围内不发生完全破坏。考核中,地面吊装安装节承受轴向、侧向、横向惯性载荷大小分别限定为 $4g$、$2g$ 和 $3g$。

飞机在滚转、俯仰和偏航等机动飞行时产生角速度和角加速度,发动机转子系统受到巨大的陀螺力矩作用,并在承力支点上产生很大的支点动载荷,同时造成承力系统发生变形。在机动飞行状态下,陀螺力矩会改变转-静件间隙,甚至引发碰摩、轴承破坏等安全性问题。

安全性设计标准对机动飞行状态下发动机的安全性提出了要求,在最大允许转速范围内,在飞行包线内和规定的机动飞行载荷下,发动机可以达到以下工作要求:1)短时间机动下,承受 1.5 rad/s 的俯仰/偏航角速度和 $1g$ 的垂向过载,持续工作15 s不发生故障;2)飞行包线内长时间机动下发动机可达 10^7 次循环寿命。

通过以上分析,可以确定整机系统变形协调性评估的主要内容为:过载、机动飞行状态下,整机结构系统关键位置的径向与轴向间隙变化量。其中,横向过载和陀螺力矩载荷主要影响整机的径向间隙协调性,而轴向过载则主要影响整机的轴向间隙协调性。过载和陀螺力矩载荷可根据国军标和型号设计规范的相关条例选取。

7.2.2 过载状态变形协调性

选用某典型高涵道比涡扇发动机为分析对象,图7-5为整机结构示意图。边界条件是在主安装节处施加全约束,在辅助安装节处施加横向(Y向)约束。加载方式是按照安全性设计要求,对于硬着陆过程施加横向 $3g$ 惯性过载,对于舰载机起飞过程施加轴向的 $4g$ 惯性过载。过载状态下惯性载荷分布在整个发动机上,包括转子和静子,各个部件处的惯性载荷大小和其质量成正比。

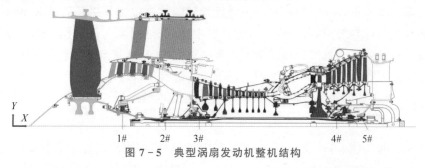

图7-5 典型涡扇发动机整机结构

1. 横向过载响应特征

施加 3g 横向惯性载荷到整机模型,计算得到发动机位移变形云图,如图 7 - 6 所示。可以看出:横向过载下,转子和静子都发生向下的横向位移;由于承力框架位置有安装节的约束,位移量较小;由于风扇转子和风扇机匣具有较大的惯性质量以及采用悬臂安装,风扇位置位移量较大。

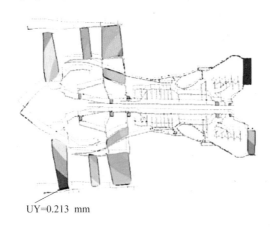

UY=0.213 mm

图 7 - 6　横向过载下整机系统变形云图

图 7 - 7 所示为横向过载下,转子和静子系统 Y 向弹性线。计算中施加的横向惯性载荷方向沿 Y 轴负向,因此弹性线数值为负,1♯～5♯支点位置标注在图中相应位置。由计算结果可以看出:

1) 风扇轮盘和风扇机匣变形量较大,高压转子和核心机匣变形量相对较小。这是因为大质量的风扇和风扇机匣承受较大的惯性载荷,且刚性较差,惯性载荷下位移量较大;高压转子和核心机匣刚性良好,整体位移量较小。

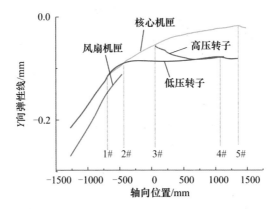

图 7 - 7　横向过载下转-静件 Y 向弹性线

2) 低压转子弹性线在 2♯ 支点后趋于平直,几乎没有弯曲;风扇端向下位移较大,但与风扇机匣弹性线斜率一致,说明低压转子和静子系统变形协调性较好,在横向过载时不易发生转-静件碰摩。

3) 高压转子弹性线最大变形量发生在涡轮位置,最终与低压转子弹性线在 4♯ 支点位置重合,这是因为 4♯ 支点为中介轴承,协调了高、低压转子的位移。

横向过载下转-静件间隙变化如图 7 - 8 所示,计算中假设转-静件初始间隙为 1.700 mm。结合图 7 - 7 可以看出:

1) 横向过载下,风扇机匣向下的位移大于风扇转子的位移,导致风扇和增压级部位顶端间隙小于 1.700 mm,虽然间隙减小,但没有发生间隙闭合,不会发生碰摩;风扇机匣横向位移过大,可能是由于前安装节的约束状态导致风扇机匣的角向刚度不足。

2) 中介轴承的使用,使得低压涡轮同时承担高压涡轮的惯性载荷,所以低压涡轮底端部位的实际间隙值最小,此处为最容易发生碰摩的危险位置。

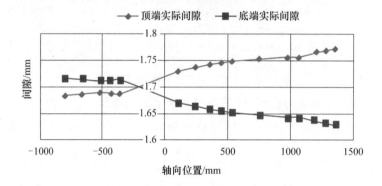

图 7 - 8　横向过载下转-静件间隙变化

分别计算发动机整体与局部的顶端、底端间隙匹配系数,取其中最小值作为最终间隙匹配系数。针对整体间隙匹配状况有

$$D_{c1} = \frac{\min(\xi_{i1})}{\max(\xi_{j1})} = \frac{1.683\ 86}{1.772\ 28} = 0.950$$

$$D_{c2} = \frac{\min(\xi_{i2})}{\max(\xi_{j2})} = \frac{1.627\ 72}{1.716\ 14} = 0.948$$

其中,D_{c1} 为顶端间隙匹配系数,ξ_{i1} 为顶端最小间隙,ξ_{j1} 为顶端最大间隙;D_{c2} 为底端间隙匹配系数,ξ_{i2} 为底端最小间隙,ξ_{j2} 为底端最大间隙。取两者的最小值 0.948 作为整机的间隙匹配系数。

分别求出风扇机匣、分流环、高压压气机机匣、高压涡轮机匣、低压涡轮机匣等各位置的间隙匹配系数,见表 7 - 1。

表 7 - 1　横向过载下间隙匹配系数

位置	顶端间隙匹配系数	底端间隙匹配系数
风扇机匣	0.998	0.998
分流环	0.998	0.998
高压压气机匣	0.999	0.998
高压涡轮机匣	0.998	0.997
低压涡轮机匣	0.996	0.995
整体	0.950	0.948

由表 7 - 1 可知,首先整体间隙匹配系数为 0.948,表明整体在横向过载作用下,变形量较小,整体变形协调。其次根据局部间隙匹配状况可知:

1) 风扇机匣位置的顶端间隙匹配系数与底端间隙匹配系数大致相同,且数值较高,表明风扇端在横向过载下变形协调度较高;

2) 低压涡轮机匣位置底端间隙匹配系数为 0.995,为间隙匹配系数相对较小的位置,表明在横向过载下,高压涡轮通过中介轴承支承在低压涡轮转子上,两者产生的惯性载荷相互影响使得局部配合状况恶劣;

3) 最后由各位置的顶端间隙匹配系数与底端间隙匹配系数对比可知,在各位置底端间隙配合状况相对较差。

实际发动机机匣结构的周向约束是不对称的,导致横向过载下机匣的圆周截面发生变形,周向截面均匀系数反映机匣周向圆周截面的变形程度。

横向过载下,风扇机匣前端圆周截面变形云图如图 7 - 9 所示。可以看出,在横向过载作用下,风扇机匣整体相对初始位置发生向下的位移,截面变形后为椭圆,Y 向直径减小 0.030 mm,Z 向直径增大 0.031 mm,圆周截面初始直径为 1 842.00 mm。因此,截面均匀系数为

$$D_r = \frac{d_{\min}}{d_{\max}} = \frac{1842 - 0.030}{1842 + 0.031} = 0.999$$

发动机机匣在过载状态下截面均匀系数很高,不易因机匣椭圆度的变化导致转-静件碰摩,这是由于该发动机在设计中,根据安装位置及发动机机匣结构系统的受力情况,对机匣局部结构采用了加强筋等形式的刚度加强。在实际问题中,考虑到启动机、发动机附件和油箱管路等较大质量的附件和辅助系统的影响,使得截面不均匀程度有所增加。

2. 轴向过载响应特征

施加 4g 轴向惯性载荷到整机模型,计算得到整机在轴向过载下的变形云图如图 7 - 10 所示。可以看出:在轴向过载作用下,高、低压转子产生约为 0.220 mm 的轴向位移;由于发动机质量中心线与主、辅安装节的连线不重合,整机结构相对安装节产生俯仰,在风扇位置产生了 0.178 mm 的向上位移。

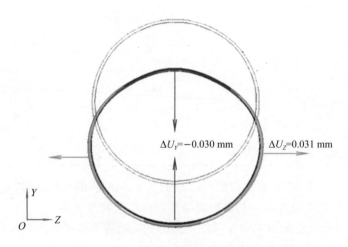

$\Delta U_Y = -0.030$ mm $\Delta U_Z = 0.031$ mm

图 7-9　横向过载下风扇机匣截面变形云图

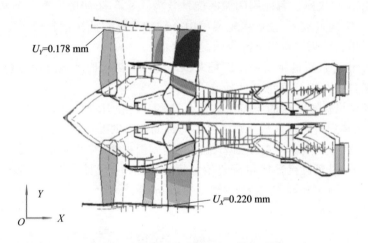

$U_Y = 0.178$ mm

$U_X = 0.220$ mm

图 7-10　轴向过载下整机系统变形云图

图 7-11 为轴向过载下,转子和静子 X 向弹性线。计算中施加的轴向惯性载荷方向沿 X 轴负向,因此弹性线数值为负,1♯～5♯支点位置标注在图中相应位置。由计算结果可以看出:

1) 由于承力系统受到安装节的约束,静子机匣 X 向位移相对较小,约为 -0.100 mm。

2) 高、低压转子 X 向弹性线基本重合,约为 -0.220 mm;低压转子受 1♯支点、高压转子受 3♯支点的轴向约束,位移与支点约束变形有关。

3) 从各条曲线单独来看,弹性线变化均较为平缓,可见各部件轴向整体刚性较好。

图 7-12 为轴向过载下,转子和静子 Y 向弹性线。Y 向位移主要是发动机由于安装节约束导致的整体俯仰。可以看出,在轴向过载状态下,整机受到的惯性载荷对

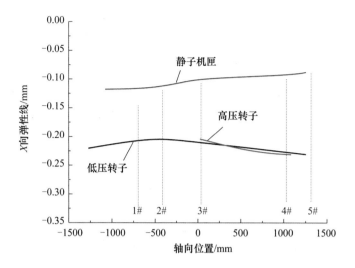

图 7-11　轴向过载下转-静件 X 向弹性线

安装节产生了弯矩作用,发动机整体表现为向上俯仰变形,风扇机匣的变形最大;高压转子位置由于高低压转子及机匣弹性线变化较为一致,表明变形协调性较好。

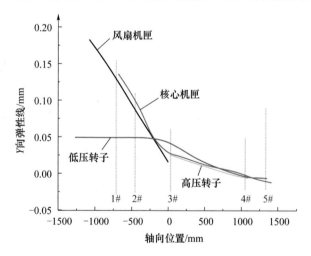

图 7-12　轴向过载下转-静件 Y 向弹性线

　　轴向过载下转-静件间隙变化如图 7-13 所示,计算中假设转-静件初始间隙为 1.700 mm。结合图 7-12 可以看出,在轴向过载状态下,风扇位置间隙变化量较大,减小到 1.625 mm,但仍然不会发生间隙闭合,没有发生剐蹭和碰摩的风险。

　　分别算出整体与局部顶端与底端的间隙匹配系数,取其中最小值作为最终间隙匹配系数。针对整体间隙匹配状况有

$$D_{cl} = \frac{\min(\xi_{i1})}{\max(\xi_{j1})} = \frac{1.697\,43}{1.794\,34} = 0.946 \qquad (7-4)$$

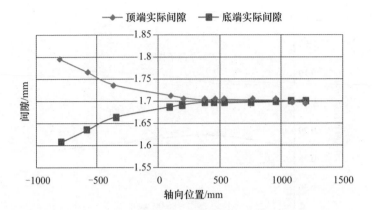

图 7 - 13　轴向过载下转-静件间隙变化

$$D_{c2} = \frac{\min(\xi_{i2})}{\max(\xi_{j2})} = \frac{1.605\,66}{1.702\,57} = 0.943 \qquad (7-5)$$

式中，D_{c1} 为顶端间隙匹配系数，ξ_{i1} 为顶端最小间隙，ξ_{j1} 为顶端最大间隙；D_{c2} 为底端间隙匹配系数，ξ_{i2} 为底端最小间隙，ξ_{j2} 为底端最大间隙。取两者的最小值 0.943 作为整机的间隙匹配系数。

　　分别求出风扇机匣、分流环、高压压气机机匣、高压涡轮机匣、低压涡轮机匣等各位置的间隙匹配系数，见表 7 - 2。

表 7 - 2　轴向过载下间隙匹配系数

位置	顶端间隙匹配系数	底端间隙匹配系数
风扇机匣	0.984	0.982
分流环	0.992	0.991
高压压气机机匣	0.994	0.991
高压涡轮机匣	0.999	0.999
低压涡轮机匣	0.999	0.999
整体	0.946	0.943

　　由表 7 - 2 可知，首先整体间隙匹配系数为 0.943，表明整体在轴向过载作用下，变形量较小，整体变形协调。其次根据局部间隙匹配状况可知：

　　1）风扇机匣位置的顶端间隙匹配系数与底端间隙匹配系数大致相同，为局部间隙匹配系数最小位置。因为在轴向过载状态下，前安装节所处位置使得风扇机匣受惯性载荷产生扭矩的作用，风扇机匣向上俯仰变形大于风扇转子向上的变形，导致此位置的间隙配合状况不佳，顶端间隙增大，底端间隙缩小，所以应注意此处间隙配合状况。

　　2）高压压气机、高低压涡轮等位置的间隙匹配系数都在 0.990 以上，表明高压转子位置在轴向过载作用下，转-静件变形协调度较高。

3）最后由各位置的顶端间隙匹配系数与底端间隙匹配系数对比可知,在各位置底端间隙配合状况较为不良。

轴向惯性过载下,风扇机匣前端圆周截面变形云图如图 7 - 14 所示。截面变形后同样不再是规则圆形,Y 向直径减小 0.013 mm,Z 向直径增大 0.009 mm。

截面均匀系数 $D_r = \dfrac{d_{\min}}{d_{\max}} = \dfrac{1842 - 0.013}{1842 + 0.009} = 0.999$。

轴向过载对机匣截面变形影响非常小,机匣周向具有良好的刚性。

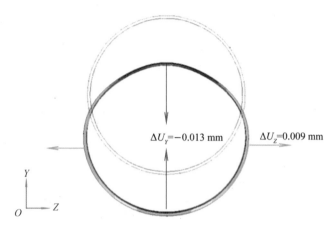

$\Delta U_Y = -0.013$ mm　　$\Delta U_Z = 0.009$ mm

图 7 - 14　轴向过载下风扇机匣截面变形云图

本小节针对横向和轴向过载状态,按照提出的对应状态的变形协调性评估方法,计算了间隙匹配系数及截面均匀系数,主要得到以下结论:

1）对于 3g 横向过载下的整体变形规律,由弹性线可知,转 - 静件均在惯性载荷作用下向下平移,但由于风扇机匣以及风扇转子均悬臂安装且质量大,产生向下的俯仰,最大变形约为 0.213 mm,且风扇机匣的变形大于风扇转子的变形,可见前安装节的约束状态导致风扇机匣的角向刚度不足;其次在横向载荷下,因中介轴承的使用,使得低压涡轮同时承担高压涡轮的惯性载荷,所以低压涡轮部分的实际间隙值最小,表明低压涡轮位置为容易发生碰摩的危险位置。

从间隙匹配系数来看,风扇机匣位置的顶端间隙匹配系数与底端间隙匹配系数大致相同,表明在横向载荷作用下整体变形协调性良好;但在低压涡轮机匣位置底端间隙匹配系数仅为 0.995,为匹配系数最小的位置,表明在横向过载作用下,产生的惯性载荷使得此处局部配合状况恶劣。

2）对于 4g 轴向过载下的整体变形规律,由弹性线可知,风扇机匣的惯性载荷产生了对整体的弯矩作用,发动机整体表现为向上俯仰变形,风扇机匣的变形最大,但在高压位置由于自身刚性较好,转 - 静件弹性线变化基本一致,整体变形协调性较高。

从间隙匹配系数来看,风扇机匣位置的顶端间隙匹配系数与底端间隙匹配系数大致相同,为局部间隙匹配系数最小位置。轴向惯性载荷产生的扭矩作用,使风扇机匣的向上俯仰变形大于风扇转子向上的变形,导致此位置的间隙配合状况不佳,顶端间隙增大,底端间隙缩小,间隙匹配系数为 0.982,所以应注意此处间隙配合状况;对于高压压气机,高低压涡轮等位置的间隙匹配系数都在 0.999 以上,表明高压转子位置在轴向过载载荷作用下,转-静件变形协调度较高。

3) 对于横向和轴向过载状态下,静子机匣的截面均匀系数均为 0.999 以上,不会发生因严重的机匣椭圆度变形引起的碰摩故障。

7.2.3 机动飞行状态变形协调性

对于机动飞行状态下整机系统变形协调性的分析,可根据飞行包线,假设飞行速度为 $0.8Ma$,偏航角速度 1.5 rad/s,机动飞行半径 180 m。陀螺力矩分别作用在高、低压转子上,并通过支承结构传递至承力系统。机动飞行状态下陀螺力矩如图 7-15 所示,M_l 为低压转子上的陀螺力矩,M_h 为高压转子上的陀螺力矩。

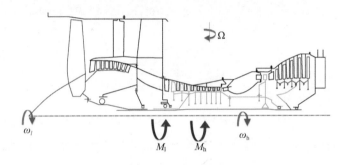

图 7-15 机动飞行状态陀螺力矩示意图

高、低压转子参数,偏航速度及陀螺力矩等参数如表 7-3 所列。

表 7-3 转子及陀螺力矩参数

部件	质量/kg	极转动惯量 /(kg·m²)	转子转速 ω /(rad·s⁻¹)	偏航速度 Ω /(rad·s⁻¹)	陀螺力矩 M /(×10⁴N·m)
高压转子	260.0	8.68	1470	1.5	1.91
低压转子	496.1	63.47	460	1.5	4.37

利用整机结构实体有限元计算模型,得到整机系统在机动飞行状态下间隙匹配系数和截面均匀系数。

图 7-16 所示为整机结构在机动飞行时的变形云图。可以看出,低压转子受陀螺力矩的影响变形较大,由于风扇质量较为集中,并且为悬臂支承结构,最大位移出现在风扇部件处。高压转子变形相对于低压转子较小。承力系统受到支点上弯矩的作用,相对于安装节也会发生小量位移。

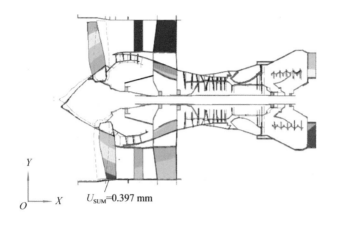

$U_{SUM}=0.397$ mm

图 7 - 16　机动飞行下整机系统变形云图

图 7 - 17 所示为机动飞行状态下,转子和静子系统 Y 向变形弹性线。1♯～5♯支点位置标注在图中相应位置,由计算结果可以看出:

1) 悬臂支承的风扇转子,由于集中质量较大,弹性线变化最大;

2) 高压转子刚性较好,在陀螺力矩作用下,弹性线变化不明显;

3) 风扇机匣和核心机匣等静子部件,由于只受到结构质量离心载荷影响,弹性线平直,未发生变形。

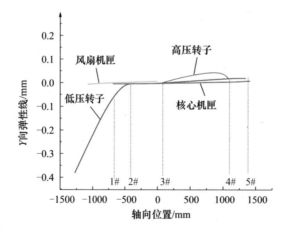

图 7 - 17　机动飞行下转-静件 Y 向弹性线

机动飞行状态下转-静件间隙变化如图 7 - 18 所示。由于风扇转子在陀螺力矩作用下变形较大,而风扇机匣弹性线几乎没有变化,此处间隙变化较大,为最易产生碰摩的危险位置。但在机动飞行状态下由于变形量整体较小,不至于发生碰摩。对于高压压气机机匣,涡轮机匣等位置的实际间隙变化较小,表明高压转子上产生的陀螺力矩较小,并且承力系统具有较好的刚性。

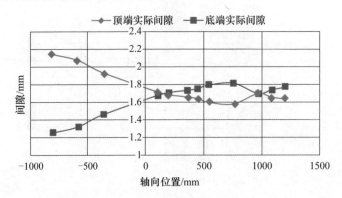

图 7-18　机动飞行下转-静件间隙变化

根据间隙匹配系数的定义,分别求出局部风扇机匣、分流环、高压压气机机匣、高压涡轮机匣、低压涡轮机匣等位置的间隙匹配系数,见表 7-4。

表 7-4　机动飞行下间隙匹配系数

位置	顶端间隙匹配系数	底端间隙匹配系数
风扇机匣	0.753	0.739
分流环	0.775	0.767
高压压气机机匣	0.979	0.959
高压涡轮机匣	0.998	0.997
低压涡轮机匣	0.965	0.958
整体	0.738	0.691

由表 7-4 可见,发动机在机动飞行状态下,间隙变形量较大,根据局部间隙匹配状况可知:

1) 风扇机匣位置的顶端间隙匹配系数为 0.753,底端间隙匹配系数为 0.739,表明风扇机匣为间隙变化较大的区域,是最易发生碰摩的部位。

2) 对于高压压气机机匣、高压涡轮机匣,因高压转子自身抗弯刚性较好,在陀螺力矩作用下未发生较大变形,使得局部间隙配合系数较高。

此外,关于机匣径向变形的分析,可采用截面均匀系数进行定量分析。机动飞行状态下,风扇机匣前端圆周截面变形云图如图 7-19 所示,变形后同样不是规则的圆形,Y 向直径减小 0.009 mm,Z 向直径增大 0.007 mm。截面均匀系数为

$$D_r = \frac{d_{min}}{d_{max}} = \frac{1842 - 0.009}{1842 + 0.007} = 0.999$$

该数据说明机动飞行对机匣截面变形影响非常小,机匣周向具有良好的刚性。

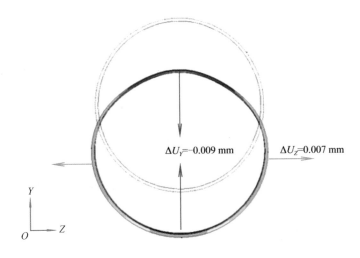

$\Delta U_Y = -0.009 \text{ mm}$　　$\Delta U_Z = 0.007 \text{ mm}$

图 7-19　机动飞行下风扇机匣截面变形云图

　　总之,本节通过对一台成熟的高涵道比涡扇发动机的变形协调性计算分析,介绍了定量评估参数和计算方法。计算结果表明:

　　1) 低压转子系统由于其结构质量/刚度分布的不均匀,在陀螺力矩作用下会产生较大的变形,需要合理设计承力结构系统和安装结构,使机匣与转子变形相协调,以减小间隙变化。

　　2) 高压转子系统,由于自身抗弯刚度较高,弹性线变形较小,对于正常工作包线内的过载和机动飞行所引起的变形量较小。

7.3　转子-支承结构系统耦合振动分析

　　极限载荷环境下,尤其是飞机硬着陆状态下,转子和支承结构的振动可能相互耦合,对转-静件间隙变化产生复杂的影响。建立转子-支承结构系统耦合振动模型,对于控制整机结构系统变形协调性具有重要意义。

　　对于发动机转子-支承结构系统,轴承作为转、静子两个子系统的连接部件,扮演了十分重要的角色,分析航空发动机转-静件耦合振动问题的关键是关注轴承位移及其动载荷的变化。轴承动载荷可以影响转子的支承刚度,从而改变转子-支承结构系统的动力特性。飞机硬着陆状态下整机结构系统变形协调性分析,必须将转子和静子动力特性的交互作用和传递性考虑进去。

　　转-静件耦合振动力学特征包括两个方面:1)转子在工作过程中振动变形,力学效果是在支点上产生附加动载荷,可引起支点及支承结构振动响应增大;2)转子激励对静子系统产生的影响,反过来也会改变支承结构的支点动刚度,进而影响转子的动力特性。

7.3.1 转-静子耦合振动模型

对于转子-支承结构系统耦合振动问题的研究,主要关注支点动载荷及关键截面振动响应(弹性线)的变化。

转、静子之间耦合振动的界面是在支点处,支点动载荷就是产生耦合的核心参数。为了揭示支点动载荷与转、静子耦合振动的内在关系,下面研究转-静件耦合振动相互作用机理及其影响规律。

航空发动机由转子、支承结构和机匣组成,通过安装节吊挂于飞机机翼,形成一个发动机-安装结构系统,如图7-20所示。

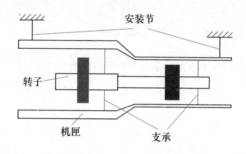

图 7-20　发动机-安装结构系统模型

根据图7-20所示的发动机-安装结构系统,可将其简化为转子-支承结构系统力学模型,如图7-21所示。转子-支承结构系统耦合振动方程的建立主要分为三部分:转子振动方程的建立、支承系统振动方程的建立以及转子与支承结构系统耦合振动方程的建立。

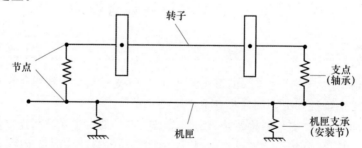

图 7-21　转子-支承结构系统力学模型

转子振动方程由轮盘单元、转轴单元和轴承单元三部分组成,根据上节分析可建立振动方程。本节中为了将转子振动方程与支承系统振动方程加以区分,将转子振动方程写为

$$[M^r]\{\ddot{U}^r\} + \omega[J^r]\{\dot{U}^r\} + [K^r]\{U^r\} = \{Q^r\} \tag{7-6}$$

式中,$\{U^r\} = [\cdots, x_i^r, \theta_{yi}^r, y_i^r, -\theta_{zi}^r, \cdots]^T$;$[M^r]$,$[J^r]$,$[K^r]$分别代表转子振动方程的质量矩阵、陀螺矩阵和刚度矩阵。

将支承系统处理为不旋转的梁,与转子模型的处理方法相同,因为支承系统为静止结构,所以在其振动方程中无需考虑陀螺矩阵,用有限元方法可得其振动方程为

$$[M^c]\{\ddot{U}^c\}+[K^c]\{U^c\}=\{Q^c\} \tag{7-7}$$

式中,$\{U^c\}=[\cdots,x_i^c,\theta_{yi}^c,y_i^c,-\theta_{xi}^c,\cdots]^T$;$[M^c],[K^c]$分别代表支承系统振动方程的质量矩阵和刚度矩阵。

支点单元(轴承)在振动状态下的受力情况如图 7-22 所示。

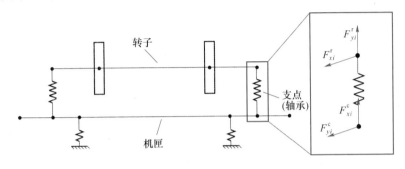

图 7-22　承力支点受力状态

支点的振动方程为

$$-[K^b]\{U^b\}=\{Q^b\} \tag{7-8}$$

式中,

$$[K^b]=\begin{bmatrix} k_{xi}^b & & & \\ & 0 & & \\ & & k_{yi}^b & \\ & & & 0 \end{bmatrix},\{U^b\}=[\cdots,x_i^r-x_i^c,0,y_i^r-y_i^c,0,\cdots]^T,$$

$$\{Q^b\}=[\cdots,F_{xi}^r-F_{xi}^c,0,F_{yi}^r-F_{yi}^c,0,\cdots]^T$$

F_{xi}^r 和 F_{yi}^r 为转子作用于支点的力,F_{xi}^c 和 F_{yi}^c 为支承系统作用于支点的力。$[K^b]$ 为支承刚度矩阵,$\{U^b\}$ 为支点位移阵列,$\{Q^b\}$ 为广义力,也是支点动载荷。

转子-支承结构系统支点振动方程为

$$-\begin{bmatrix} k^b & -k^b \\ -k^b & k^b \end{bmatrix}\begin{Bmatrix} U^{br} \\ U^{bc} \end{Bmatrix}=\begin{Bmatrix} Q^{br} \\ Q^{bc} \end{Bmatrix} \tag{7-9}$$

其中,K^b 为支承刚度矩阵,U^{br} 为与支承相连的转子节点位移,U^{bc} 为与支点相连的支承系统节点位移,Q^{br},Q^{bc} 为支点作用于转子和支承系统上的广义力,$Q^{br}=-Q^{bc}$ 为支点的动载荷。

若支承刚度为 K^b 的支点位于转子节点 i,支承系统节点 j,则有

$$-\begin{bmatrix} \overset{2i-1}{k^b} & \overset{2j-1}{-k^b} \\ -k^b & k^b \end{bmatrix}\begin{matrix} {\scriptstyle 2i-1} \\ {\scriptstyle 2j-1} \end{matrix}\begin{Bmatrix} U_{2i-1}^r \\ U_{2j-1}^c \end{Bmatrix}=\begin{Bmatrix} Q_{2i-1}^r \\ Q_{2j-1}^c \end{Bmatrix} \tag{7-10}$$

分别将转子振动方程式、支承系统振动方程式组合并消去单元相互作用的内力,

并通过支点单元振动方程进行耦合,可得转子-支承结构系统耦合振动方程为

$$
\begin{bmatrix} M^{\mathrm{r}} & 0 \\ 0 & M^{\mathrm{c}} \end{bmatrix} \begin{Bmatrix} \ddot{U}^{\mathrm{r}} \\ \ddot{U}^{\mathrm{c}} \end{Bmatrix} + \begin{bmatrix} \omega J^{\mathrm{r}} & 0 \\ 0 & 0 \end{bmatrix} \begin{Bmatrix} \dot{U}^{\mathrm{r}} \\ \dot{U}^{\mathrm{c}} \end{Bmatrix} + \begin{bmatrix} K^{\mathrm{r}} & 0 \\ 0 & K^{\mathrm{c}} \end{bmatrix} \begin{Bmatrix} U^{\mathrm{r}} \\ U^{\mathrm{c}} \end{Bmatrix} +
$$

$$
\begin{matrix} {}^{2i-1} & {}^{2j-1} \\ \begin{bmatrix} k^{\mathrm{b}} & -k^{\mathrm{b}} \\ -k^{\mathrm{b}} & k^{\mathrm{b}} \end{bmatrix} {}^{2i-1}_{2j-1} \end{matrix} \begin{Bmatrix} U^{\mathrm{r}}_{2i-1} \\ U^{\mathrm{c}}_{2j-1} \end{Bmatrix} = \begin{bmatrix} Q^{\mathrm{r}} \\ Q^{\mathrm{c}} \end{bmatrix} \tag{7-11}
$$

将式(7-11)改写为

$$
-\underbrace{\begin{bmatrix} k^{\mathrm{b}} & -k^{\mathrm{b}} \\ -k^{\mathrm{b}} & k^{\mathrm{b}} \end{bmatrix} {}^{2i-1}_{2j-1} \begin{Bmatrix} U^{\mathrm{r}}_{2i-1} \\ U^{\mathrm{c}}_{2j-1} \end{Bmatrix}}_{\text{支点动载荷}} - \underbrace{\begin{bmatrix} K^{\mathrm{r}} & 0 \\ 0 & K^{\mathrm{c}} \end{bmatrix} \begin{Bmatrix} U^{\mathrm{r}} \\ U^{\mathrm{c}} \end{Bmatrix}}_{\text{系统弹性恢复力}} = \underbrace{\left\{ \begin{bmatrix} M^{\mathrm{r}} & 0 \\ 0 & 0 \end{bmatrix} \begin{Bmatrix} \ddot{U}^{\mathrm{r}} \\ \ddot{U}^{\mathrm{c}} \end{Bmatrix} - \begin{bmatrix} Q^{\mathrm{r}} \\ 0 \end{bmatrix} \right\}}_{\text{转子不平衡载荷}} +
$$

$$
\underbrace{\left\{ \begin{bmatrix} 0 & 0 \\ 0 & M^{\mathrm{c}} \end{bmatrix} \begin{Bmatrix} \ddot{U}^{\mathrm{r}} \\ \ddot{U}^{\mathrm{c}} \end{Bmatrix} - \begin{bmatrix} 0 \\ Q^{\mathrm{c}} \end{bmatrix} \right\}}_{\text{支承系统惯性载荷}} + \underbrace{\begin{bmatrix} \omega J^{\mathrm{r}} & 0 \\ 0 & 0 \end{bmatrix} \begin{Bmatrix} \dot{U}^{\mathrm{r}} \\ \dot{U}^{\mathrm{c}} \end{Bmatrix}}_{\text{转子陀螺力矩}}
$$

$$
\tag{7-12}
$$

由转子-支承结构系统耦合振动方程式(7-11)及其变形方程式(7-12)可知,支点动载荷和系统弹性恢复力除了要与转子不平衡载荷平衡外,还要与支承系统惯性载荷和转子陀螺力矩平衡。支点动载荷同时受转、静子不平衡载荷与转子陀螺力矩影响,载荷变化复杂。

7.3.2 风扇部件耦合振动

风扇-机匣部件是典型的两支点转子-支承结构系统,如图7-23所示。下面以风扇-机匣部件试验器为对象,对转子-支承结构系统耦合振动响应特点进行计算分析。

风扇-机匣部件由进气道、风扇转子及机匣、支承和承力框架等组成。进气道和风扇部件处于悬臂状态,通过一个过渡环壳结构与试验台连接。

风扇转子由1♯、2♯支点轴承支承。其中1♯支点轴承为滚棒轴承,将风扇转子的部分径向力传入进气机匣承力框架;2♯支点轴承为滚珠轴承,承受转子的部分径向力和全部轴向力,安装于试验台上。

风扇轴后端通过套齿和螺母与驱动轴连接,套齿联轴器主要传递扭矩,通过大螺母轴向压紧,以传递轴向载荷。

承力框架主要由外承力机匣、支板、风扇进口可调导叶、承力内环以及相关连接组件组成。承力支板与其后的可调导叶片,沿周向均匀分布。

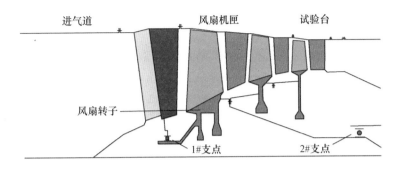

图 7 - 23　风扇-机匣部件试验器结构示意图

1. 模态振动

根据风扇转子的工作转速范围,计算风扇-机匣部件在不同转速下的模态振动特性,绘制 Campbell 图,得到转子系统共振转速分布及其相应振型,如图 7 - 24 所示。

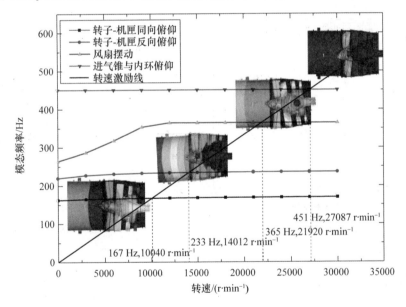

图 7 - 24　风扇转子系统 Campbell 图

计算结果表明:

1) 由于风扇部件为悬臂支承结构,在工作过程中,机匣的振动模态和转子振动模态可能会发生耦合,如第 1 阶和第 2 阶俯仰振动;

2) 对于转子组件,由于高速旋转下,转子弯曲或俯仰变形均会产生较大的陀螺力矩效应,使得结构系统模态频率发生变化,振型也会发生相应改变。

2. 旋转激励振动响应

对于转子-支承结构系统,不平衡激励是一种常见的激励载荷,研究不平衡所产生的旋转激励下耦合振动响应对于揭示风扇-机匣部件耦合振动机理具有重要意义,也是研究极限载荷状态(飞机硬着陆)下风扇-机匣部件耦合振动响应的基础。

在现代高速轻质转子-支承结构系统中,考虑到转子变形、支点动载荷以及承力系统的振动响应之间的交互影响,在进行振动响应分析中,必须以包括转子和静子结构特征的整机结构系统为对象,考虑不平衡量沿轴向分布所引起的旋转惯性力和力偶的影响,研究转子、机匣局部振动或耦合振动。

不平衡量分别位于风扇前轴颈和第 2 级风扇轮盘处,计算振动响应主要是 1♯和 2♯支点动载荷变化(图 7 - 25)和风扇机匣振动响应(图 7 - 26),所对应的风扇部件变形弹性线如图 7 - 27 所示。

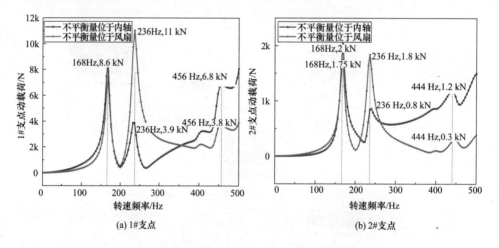

(a) 1#支点 　　　　(b) 2#支点

图 7 - 25　不平衡量位置对支点动载荷影响

根据计算结果可知:

1) 当不平衡位于风扇前轴颈处时,在工作转速范围内,支点动载荷经过第一阶临界转速时达到最大,且风扇转子前 1♯支点动载荷远大于后面的 2♯支点,在第二阶临界转速处,1♯、2♯支点动载荷均有所下降。

2) 当不平衡位于风扇轮盘处时,在第二阶临界转速处,前后两个支点处动载荷均有大幅度加大,这是由于各阶模态振动为转子与静子相位相反的耦合振动,且节点在第 2 级风扇轮盘附近。

为模拟风扇轮盘在高速旋转时,由于转子弯曲变形所产生的偏斜,分别在风扇轮盘前端和后端添加相位差 180°的平衡质量块,计算得到风扇布局结构系统振动响应

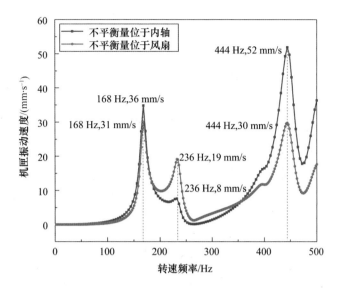

图 7-26　不平衡量位置对机匣振动响应影响

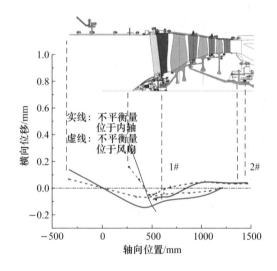

图 7-27　不同位置激励下的弹性线(2 阶)

及支点动载荷,如图 7-28、图 7-29 所示。

计算结果表明:

1)由于不平衡质量的相位差 180°,在低转速运转时,由于风扇转轴未发生角向变形(弯曲或俯仰),在第一阶临界转速(约 167 Hz)处整机振动响应和支点动载荷均受到较好的抑制。

2)当转速增加至第二阶临界转速附近,由于风扇转子与机匣为反向俯仰模态振型,前后支点动载荷均有较大提高;由于是俯仰振型,前支点动载荷约是后支点动载

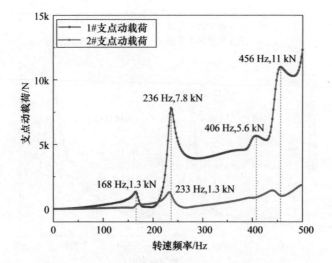

图 7 - 28　不平衡量相差 180°时支点动载荷

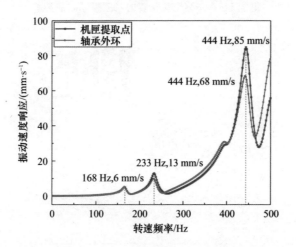

图 7 - 29　不平衡量相差 180°时振动响应

荷的 3～5 倍。

3）由机匣和轴承外环振动响应曲线可以看出，随着转速的不断提高，整机振动响应加速上升，这主要是由于转子弯曲所产生的旋转惯性力矩的激励作用结果。

总之，对于高速旋转的转子及整机结构系统，由于不平衡量的存在，当转轴发生弯曲变形时，其产生的附加旋转惯性力矩会影响支点动载荷的大幅度加大，同时会使静子支承结构振动响应加大，在一定条件下可能发生转子-静子耦合振动。

3. 惯性冲击振动响应

在航空发动机工作过程中，典型冲击载荷有两类：一是来源于转子内部的叶片飞失等极限状态下的突加不平衡的冲击载荷激励;二是来源于整机运动状态的突变,例如飞机硬着陆在整机结构系统上所产生的横向惯性冲击载荷,也称为加速度冲击载荷。无论是叶片飞失造成的横向集中冲击载荷,还是飞机硬着陆引起的横向惯性冲击载荷,都会产生不容忽略的冲击效应,引起支点动载荷及转静件间隙的变化,导致整机系统振动安全性问题。

横向惯性载荷冲击即横向加速度冲击,主要模拟飞机硬着陆状态下的横向惯性过载。在计算过程中,考虑转子转动的陀螺效应,对整机施加 Y 方向 $3g$ 的横向加速度冲击载荷,作用时间 $0.002\ \mathrm{s}$,横向集中冲击载荷谱如图 7-30 所示。

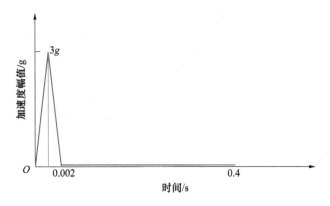

图 7-30　横向惯性冲击载荷谱

在横向 $3g$ 惯性冲击载荷下,支点动载荷及频谱分析如图 7-31 所示。

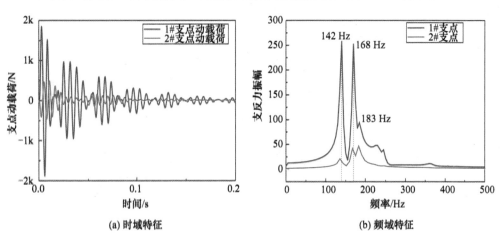

(a) 时域特征　　　　　　　　　(b) 频域特征

图 7-31　横向惯性载荷冲击下支点动载荷及频谱

图 7-31(a)为支点载荷随时间变化曲线,1♯支点动载荷要远高于 2♯支点,这是由于 1♯支点靠近质心处,且承力框架质量较大,受到惯性载荷也较大,导致变形

较大,受到的约束作用增大,支点动载荷增大。2♯支点动载荷水平一直较低,这是由于2♯支点远离转子质心,并且与基础连接,所承受的惯性载荷较小,支点动载荷小,自由振动的衰减时间更短。由图7-31(b)可以看出,支点动载荷的响应频率成分主要为142 Hz和168 Hz两阶频率成分。其中142 Hz的振型为机匣俯仰、转子(后轴颈为节点)摆动的振型;168 Hz处为机匣-转子的整体俯仰振型。

图7-32所示为横向惯性冲击载荷下支点运动轨迹。从图7-32可以看出,1♯支点运动轨迹呈"花瓣"形,2♯支点运动轨迹近似为扁的椭圆形。

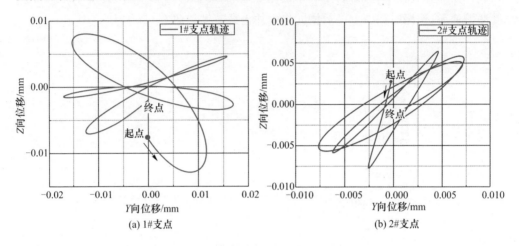

(a) 1#支点   (b) 2#支点

图7-32 横向惯性载荷冲击下支点运动轨迹

仿真计算表明,在受到横向冲击作用时(硬着陆),发动机转子-支承结构系统会产生一定的横向变形和振动。横向冲击激励使转子-静子结构均的振动响应中出现模态振动成分影响转子系统的进动(公转)频率和轨迹。由于转子结构系统具有较大的旋转惯性,轮盘等大质量惯性构件运动状态的变化,会产生附加惯性力矩(陀螺力矩),其作用主要表现在支承结构动载荷的变化,在进行整机结构系统安全性分析和设计中,需要考虑由此产生的转静件碰摩和支点动载荷变化的影响。

7.4 安装结构安全性设计

安装结构是航空发动机与飞机连接点,并将发动机的推力等载荷传到飞机上。

发动机安装节是发动机与飞机机体的连接点,发动机通过安装节将推力和载荷传递至飞机机体。根据传递载荷种类和安装位置,可将安装节分为两种:主安装节与辅助安装节。一般主安装节装于温度较低区域,该区域一般靠近转子止推轴承处的压气机或风扇机匣上;辅助安装节装于涡轮(无加力燃烧室时)或尾喷管(有加力燃烧室时)的壳体上。图7-33所示为某型双转子涡扇发动机吊装示意图,其中主安装节和辅助安装节均与飞机承力系统连接。发动机安装节主要承受以下几种载荷:1)发动机的质量;2)在飞机机动飞行中发动机及附件产生的惯性力;3)转子系统产生的陀螺力矩;4)转子不平衡产生的惯性力;5)发动机推力。为有效传递载荷,安装节的设计须保证其具有良好的强度与刚度。一般主安装节承受和传递发动机的推力、重力和力矩,辅助安装节承受发动机的重力和力矩。

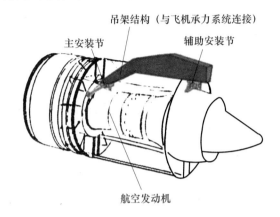

图 7 - 33　发动机吊装示意图

　　主安装节在安装截面上可以有两个或三个安装点,辅助安装节可以是一个或两个。不论数目多少,所有的主安装节及辅助安装节均应各在一个横截面内,而且所有的主、辅安装节中,相对飞机而言只应有一个安装点是固定的(一般位于主安装节中,该点称为死点),其余各安装点均允许某些自由度上的自由移动,即工作时允许与飞机机体结构间有相对移动,以适应发动机与飞机膨胀不一致造成的位移。通常,辅助安装节采用万向接头的结构。

　　对于现代航空发动机的主安装节,不仅要求其具有较强的承载能力,还对其减振隔振性能提出了较高的要求,在工作过程中,希望主安装节能有效削弱由发动机传来的振动。然而,主安装节为发动机在机身上的固定点,须具有足够的刚性,以保证载荷的有效传递。传统的通过大位移耗散能量的减振装置无法满足承载设计要求。同时,由于发动机振动主要源于转子不平衡振动,高、低压转子振动频率分布范围相差较大,现存的干摩擦减振器很难满足相距较远的两个频带的振动的减振要求。针对以上要求,本节将介绍某型发动机主安装节采用的双频吸振结构设计,针对高低压转子不同振动频率及载荷特点,采用两种吸振和能量耗散结构(动力吸振及液压阻尼减振)对来自发动机转子系统的振动进行有效的隔离和抑制,同时很好地满足了安装节结构刚性设计的要求。辅助安装节则采用准刚性设计,在保证较好的承载能力的同时,提高了减振阻尼特性及抗冲击的性能,有利于衰减由发动机传递至机身的振动响应。

7.4.1　安全性要求

发动机安装在飞机上的承力系统上有两个安装节,一个为主安装节,一个是辅助安装节。在常规载荷作用下,发动机安装节处的机匣不能产生局部永久变形。安装节不能够阻碍发动机机匣在受热状态下的自由膨胀。在飞机具有弹性变形情况下,安装节不能给发动机机匣施加附加载荷。在安装节设计中应避免多余安装点,并且要求其承载能力不依赖于机身刚度。

发动机机匣上有专门的结构用于发动机与飞机的安装,采用专用的空间分布的受力拉杆安装在飞机上。

发动机安装结构承受的载荷有:1)发动机的质量;2)在飞机机动飞行中发动机及其附件质量产生的惯性载荷;3)涡轮、压气机转子旋转所产生的惯性力和力矩;4)出口气流与轴向产生偏转或旋转时产生的气动力和力矩;5)发动机推力。

航空发动机在飞机上的安装如图 7 - 34 所示,主、辅安装节位于前后两个平面内,并垂直于发动机的轴线。其中一个平面位于靠近发动机质心位置,一般为主安装节;而第二个安装平面则远离第一固定点,用于平衡辅助力矩和当飞机机动飞行时产生的惯性载荷,为辅助安装节,之所以位于与主安装节距离较远处,目的是使作用在辅助安装结构上的反作用力最小。

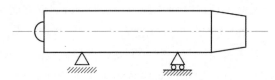

图 7 - 34　发动机的安装示意图

在安装结构的设计中,要求在常规载荷作用下,发动机安装节处的机匣不能产生局部永久变形。为此,在机匣上对安装节连接部位要设计加强筋和凸边等结构,以进行局部加强,如图 7 - 35 所示。安装节的位置一般要选取在直径尽量大的机匣处,或者在安装节处具有刚性法兰边,并应便于承力机匣的拆卸。

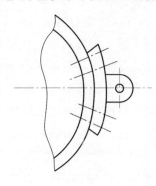

图 7 - 35　安装节处的吊耳和局部加强边

安装节不能阻碍发动机机匣在受热状态下的自由膨胀,因此所有固定点均位于一个平面内,其他的辅助结构不能影响机匣在受热状态下的自由膨胀。

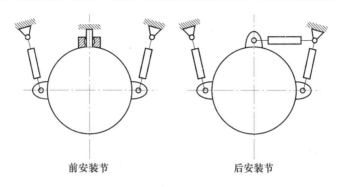

前安装节　　　　　　后安装节

图 7 - 36　发动机在飞机上的安装方案

在飞机具有弹性变形情况下,安装节不能给发动机机匣施加附加载荷,因此安装节安装的跨度一般较大。

安装节的位置和结构形式的设计一般由飞机的设计来决定。所以,一种发动机上会有多种的固定结构以适应在不同飞机上安装的需要。图 7 - 36 所示为 R - 195 涡轮喷气发动机在苏-25 飞机上的安装,图 7 - 37 所示为 D - 136 在米-26 直升机上的安装。

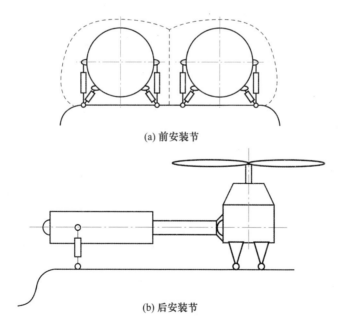

(a) 前安装节

(b) 后安装节

图 7 - 37　涡轴发动机的直升机上的安装方案

图 7 - 38 所示为发动机的安装结构中静定设计的典型安装形式(Non - Redundant),承载不受飞机结构刚度和变形的限制。从图 7 - 38 中可以看出,在主安装节上承受轴向、垂直和侧向力,在辅助安装节上有左右两个承力点,右边承受垂直和侧向力,左边只是一个平衡拉杆,用于承受扭矩。

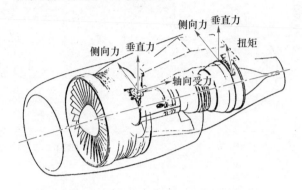

图 7 - 38　发动机安装节受力示意图

表 7 - 5 所列为不同载荷情况下对于安全工作时间的要求。在结构设计中要求对不同大小和出现概率的载荷有不同的设计要求。在正常工作状态下,要求发动机在正常工况可以安全停车。大的突加不平衡事件是很少发生的,但是当发生时,安装节必须能够保持结构完整性,整个发动机必须满足:1)发动机保留在安装节上;2)不着火;3)零件脱落飞出发动机对飞机不造成伤害;4)风车状态下应满足飞机可接受的载荷能力。

表 7 - 5　典型的不平衡载荷情况

不平衡量	严重载荷	极限载荷	极限载荷	极限载荷	正常载荷
事件持续时间	15 s	2 min	30 min	180 min	不限制
注解	发动机保留在安装架上,不着火,零件不脱落或无其他危险	180 min 风车状态后可以安全停车,允许小的损伤和裂纹	在 180 min 风车状态后可以安全停车,允许小的损伤和裂纹	可以在 85% 状态工作	在低循环寿命计算中应考虑不平衡量载荷的影响

在安全性设计和适航性要求中,安装节的结构安全是重要的考核内容;在保证安全的策略中,除了结构强度安全系数的保证以外,采用冗余设计和合理的使用检查也是十分有效的措施。

对于具有单一承力结构的安装节,其检验的时间间隔是由工作中的可见裂纹来确定的。当发现有可见裂纹时,要确定这时距离首个承力件失效的剩余寿命,以此来确定其更换时间,如图 7 - 39 所示。

图 7 - 40 为具有两个承力件的冗余结构设计情况下的安全检验时间间隔的示意图。对于具有失效保险安全设计的结构来讲,首个承力件出现可见裂纹时,安装系统具有足够的安全寿命;首个承力件失效后,这时载荷重新分配,结构仍然可以保持安

全运转。可根据材料的散度和可靠性来确定剩余寿命。

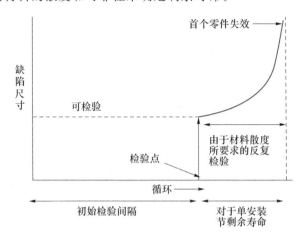

图 7-39　单一承力结构安装节检验间隔

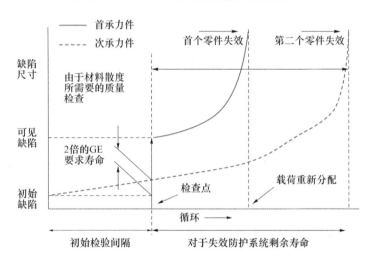

图 7-40　带有冗余保护安装节检验间隔

　　承力系统主要是将发动机的各部件连接到一起并与飞机连接,以传递载荷。发动机承力结构设计的准则:1)对于一般常规使用载荷,结构应具有低应力,慢的裂纹扩展速率,并应具有适当的疲劳寿命;2)对发生概率很小的严酷载荷应具有充分的承受能力,有足够的强度保证结构完整性和安全性;3)具有足够刚度保证转静子的相对位置和变形;4)对整机具有适合的刚度以控制其动力响应;5)发动机结构满足损伤容限要求。

7.4.2　典型的安装节结构

　　对于高涵道比发动机,发动机结构特征分布具有两端质量大,中间刚度较弱的特点,如图 7 - 41(a)所示。如果将发动机安装节安置在刚度较弱的中间段,在工作中可能会发生哑铃型模态振动,如图 7 - 41(b)所示。因此,安装位置对发动机抗变形能力和振动的影响很大。

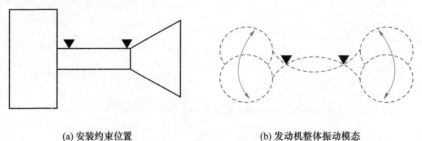

(a) 安装约束位置　　　　　　　　　(b) 发动机整体振动模态

图 7 - 41　发动机安装状态下振动模态示意图

　　在安装结构设计上,按传力路线可分为:一是主安装节位于风扇机匣后分流环处(核心机吊装方式),这种结构由于传力线与中心推力作用线接近,发动机的变形较小,但在轴向上存在附加力矩并传递给飞机;二是将安装传力机构安置在风扇机匣和涡轮机匣外延长线上,这种结构使安装反力形成的力矩与推力产生的力矩相抵消,没有附加力矩作用在飞机上。对于大推力的高涵道比发动机,消除和减少这种附加力矩是十分重要的。图 7 - 42 所示为两种安装结构。

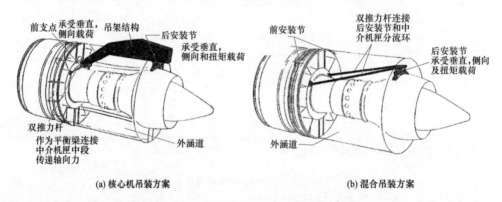

(a) 核心机吊装方案　　　　　　　　(b) 混合吊装方案

图 7 - 42　高涵道比涡扇发动机的安装结构

　　在高涵道比涡扇发动机的安装节设计中,普遍采用这两种安装结构的布局设计方案。图 7 - 43(a)所示为早期的 CF6 发动机安装方案,即为核心机吊装方案,推力相对于主安装节会形成一个力矩作用在飞机机体上。在现代的 GE90、GP7200 和GEnx 的安装节设计中,均改为主安装节位于风扇机匣外,并通过承力拉杆将辅助支点和风扇中介机匣分流环处相连,以达到合力通过一个中心点,从而有效地消除了作用在飞机上的附加力矩,如图 7 - 43(b)所示。

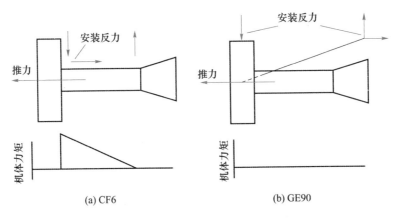

图 7 – 43　不同推力传力路径对比

1. 主安装节结构

核心机吊装方案安装节结构采用"马项圈"(Horse – Collar)结构安装在风扇和压气机框架安装边上,采用单一推力传力路线,如图 7 – 44 所示。主安装节的吊耳位于马项圈承力结构上经过局部加强的位置上,通过销钉和螺栓连接,为局部非静定系统(locally non – determinant system)。

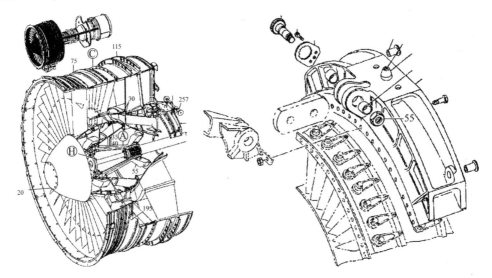

图 7 – 44　CF6 – 50 发动机的前安装节

图 7 – 45 所示为 CF6 – 80A 的前安装节。该安装结构沿用"马项圈"承力结构,但在结构上进行了改进,使之可以将垂直/侧面载荷作用在安装边上,并且保证推力载荷均匀分布以及气流通道在推力作用下保持一定的圆度,有利于封严。承力件是连接板,轴向力由左右两个推力杆传递,中间设计有安全销以防推力杆失效时备用。

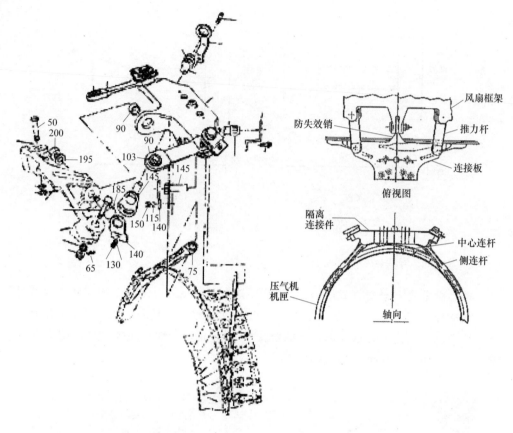

图 7－45　CF6－80A 的前安装节

　　图 7－46 所示为在 CF6－80A 基础上进行改进的 CF6－80C2 发动机主安装节结构，主要是对整机推力路径进行更新。主安装节安装在风扇外机匣上，采用推力拉杆连接风扇机匣内分流环和涡轮机匣处辅助安装节，即混合吊装方案，以消除作用在发动机上的附加力矩。

　　GE90－94B 前安装节在结构设计上，连接结构设计更为简捷，安装节位于风扇机匣上，将垂直和侧向载荷分配到风扇静子件上，如图 7－47 所示。

2. 辅助安装节结构

　　后安装节是针对主安装节的辅助安装结构，主要功能是平衡扭矩和保证轴向伸长，如图 7－48、图 7－49、图 7－50 所示。其中，图 7－50 所示为 GE90 上使用的平衡梁（Whiffle－Tree）结构，可保证作用在每个承力件的载荷均匀，防止连接失效，安全承载。

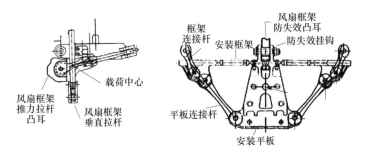

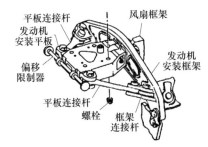

图 7 - 46　CF6 - 80C2 安装节

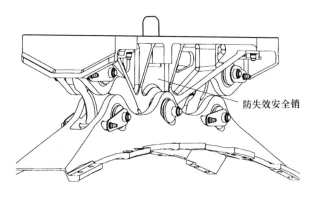

图 7 - 47　GE90 - 94B 前安装节

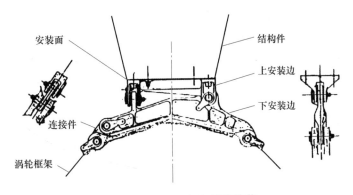

图 7 - 48　CF6 - 80A 后安装节

图 7 - 49　CF6 - 80C2 后安装节

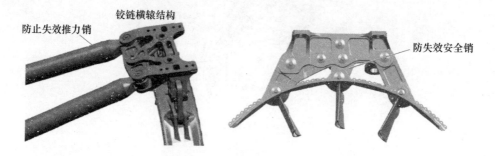

图 7 - 50　GE90 - 115B 后安装节

在发动机的使用过程中,由于所配装的飞机不同,其安装位置和方式也有很大的不同。发动机可以按照飞机的要求,可适应性改变其安装节位置和安装方式。

例如,通用公司的 CF34 高涵道比民用涡轮风扇发动机是由军用型 TF34 改型而来的。为满足美国 FAA 适航条例,CF34 发动机增加了 Kevlar 纤维加强风扇包容环和防火的陶瓷纤维绝缘罩。从 1976 年起,在 20 余年中发展了多个型号,取得了适航证。CF34 - 8C5A1 发动机是 CF34 - 8 系列发动机的最新型号,该发动机配装于庞巴迪公司(Bombardier Inc.)CRJ1000 型中程航线飞机。

为了适应更多的飞机,CF34 发展了多种安装节和安装方式。图 7 - 51、图 7 - 52、图 7 - 53 所示为 CF34 发动机的三种不同安装节和安装方式。CF34 - 8C1/5(图 7 - 51)安装于机身,采用侧面安装方式,利用球形接头和单推力杆,后面辅助支点采用关节轴承和销钉连接。

对于安装在机翼下的 CF34 - 8D/E 和 CF34 - 10(图 7 - 52 和图 7 - 53)发动机,采用吊挂结构,前段主安装为适用

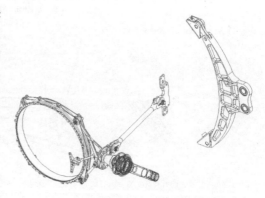

图 7 - 51　CF34 - 8C1/5 单杆安装结构

于不同飞机分别采用单推力杆和双推力杆结构,且都具有失效保险结构。

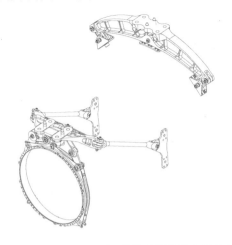

图 7-52　CF34-8D/E 带失效保险的安装结构

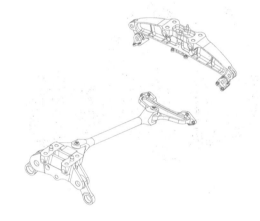

图 7-53　CF34-10 带失效保险安装结构(单推力杆)

7.4.3　安装结构设计

1. 结构布局

飞机上安装结构的主要功能是把发动机的载荷传到飞机承力框架上,包括支承发动机质量,传递发动机推力,保证发动机不会沿轴线转动和承载横向载荷。图 7-54 所示为 PW1000G 发动机总体结构尺寸和前后安装节的位置。

PW1000G 安装结构包括前、后两个安装节和一套推力杆。前安装节位于风扇机匣上部,后安装节位于涡轮排气机匣的上部,推力杆前端连接于风扇后中介机匣 9:30 和 2:30 的时钟位置,后端通过平衡梁连接后安装节,如图 7-55 所示。

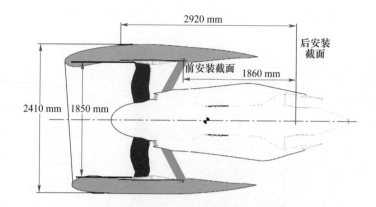

图 7 - 54　PW1000G 总体结构尺寸和安装节位置

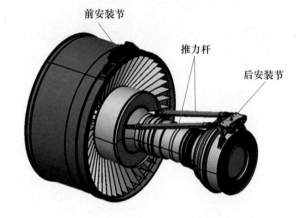

图 7 - 55　PW1000G 安装承力结构

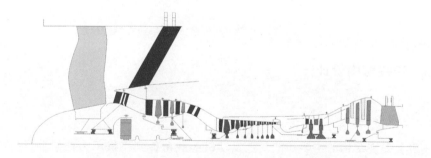

图 7 - 56　PW1000G 整机轴向载荷受力分析简图

　　PW1000G 发动机由于其风扇与低压涡轮转子之间不直接连接,不能在转子组件内部平衡全部轴向力(图 7-56),因此在风扇后中介机匣上承受较大的风扇转子和低压涡轮转子所产生的轴向载荷。为了减小发动机整机变形,在该发动机的承力结构系统设计中,采用拉杆连接风扇后中介机匣承力框架和位于低涡轮后承力框架及机匣上的后安装节。

前安装节结构如图 7 - 57 所示,主要功用是支承发动机前端并传递径向和侧向载荷到承力梁,位于风扇后承力框架与风扇机匣交汇上方位置。前安装节的主要构件为主梁、2 个侧拉杆和 2 个剪切销钉。

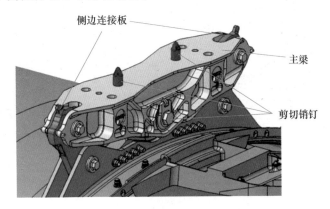

图 7 - 57　前安装节结构

后安装节如图 7 - 58 所示,主要功用是承受发动机后端,传递径向、轴向和侧向扭矩载荷到承力梁,安装在涡轮后承力框架排气机匣上方位置,主要组成是带有整体挂钩的主梁、凸耳、侧向拉杆和剪切销钉。

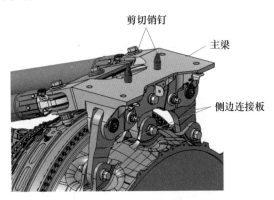

图 7 - 58　连接推力杆的后安装节结构

推力杆组件如图 7 - 59 所示,功能是传递推力和反推力载荷到后安装节。推力杆前段连接风扇后中介机匣承力框架,后端通过平衡梁安装到后安装节。推力杆主要由承力管壳、销钉、连接配件和平衡螺钉等组成。

安装节的结构设计,除了要考虑在正常载荷作用下,结构的强度安全储备和不产生永久变形等设计要求外,还要考虑在极限状态下发动机安装结构的安全性。飞机在极限状态下,发动机上会产生巨大的冲击载荷和动载荷,例如叶片丢失、外物打伤、喘振和硬着陆等极限状况。安装节结构是此类载荷的主要受力对象,因此在结构设

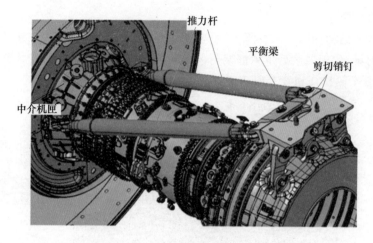

图 7 - 59 推力拉杆结构

计中,要采用安全性结构设计原则以满足适航性要求。

例如,在 PW1000G 发动机的前后安装节的结构设计中,均采用了冗余设计,以保证其安全性。如图 7 - 58 所示,在后安装结构的承载结构设计中,设计了 3 个承受横向载荷的连接拉板和抗剪切销钉,但是在使用中,只有外侧两个承力拉板受力,中间位置的拉板作为冗余设计储备。当两侧拉板损坏时,冗余设计的中间拉板可以完全保证发动机正常使用。同时,这种设计策略有利于地勤人员从发动机的位置变化上及时发现发动机结构损伤失效。

为了提高发动机安装结构的可靠性,避免在工作过程中的冲击和振动载荷对结构件造成疲劳损伤,在安装结构设计中,往往会设计一些隔振、阻尼结构以提高安装结构的可靠性,并减少振动能量向飞机的传递。下文将对此进行介绍。

2. 安装结构系统失效保护安全结构设计

航空发动机可以安装在飞机上的不同位置,例如机翼、机身和尾部,并通过前安装节和后安装节将各种载荷传递到飞机上。载荷包括:垂直载荷——重力,轴向载荷——推力,横向载荷——气流抖振,机动载荷——机动飞行等。同时,要求安装节不能阻碍承力框架在受热状态下轴向和周向的自由膨胀,如图 7 - 60 所示。

典型的安装系统中包括前安装节和后安装节。其中,前安装节具有沿周向间隔开的连杆,将垂直于发动机中心线截面中的载荷从发动机传递到飞机上,因此前安装节可承受垂直载荷和侧向载荷。后安装节除了具有沿周向间隔开的连杆以外,还包括用于传递发动机推力和反推力载荷的推力杆。

现代高涵道比涡扇发动机安装结构中,普遍使用双推力杆传递轴向力的结构。为保证发动机的安全性,需要对推力杆及后安装节形成的推力载荷传递路径进行防破损安全设计。

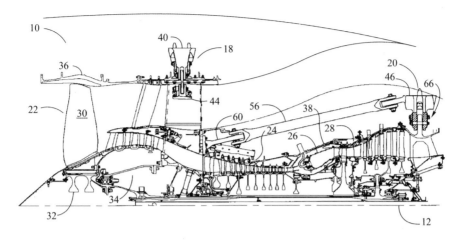

图 7 - 60　PW1000G 发动机结构示意图

　　破损安全设计是指双推力杆中任何一条传载路径失效时,另一个推力杆应能承受 100% 的额定推力载荷。因此,一般发动机中普遍使用两个推力杆作为保证其安全性的冗余设计,但这使安装系统零件数目加倍、成本高、质量大,结构复杂。

　　这里介绍一种在发动机安装结构系统中采用单推力杆的安全性结构设计方案。

　　如图 7 - 60 和图 7 - 61 所示,后安装节主要由承力平衡组件 46、推力杆组件 56 和一个防失效保护结构组成,通过螺栓等连接结构固定在飞机吊挂上。后承力平衡组件 46 包括从吊挂接口处向下延伸的两个具有轴向间隔的凸缘 48 和 50,沿轴心剖面成 U 形夹,并通过两个连接杆 54 与发动机后承力框架机匣连接。需要说明:连接后安装节和机匣之间的两个连杆 54,在垂直发动机轴心线的截面内彼此相反倾斜一定的角度,以保证其合力通过发动机中心线,以便更好地传递发动机的垂直载荷、横向载荷和机动载荷。

　　传递发动机推力的单推力杆 56,一端连接到后承力组件 46 中向前延伸的凸缘 58,另一端通过传力连杆 60 连接到发动机风扇后中介承力框架。为保证推力杆在角向的自由转动,在前后两端均设计中央凸缘并通过螺栓等连接结构固定。

　　防止推力杆失效保护结构 66 如图 7 - 60 所示,位于发动机后承力框架与后安装节的连接位置。失效保护结构 66 通常不传递轴向载荷,仅在主要轴向传载部件推力杆 56 失效时传递轴向载荷。

　　如图 7 - 62 和图 7 - 63 所示,防止推力杆失效保护装置 66 是由发动机后承力框架结构外伸吊耳 68 和与之配合的后安装节的 U 形夹构形的凸缘 48 和 50 组成。吊耳位于两个连杆 54 的中心处。凸缘和吊耳多加工有同心螺栓孔,并配有螺栓穿过凸缘和吊耳的螺栓孔,将吊耳和凸缘连接起来。需要说明:由于螺栓孔大于螺栓外径,吊耳可以沿着螺栓轴向滑动,在正常工作状态下,该连接结构处于松弛、无约束状态,并不传递力,也不具有约束作用。

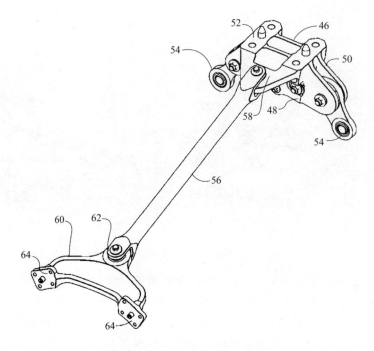

图 7 - 61　单推力杆结构示意图

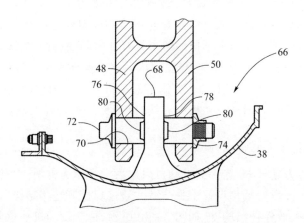

图 7 - 62　后安装节中失效保护装置结构示意图

　　防止推力杆失效的安全设计的关键是,在吊耳 68 前后端面各设计一个凸台 80,如图 7 - 63 所示,凸台 80 的厚度要小于 U 形夹凸缘之间的轴向距离,以保证在正常工作时,推力杆 56 传递轴向载荷,而防止失效保护装置 66 不传递载荷。

　　当单推力杆 56 在发动机工作中失效时,发动机将向前偏移,凸耳 68 与 U 形夹前凸缘接触,推力载荷从发动机吊耳 68 传递到前凸缘 48 再传递到飞机吊架上。相反,在发动机着陆时推力反向时,发动机将向后偏移,凸耳 68 与 U 形夹后凸缘 50 接触,反向推力从发动机吊耳 68 传递到后凸缘 50 再传递到飞机吊架 16。

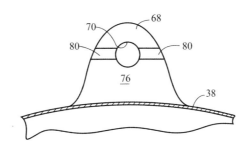

图 7-63　失效保护装置前视图

因此,在吊耳 68 的强度设计中,应保证其可以承受发动机推力产生的轴向载荷,并具有一定的安全裕度。吊耳 68 一般可设计为梯形结构,如图 7-63 所示,并在与承力机匣连接处进行局部加强,以保证应力分布和变形的合理性。在结构配合间隙设计中,重点是确保凸耳与 U 形夹凸缘之间的接触仅发生在凸台 80 处,因此,需要准确掌握安装结构系统在受力状态下的变形和径向接触位置。同时,吊耳 68 必须具有足够的强度来承受预计的推力载荷。

单推力杆作为发动机主要的轴向传载部件,一端连接承力框架一端连接发动机。从发动机机匣伸出的吊耳位于两个凸缘之间,吊耳的厚度小于两个凸缘之间的距离。吊耳上也开有一个螺栓孔。吊耳和两个凸缘之间通过螺栓连接。吊耳上螺栓孔的直径大于螺栓的外径,使得吊耳在螺栓上可以轴向滑动。两个凸缘、吊耳和螺栓共同组成了失效保护结构(failsafe arrangement),可以在单推力杆失效时传递轴向载荷。

3. 推力杆减振设计

航空发动机安装系统中的推力杆主要结构件是一个可承受拉压载荷的横跨杆,其两端分别与后安装节和风扇后承力框架连接,传递轴向载荷,如图 7-60 所示。

由于推力杆具有大长径比结构特征,其工作环境横跨中介机匣承力框架和涡轮后承力框架,除了承受巨大的轴向推力载荷外,高低压转子的振动激励对其高周疲劳损伤的影响也是在承力结构系统安全性设计中必须需要考虑的。

安装系统中的细长推力杆可能具有与发动机转速相同或者非常接近的低阶共振频率。高低压转子在旋转过程中产生的不平衡力是发动机主要的激振源。因为安装系统的阻尼较小,所以可能出现高振幅的振动响应。高振幅的振动响应可能使安装系统中的部件产生高周疲劳、接头磨损或冲击损伤。

对大长径比杆件的振动损伤控制最有效的设计方法,一是调整模态频率,采取避开共振的方法;二是增加结构阻尼,减小振动应力。

目前,在结构设计中,一般将安装系统部件的共振频率设计为远离发动机激振频率。通常通过减小推力杆的长径比,提高推力杆的弯曲共振频率,使其远离发动机激振频率,使振动响应最小。然而,在推力杆长度已经根据其他设计要求确定了的条件下,为了减小长径比,通常使推力杆的体积变大。推力杆体积的增大使得安装系统的总质量增加,不利于安装系统的装配。另一种可行的方法是通过推力杆结构动力学设计,使振动应力水平控制在可以承受的高循环疲劳载荷以内。

图 7-64 为防止推力杆振动损伤失效的结构设计方案示意图。

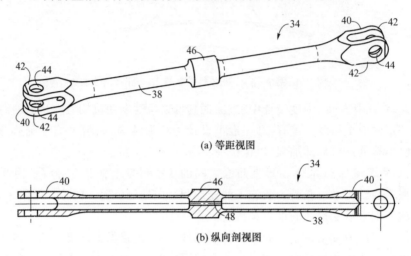

(a) 等距视图

(b) 纵向剖视图

图 7-64 可调模态振动特性的推力杆结构

推力杆结构组件的主要构件是细长的横跨杆 38,在细长的横跨杆 38 的每端各有一个连接结构 40,其构形为一对轴向延伸的平行板 42 形成的 U 形夹结构,在板上有孔 44,通过螺栓或销(图中未画出)将横跨杆和其他结构上连接起来。

在细长的横跨杆 38 上由于设计有一个直径较大的集中质量结构 46,用于调整推力杆的共振频率,使其远离发动机整机激振频率,使其振动响应最小,称为推力杆的"频率调节装置"。在具体结构动力学设计中,主要设计参数为集中质量结构的质量大小和位置,可以使推力杆的共振频率位于发动机风扇最大转速和核心机转子最小转速之间。

在推力刚度的动力学设计中,应对整个系统进行分析,并需要考虑多个因素(例如推力杆 34 的长度)的具体应用。一般情况下,集中质量,应布置在推力杆模态振幅最大处,质量块的质量和位置应满足避开共振要求,同时对推力杆的结构质量和强度的影响最小。

需要说明,上面所介绍的推力杆为中空管,具有质量轻、抗弯刚度强的优点,但是在中空的推力杆上需要设计轴向贯通的通气孔,以连通推力杆两个中空部分,防止推力杆内气体堵塞。

在推力杆的几何构形设计中,也可以采用分体式结构布局。如图 7-65 所示,推力杆由细长的横跨杆 138 和独立的集中质量块 146 组成。单独质量块的结构设计需要固定连接结构与细长横跨杆连接,并通过调整其质量大小和位置,使得推力杆 134 的共振频率远离发动机激振频率。

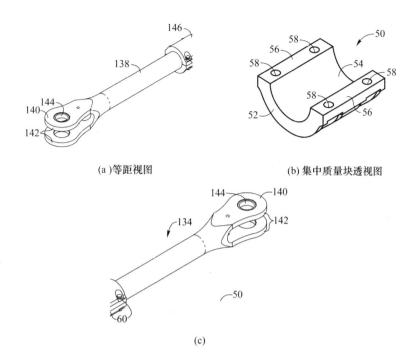

图 7 - 65　推力杆的结构示意图

集中质量块 146 分为两个半圆环 50,如图 7 - 65 所示。对于圆形截面的推力杆,每个半圆环 50 具有对应的凹形表面 54 和大致上呈 U 形的主体 52。安装边 56 从主体 52 的每个端面垂直向外延伸。每个安装边 56 上有两个孔 58 用于安装紧固件 60,如图 7 - 65 所示。

半圆环 50 可以由具有足够强度和耐腐蚀性的任何材料制成。通常半圆环材料的密度大于推力杆 134 材料的密度,同时还需避免不同材料之间产生接触磨损。

4. 安装结构隔振设计

航空发动机的安装结构不仅需要承受巨大的推力和惯性载荷,同时由于发动机整机及转子系统的不平衡激励作用,最终也会有一部分振动能量通过安装结构外传到飞机上,其中以转子旋转频率的振动最为显著。对于双转子航空发动机,主要存在两个振动频段的振动频率,分别对应于发动机低压转子和高压转子的转速,两振动频率相距较大,且均为高频小振幅振动,如图 7 - 66 所示。其中 N1 为低压转子的不平衡激励频率,N2 为高压转子的不平衡激励频率。

为有效削弱两种频率的不平衡振动响应对机身的影响,需要采用振动控制结构设计。一般的阻尼减振方案均是以降低结构刚度,通过相对位移利用摩擦耗能的方法进行振动控制。但对于安装结构,其刚度特性是有严格的控制范围,需要采用针对两个不同范围的激励进行耗能隔振结构设计。其基本思路是采用吸振、耗能、隔振的原理进行振动控制设计。按照工作原理的不同,可分为动力吸振器和液压吸振器。动力吸振器主要用于吸收高频振动,液压吸振器主要隔阻低频振动。

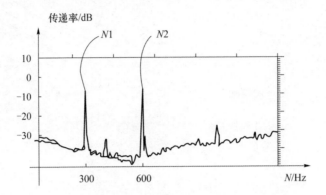

图 7 - 66　某双转子涡扇发动机安装结构上的振动传递率

图 7 - 67 为某型航空发动机上的主安装节总体结构示意图。主安装节主要由液压吸振器和动力吸振器两部分构成。其中,两个动力吸振器分别位于安装节主体结构的两侧,动力吸振器通过悬臂伸出轴与安装节壳体连接,装配时通过螺栓轴向拉紧。

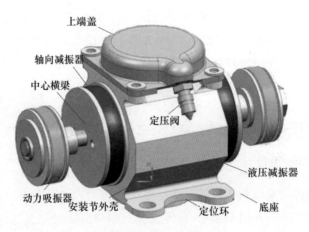

图 7 - 67　主安装节装配图

主安装节通过主体底座的圆柱面与发动机进行定位,在底座处通过螺栓将减振器主体与发动机相连;主体与飞机承力系统在伸出轴两侧通过叉形结构相连接。位移和载荷依次通过减振器和叉形结构传向机身。

液压减振器由安装节壳体、上端盖、定压阀和轴向减振器组成。如图 7 - 68 所示,安装节壳体结构内部构造为:刚性伸出轴安装于浮动衬套之中,浮动衬套上下侧由两个弧形橡胶包裹,以上结构置于上下盖板之间。上下盖板与壳体通过短螺栓连

接,并支承于安装节壳体上,弧形橡胶与上下盖板和浮动衬套胶接,能够承受一定剪
切力。发动机上传来的位移和载荷传递至安装节壳体,然后依次通过盖板、橡胶、浮
动衬套、伸出轴和叉形结构传至机身。安装节中的浮动衬套、弧形橡胶和盖板并非实
心结构,三者共同围成的空腔组成液体流道,如图 7-69 所示。浮动衬套分别与安装
节的上端与下端的弧形橡胶、盖板和封严塞围成容积较大的上下液腔,上下液腔之间
通过节流孔连接,液体通道内充满了减振液。整个液腔的压力可通过上端的气腔调
节。气腔由碗式橡胶隔膜与上端盖围成,上端盖通过螺钉固定于安装节壳体上端面,
端盖一侧带有调压阀,可以调节气腔内的压力,气腔与液腔之间通过可变形的橡胶隔
膜隔开,气腔中气体压力对液腔中液体的压力有重要的影响,因此调节气腔内的气压
可以调节液腔的中减振液的液压,进而改变减振液的力学参数。

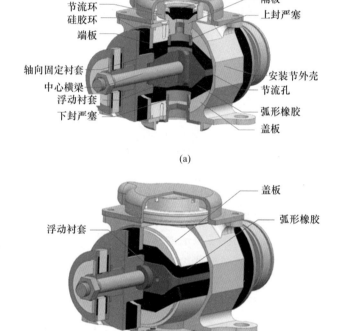

图 7-68　液体减振器及部分结构剖面图

　　轴向减振器为由端板、硅胶和轴向固定衬套组成的“三明治”结构,橡胶与邻近结
构胶结,而轴向减振器主体通过螺钉与浮动衬套连接。分布在壳体两侧的轴向减振
器中单层橡胶和双层橡胶结构设计,双层橡胶轴向减振器位于发动机其中一侧,两层
橡胶之间装有一金属圆环,保证安装节能够同时承受传自发动机的较大轴向(推力)
和径向载荷;单层橡胶轴向减振器刚度相对较小,工作时主要承受发动机的径向载

荷,但在极限状态下可承受较小的与推力方向相反的轴向载荷。在液压减振器结构中,轴向减振器在轴向方向上吸收发动机的轴向冲击载荷的能量,起到缓冲减振作用。

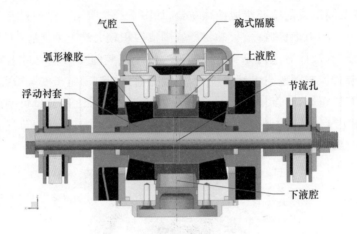

图 7 - 69　流体通道示意图

　　根据液压减振器结构和减振机理绘制出发动机的液压减振器的原理图如图 7 - 70所示。液压减振器为被动减振装置,由结构分析可知,减振器中液体腔由上液腔和下液腔组成,上下液腔由节流孔连接。整个装置的减振机理为:发动机低压转子的振动传至安装节,支承于橡胶上的浮动衬套相对于刚性连接的减振器壳体和发动机产生相对运动,挤压上/下液腔的减振液,致使减振液通过节流孔流向下/上液腔,产生巨大的节流阻尼,使得振动幅值受到抑制,从而达到减振的目的。在装配前,根据所需衰减的频率范围调节气腔的气压,可以有效调节减振液的压力,从而调整减振液阻尼和刚度,达到衰减不同频带振动的目的。

　　在液压减振器结构中,液压减振器内部弧形橡胶提供等效刚度和阻尼 k_r 和 R_r,支承浮动衬套及其附属结构,同时起到衰减振动和缓冲的作用。

　　安装结构中的动力吸振器的作用主要是吸收发动机中高速转子传来的振动。动力吸振器结构如图 7 - 71 所示,主要由钨碳钢质量块、硅胶垫圈和连接垫片组成。环形钨碳钢质量块通过硅胶垫圈与连接垫片胶接,形成"三明治"结构。衬套由右端穿过"三明治"结构,左端为尾板。衬套左端与尾板间留有一定的间隙。装配时,衬套内侧端面通过主体侧面定位,伸出轴分别经过尾板和衬套,由左端贯穿动力吸振器及主体,通过螺纹辅助轴向压紧"三明治"结构。由前文结构分析可知,伸出轴支承于浮动衬套上,轴段中间部分多位于浮动衬套中,且伸出轴露出部分较短,刚性较强,因此可以看作刚性梁,在振动过程中不发生弯曲变形,该动力吸振器可以通过调整螺母调节尾板与衬套间的距离,从而改变"三明治"结构的压紧程度,进而实现对动力吸振器的频率进行小范围调节。

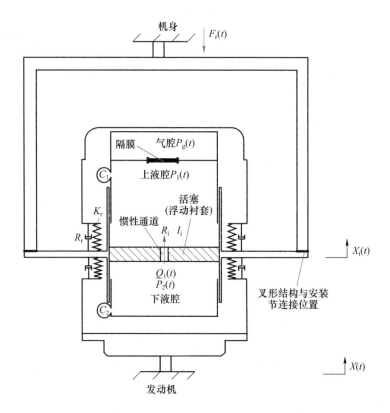

图 7 – 70　液压减振器原理图

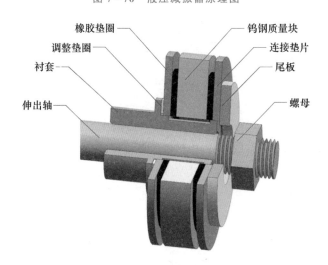

图 7 – 71　动力吸振器结构图

　　动力吸振器的减振原理如图 7 – 72 所示。吸振原理：在安装节上附加辅助系统，使得发动机传来振动的激励能量分配到结构与辅助系统上，并使分配到结构上的振动能量最小,这样就可以达到结构减振的目的。这里的辅助子系统就被称为动力吸振器。在安装节结构中,动力吸振器为弹簧-质量系统。其中,主系统为发动机-液体减振器-机身系统,子系统为由橡胶和钨钢环组成的弹簧-质量系统。其原理是,当发动机高压转子的激振频率与弹簧-质量子系统的共振频率相近时,发动机高压转子传来的高频振动激起橡胶-钨钢环子系统共振,将大部分振动能量吸收到自身结构上,此时主系统上分布的振动能量较小,从而到达减振的目的。设计时,考虑到发动机高压转子工作较为稳定,即动力吸振器的有效工作频率带宽较窄,动力吸振器宜采用小阻尼设计,可提高吸振效果,同时小阻尼也有利于简化结构设计,提高吸振器的可靠性。

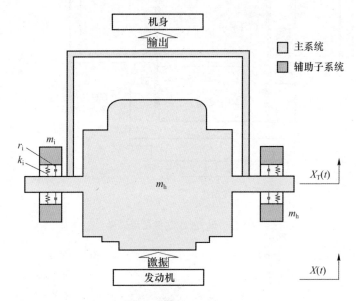

图 7-72　动力吸振器机械结构图

参 考 文 献

[1] 陈光.RB211 三转子涡轮风扇发动机[M].北京:北京航空航天大学出版社,2014:686－690.

[2] 邓旺群,聂卫健.高速柔性转子临界转速随支承刚度的变化规律[J].噪声与振动控制,2015(03).

[3] SINHA S, DORBALA S. Dynamic Loads in the Fan Containment Structure of a Turbofan Engine[J]. Jour-nal of Aerospace Engineering, 2009, 22(3): 260－269.

[4] 张学宁,韩勤锴,褚福磊.基于简化 Jones-Harris 方法的球轴承接触角研究[J].振动与冲击,2013,32(13):171－150.

[5] 曹宏瑞,何正嘉,訾艳阳.高速滚动轴承力学特性建模与损伤机理分析[J].振动与冲击,2012,31(19):134－140.

[6] 廉永正,王明宇,潘忠文.锥壳结构轴向刚度研究[J].导弹与航天运载技术,2011,5:47－49.

[7] 刘书国,洪杰,陈萌.航空发动机叶片-机匣碰摩过程的数值模拟[J].航空动力学报,2011,26(6):1282－1288.

[8] 宣海军,陆晓,洪伟荣,等.航空发动机机匣包容性研究综述[J].航空动力学报,2010,25(8):1860－1870.

[9] ERNEST Boratgis. Turbine Engine Bearing Support [P]. United States Patent: 6428269, 2001－04－18.

[10] JOHN A K. Bearing Support Fuse [P]. United States Patent: 6447248, 2002－09－10.

[11] VALERIO G. Method for Enabling Operation of an Aircraft Turbo－engine with Rotor Unbalance [P]. United States Patent: 5974782, 1999－11－02.

[12] JOHN W A, KENNETH F. Udall. Turbofan with Frangible Rotor Support [P]. United States Patent: 6109022, 2000－08－29.

[13] ALLMON, GLYNN, FISHER, et al. Bearing Assembly for a Gas Turbine Engine [P]. European Patent: 1191191, 2002－03－27.

[14] KEVEN G. VAN Duyn. Turbine Engine Bearing [P]. United States Patent：6331078, 2001 - 12 - 18.

[15] KEVEN G. VAN Duyn. Bearing Support [P]. United States Patent：7097413, 2006 - 08 - 29

[16] PIOTR K, OLIVER VAN B, ROBERT L. Vibrations of Rotating Machinery due to Sudden Mass Loss[C]. The 8th IFToMM International Conference on Rotor Dynamics, Seoul, Korea, 2010.

[17] LAWRENCE C K, CARNEY, GALLARDO V. Simulation of Aircraft Engine Blade - out Structural Dynamics[R]. NASA/TM - 2001 - 210957, Worldwide Aerospace Conference and Technology Showcase, Toulouse, France, September 24 - 26, 2001.

[18] SINHA S, DORBALA S. Dynamic Loads in the Fan Containment Structure of a Turbofan Engine[J]. Jour - nal of Aerospace Engineering, 2009, 22 (3)：260 - 269.

[19] 张大义，刘烨辉，梁智超，等. 航空发动机双转子系统临界转速求解方法 [J]. 推进技术，2015，2：018.

[20] 张大义，刘烨辉，洪杰，等. 航空发动机整机动力学模型建立与振动特性分 析[J]. 推进技术，2015，36(005)：768 - 773.

《国之重器出版工程》
编 辑 委 员 会

专家委员会委员（按姓氏笔画排列）：

于　全　中国工程院院士

王　越　中国科学院院士、中国工程院院士

王小谟　中国工程院院士

王少萍　长江学者计划特聘教授

王建民　清华大学软件学院院长

王哲荣　中国工程院院士

尤肖虎　长江学者计划特聘教授

邓玉林　国际宇航科学院院士

邓宗全　中国工程院院士

甘晓华　中国工程院院士

叶培建　中国科学院院士

朱英富　中国工程院院士

朵英贤　中国工程院院士

邬贺铨　中国工程院院士

刘大响　中国工程院院士

刘辛军　"长江学者奖励计划"特聘教授

刘怡昕　中国工程院院士

刘韵洁　中国工程院院士

孙逢春　中国工程院院士

苏东林　中国工程院院士

苏彦庆　"长江学者奖励计划"特聘教授

苏哲子　中国工程院院士

李寿平　国际宇航科学院院士

李伯虎	中国工程院院士
李应红	中国科学院院士
李春明	中国兵器工业集团首席专家
李莹辉	国际宇航科学院院士
李得天	国际宇航科学院院士
李新亚	国家制造强国建设战略咨询委委员、中国机械工业联合会副会长
杨绍卿	中国工程院院士
杨德森	中国工程院院士
吴伟仁	中国工程院院士
宋爱国	国家杰出青年科学基金获得者
张　彦	电气电子工程师学会会士、英国工程技术学会会士
张宏科	北京交通大学下一代互联网互联设备国家工程实验室主任
陆　军	中国工程院士
陆建勋	中国工程院院士
陆燕荪	国家制造强国建设战略咨询委委员、原机械工业部副部长
陈　谋	国家杰出青年科学基金获得者
陈一坚	中国工程院院士
陈懋章	中国工程院院士
金东寒	中国工程院院士、上海大学校长
周立伟	中国工程院院士

郑纬民	中国计算机学会理事长
郑建华	中国科学院院士
屈贤明	国家制造强国建设战略咨询委委员、工信部智能制造专家咨询委副主任
项昌乐	长江学者计划特聘教授、中国科协书记处书记、北京理工大学副校长
赵沁平	中国科学院院士
郝　跃	中国科学院院十
柳百成	中国工程院院士
段海浜	"长江学者奖励计划"特聘教授
侯增广	国家杰出青年科学基金获得者
闻雪友	中国工程院院士
姜会林	中国工程院院士
徐德民	中国工程院院士
唐长红	中国工程院院士
黄　维	中国科学院院士、西北工业大学副校长
黄卫东	长江学者计划特聘教授
黄先祥	中国工程院院士
康　锐	"长江学者奖励计划"特聘教授
董景辰	工信部智能制造专家咨询委委员
焦宗夏	长江学者计划特聘教授
谭春林	航天系统开发总师